21 世纪高职高专规划教材·旅游酒店类系列

茶艺理论知识教程

主　编　赵艳红　宋永生
副主编　宋伯轩　孙晨旸

U0198135

清 华 大 学 出 版 社
北京交通大学出版社
·北京·

内 容 简 介

《茶艺理论知识教程》根据茶艺师新标准要求，对茶艺基本知识、实用技能、茶艺培训等内容进行全面、客观、科学的阐述。

本书内容包括茶文化基本知识、茶叶科学、茶叶品质鉴定与中国名茶简介、茶具通论、经典茶具及选配原则、茶的品饮及用水选择、茶艺基本知识、茶与健康及科学饮茶、品茗环境与茶席设计、饮茶风俗与传承等。

本书可作为高等职业教育相关专业教材，也可作为茶艺爱好者和茶艺师职业资格培训考试参考用书。

图书在版编目（CIP）数据

茶艺理论知识教程／赵艳红，宋永生主编．—北京：北京交通大学出版社：清华大学出版社，2020.7

ISBN 978-7-5121-4290-9

Ⅰ．① 茶…　Ⅱ．① 赵…②宋…　Ⅲ．① 茶艺-中国-教材　Ⅳ．① TS971.21

中国版本图书馆 CIP 数据核字（2020）第 141096 号

茶艺理论知识教程
CHAYI LILUN ZHISHI JIAOCHENG

责任编辑：郭东青
出版发行：清 华 大 学 出 版 社　　邮编：100084　　电话：010-62776969　　http://www.tup.com.cn
　　　　　北京交通大学出版社　　邮编：100044　　电话：010-51686414　　http://www.bjtup.com.cn
印 刷 者：北京时代华都印刷有限公司
经　　销：全国新华书店
开　　本：185 mm×260 mm　　印张：13.75　　字数：361 千字
版 印 次：2020 年 7 月第 1 版　　2020 年 7 月第 1 次印刷
印　　数：1~3000 册　　定价：45.00 元

本书如有质量问题，请向北京交通大学出版社质监组反映。对您的意见和批评，我们表示欢迎和感谢。
投诉电话：010-51686043，51686008；传真：010-62225406；E-mail：press@bjtu.edu.cn。

前　言

2019 年，中华人民共和国人力资源和社会保障部颁布的国家职业技能标准《茶艺师》并开始实施。

本书根据《茶艺师》新标准要求，结合茶产业具体实践工作及茶科技领域最新科研成果，对茶艺基本知识、实用技能、茶艺培训等内容进行全面、客观、科学的阐述。为茶相关专业的工作者、学习者以及茶艺业余爱好者，提供了一套系统性茶艺专业学习资料。

在浩瀚的历史长河中，中华茶文化，可谓是源远流长。自上古时代起，绵延至今，传承已有数千年之久。茶文化涉及农业生产、科学技术、文化艺术、宗教、哲学等，其早已渗入生活的各个领域，内容丰富广泛，博大精深。

几乎没有哪一种艺术，像中国茶一样，如此实用简便，普及千家万户，且能在一叶茶、一滴水中蕴含如此高雅的审美情趣与深奥的智慧哲理。

"柴米油盐酱醋茶""琴棋书画诗酒茶"，从古至今，茶在日常生活中，既是必需品，又是精神文明的媒介。能识茶辨茶，会沏泡一盏好茶，懂饮茶礼仪，赏优雅茶艺演示，更从茶中领略艺术文化的美妙，是人们提高修养、陶冶情操、营造高贵典雅生活的有效方式。在学习欣赏茶道茶艺的过程中，人们会感悟自己的人格，从而陶冶情操，超越自我。

本书是一本茶文化系统教程，内容包括茶文化基本知识、茶叶科学、茶叶品质鉴定与中国名茶简介、茶具通论、经典茶具及选配原则、茶的品饮及用水选择、茶艺基本知识、茶与健康及科学饮茶、品茗环境与茶席设计、饮茶风俗与传承等。

本书内容丰富，图文并茂，侧重知识的趣味性和实用性，可作为高等职业学校相关专业学生的主修教材，茶文化研究生及茶艺爱好者的选修教材，亦可作为茶艺师职业资格培训考试参考用书。

中华茶文化，博广精深，其精髓隽永、高雅、唯美，是人类智慧的结晶，亦是人类文明的瑰宝。作者只能算是一名茶文化知识的收集者和整理者。编写此书，旨在与读者共同探讨，以茶育德，以茶修性，以茶养智，以品茶的心境品味人生，将自己对茶的诸多感悟，述与读者。

在编写本书的过程中，参阅了大量的专著和资料，在此对被参考和借鉴书籍、资料的作者致敬。

本书的完成得到了许多人的支持与帮助，孙茜、李奕然和徐子钧以无限的耐心对本书文字及书稿进行了审核校对。宋爽、郝冰和胡晓艳等参与资料收集整理及文字打印工作。茶艺表演由茗朴茶文化职业培训学校谭经纬、任飞飞、廉栋和刘宇洋等示范。插画及照片由北京日易文化传媒公司孙晨旸女士制作完成。茗朴茶文化职业培训学校提供了大量的茶样与茶具教学资料，在此深表谢意。

由于编撰仓促，疏漏之处在所难免，诚恳欢迎各位同仁指正。

2020 年 6 月 8 日

编者

目　　录

第一章

茶文化基本知识 ●●●

第一节　中国茶的源流

茶是一种古老、神奇而美妙的植物，原产地在中国。最初以其食用及药用功能被发现和利用，直至成为人类喜爱的饮用品。在漫长的历史岁月里，中华民族对茶的培育、制造、品饮、应用以及茶文化的始创形成和发展等做出了突出贡献，为人类文明史书写了灿烂的一页。追本溯源，世界各国引种的茶树，茶叶加工的工艺，茶叶品饮的方式，以及茶礼、茶仪、茶俗、茶风、茶艺、茶会、茶道等，都是直接或间接源自中国。

一、茶的发现

（一）谁发现茶

中华民族历史源远流长。茶叶可以医头肿、膀胱病、受寒发热、胸部发炎，又能止渴兴奋，使心境爽适。传说茶是由神农发现的。神农是远古时期中国古代农业和医药的发明者，曾发明了农具、饲养、种植、制陶和纺织等。

 知识拓展

神农的传说

神农时代，神农是个很奇特的人，他有一个水晶般透明的肚子，吃下什么东西，在胃肠里可以看得清清楚楚。那时候，人们还不会用火烧东西吃，吃的花草、野果、虫鱼、禽兽之类都是生吞活咽的，因此，人们经常生病。神农为了解除人们的疾苦，就决心利用自己特殊的肚子把看到的植物都试尝一遍，看看这些植物在肚子里的变化，以便让人们知道哪些植物无毒，哪些有毒。这样，神农就开始试尝百草。当他尝到一种开着白色花朵的树上的嫩叶时，发现这种绿叶真奇怪，一吃到肚子里，就从上到下，从下到上，到处流动洗涤，好似在肚子里检查什么，把胃肠洗涤得干干净净，他就称这种绿叶为"查"。以后，人们又把"查"说成了"茶"。神农成年累月地跋山涉水，试尝百草，每天都会中毒几次，全靠茶来解救。

神农尝百草只是个传说，但其中彰显出人类在原始社会劳动生产实践过程中，逐渐积累的生存智慧。原始农业和医学的建立，不是某一时期、某一人所能完成的，而是千千万万的人经过长期实践，不断摸索和发现的结果。这正如传说中有"构木为巢，以避群害"的有巢氏，"钻燧取火，以化腥臊"的燧人氏和"结绳而为网罟，以佃以渔"的伏羲氏一样，神农尝百草的故事，是完全可以理解的（见图1-1）。

图1-1　神农

《神农本草经》记载："神农尝百草，日遇七十二毒，得荼而解之。"（荼即茶）这是我国最早发现和利用茶叶的记载。

最初利用的是野生茶，在经历了一个很长的时期以后，才出现了人工栽培的茶树。公元350年前后，东晋常璩撰写的《华阳国志》，其中多处提到茶事。在《华阳国志·巴志》中谈道："武王既克殷，以其宗姬于巴，爵之以子，古者，远国虽大，爵不过子，故吴楚及巴皆曰子……土植五谷，牲具六畜，桑、蚕、麻、纻、鱼、盐、铜、铁、丹、漆、茶、蜜……皆纳贡之。"这一史料把我国茶叶有文字记载的历史推前到春秋战国以前的周武王时期。据《史记·周本纪》所述，公元前1046年周武王率南方八国伐纣。也就是说，早在3000多年前，我国巴蜀一带已用所产茶叶作为贡品了，该书又载："园有芳蒻香茗。"表明在巴蜀一带，周代已有人工栽培的茶园了。且在《华阳国志·蜀志》中还谈道："南安（相当于今四川省乐山市）、武阳（在今四川省眉州市彭山区），皆出名茶。"说明四川的乐山、彭山，在周代已是我国的名茶产地了。

（二）原产地是中国

世界五大洲都产茶，种茶国家有60余个，包括中国、印度、斯里兰卡、肯尼亚、印度尼西亚、日本、土耳其等国。

对茶树原产地的问题曾出现过不同的观点：英国人勃鲁士（R. Bruce）在印度阿萨姆（Assam）发现野生茶树后，曾有些人认为茶树原产于印度。1922年，吴觉农发表了名为《茶树原产地考》的论文，阐述了中国茶树的起源、中国茶业历史的渊源等，从多方面多角度证实了中国为茶树原产地，他通过大量事实，证明了茶树的原产地是中国。

我国西南地区是世界上最早发现野生茶树和现存野生大茶树最多、树体最大、最集中的地方。这些古茶树保持着植物不同进化阶段的种性特征，是育种研究的宝贵资源。同时这里是最早发现茶、利用茶的地方。根据植物分类，茶科植物共23属380多种，分布在我国的就有15属，260余种，其中绝大部分分布在云南、贵州和四川一带。

在中国云南西双版纳，至今还保存着茶树原初生长弥足珍贵的物证：勐海县巴达大黑山原始森林中的"世界茶树之王"，勐海县贺开16 200多亩栽培型千年古茶树，凤庆县鲁史千年古茶树群落——它们都是穿越时光保留下来的活化石。

二、茶的利用与传播

茶和其他作物一样，从发现到利用有一个漫长的过程。最早茶是作为食用或药用植物，后逐渐演变成饮品。到春秋时代（前770—前476），茶用途有了进一步的拓展，茶叶可混煮羹饮作为菜食。《晏子春秋》中记载：晏婴日常生活中除了吃糙米饭和三五样荤食外，都是以茶叶当菜食。我国一些少数民族至今仍沿袭古法，有"凉拌茶菜"和"油茶"等吃法。

秦至两汉时期，茶从药物扩展为饮品，茶叶的利用进入一个广阔的新时期。

西汉王褒的《僮约》，其中有两处提到茶叶，"脍鱼包鳖，烹茶尽具"；"武阳买茶，杨氏担荷"。早在西汉时期，我国四川一带饮茶、种茶已日趋普遍。

知识拓展

《僮约》的来历

王褒是四川资中的一个官绅。他曾到成都去访问名叫杨惠的友人。王褒差使杨家名叫便了的仆人去沽酒。便了是杨惠丈夫在世时买入的家奴，他不愿听从王褒的差使，到亡故的主人坟上哭诉：当年大夫买我来，"但要守家，不为他人男子沽酒"。王褒有心惩戒，要把便了买回家。便了提出：你买我回去要我做的事情，先说定写在纸上，今后凡纸上没有写的，我不干。王褒允诺，随即提笔写下了这纸《僮约》。在这个约定中，详细开列了各种各样的劳作项目，其中就有"烹茶尽具"和"武阳（今四川彭山区双江镇）买茶"两项。

三国时期（220—280）的东吴（222—280）末代国君孙皓，原封为乌程侯。乌程后改为吴兴，即今湖州，是我国较早的茶叶产地。

相传孙皓性嗜酒，每次设宴，座客至少得饮酒七升，虽然可不完全喝进嘴里，也都要斟上并亮盏说"干"。吴国官员韦曜的酒量不过二升，只因博学多闻，深为孙皓所器重，孙皓对他以礼相待，宴中就暗中赐给他茶汤来代替酒。这段史实是最早关于"以茶代酒"的记载。

人类利用茶的每一个阶段，都可能存在多种使用形式。茶主要被当作饮品，也被当作食品、药用和祭品使用。

1. 茶的称谓

唐陆羽在《茶经》中提到"其名，一曰茶，二曰槚（jiǎ），三曰蔎（shè），四曰茗，五曰荈（chuǎn）"。总之，在陆羽撰写《茶经》前，对茶的提法十余种，其中用得最多、最普遍的是荼。由于茶事的发展，陆羽在写《茶经》时，将"荼"字减少一画，改写为"茶"。从此，在古今茶学书中，茶字的形、音、义也就固定下来了。

宋王徽《杂诗》有句："待君竟不归，收颜今就槚。"诗人等候友人不至，只好收拾起待客物品，饮槚自慰了。这里的"槚"就是茶。

唐杜甫《进艇》诗中有"茗饮蔗浆携所有，瓷罂无谢玉为缸"之句，这里的"茗"亦是茶。

司马相如《凡将篇》中提到的"荈诧"；扬雄《方言》中所说的"蜀西南人，谓茶曰蔎"；黄爽辑《神农本草经》云："苦茶，味苦寒，主五脏邪气……一名荼草，一名选，生谷川。"这里的"荈""蔎""选"都是茶的同义字。

由于茶叶最先是由中国输出到世界各地的，所以，各国对茶的称谓，是由中国茶叶输出地区人民对茶的称谓直译过去的，如日语的"chà"，印度语的"chā"都为茶字原音。俄文的"чай"，与我国北方对茶叶的发音相似。英文的"tea"、法文的"the"、德文的"thee"、拉丁文的"thea"，都是照我国广东、福建沿海地区人民的发音转译的。大致说来，茶叶由我国海路传播到西欧各国，茶的发音大多近似我国福建沿海地区的"te"和"ti"音；茶叶由我国陆路向北、向西传播去的国家，茶的发音近似我国华北的"cha"音。

茶字的演变与确定，从一个侧面告诉人们："茶"字的形、音、义，最早是由中国确定的，至今已成了世界人民对茶的称谓。

2. 茶的传播

中国茶从原产地向全国，从中国向世界的传播是一个历史过程。

中国茶业的始发点在巴蜀。"自秦人取蜀而后，始有茗饮之事"，是说中国饮茶的习惯，是秦统一巴蜀之后才慢慢传播开的。

茶沿长江而下，使长江中游或华中地区成为茶业中心。

秦汉统一中国后，茶业随巴蜀与各地经济文化交流而增强。茶的加工、种植首先向东南部湘、粤、赣毗邻地区传播。

三国、西晋时期，随着荆楚茶业和茶文化在全国传播的日益发展，也由于地理上的有利条件，长江中游或华中地区，在中国茶文化传播上的地位，逐渐取代巴蜀而明显重要起来。三国时，南方栽种茶树的规模和范围扩展流传到了北方豪门贵族，茶的饮用更为广泛。

东晋南北朝时期，长江下游和东南沿海地区茶业迅速发展。

这一时期，由于上层社会崇茶之风盛行，使得南方尤其是江东饮茶和茶叶文化有了较大的发展。我国东南种植茶，由浙西进而扩展到了现今温州、宁波沿海一线。两晋之后，茶业重心东移的趋势更加明显。

中唐以后，长江中下游地区成为中国茶叶生产和技术中心。此茶区，不仅茶产量大幅度提升，植茶技术也达到当时的最高水平。湖州紫笋和常州阳羡茶成为贡茶。

江南茶叶生产，集一时之盛。安徽祁门周围，千里之内，各地种茶，山无遗土，业于茶者无数。赣东北、浙西和皖南一带，茶业有了快速发展。由于贡茶设置在江南，大大促进了江南制茶技术的提高，也带动了全国各茶区的生产和发展。

自唐代开元年间起，唐人上至天子，下迄黎民，几乎所有人都不同程度地饮茶；专门采造宫廷用茶的贡焙也是在这一时期设立的。皇室嗜茶，导致王公贵族们争相仿效。

陆羽写成世界上第一部茶书——《茶经》，大力提倡饮茶，推动了茶叶生产和茶学发展。

宋代茶业重心由东向南移。宋朝茶业重心南移的主要原因是气候的变化，江南早春茶树因气温降低，发芽推迟，不能保证茶叶在清明前贡到京都。福建气候较暖，作为贡茶，建安茶的采制，成为中国团茶、饼茶制作的主要技术中心，带动了闽南和岭南茶区的崛起和发展。到了宋代，茶已传播到全国各地。宋朝的茶区，基本上已与现代茶区范围相符。明清以后，只剩下茶叶制法和各茶类兴衰的演变问题。

中国茶叶、茶树、饮茶风俗及制茶技术，是随着中外文化交流和商业贸易的开展而传向全世界。陆、海"丝绸之路"也是茶叶传播之路。最早传入朝鲜、日本，其后由南方海路传至印度尼西亚、印度、斯里兰卡等国家。16世纪传到欧洲各国，进而传到美洲大陆，并由我国北方传入波斯、俄国。

第二节　饮茶方式的演变

茶的发现与应用大致依循如下历程，上古时代（距今约5 000年前）神农《神农百草经》记载：神农尝百草，日遇七十二毒，得茶（即茶）而解之。

西周东周（前1046—前256）茶道初立，茶叶被奉为贡品，由专人制作。巴蜀地区开始人工种茶。春秋时期，茶入菜肴，有了人工种茶。

秦汉时期（前221—220）出现茶市、茶之铺。茶作为商品开始成规模交易买卖，烹茶专属器具出现，商品茶交易开始。

三国两晋南北朝（220—589）出现了紧压的茶饼。出现"以茶代酒"及茶叶烹制入菜的习俗，茶叶品质得到提升，饮茶成为礼仪并出现普及的趋势。佛门道教开始种植并研究茶叶。

隋朝、唐朝（581—907）茶叶生产、贸易和文化均出现大繁荣，茶文化遍及全国，从社会上层走向全民，并东传日本。建贡茶园，国家开始征收茶税。瓷器茶具盛行。陆羽《茶经》问世。

宋朝（960—1279）茶叶完成了全国范围的普及，茶学、茶文化繁荣。饮茶方式出现点茶法。茶产业中心南移至福建，茶区的布局与现代茶区范围完全一致。宋徽宗赵佶亲著《大观茶论》。

元朝（1206—1368）散茶超越团茶和饼茶开始流行。芽茶和叶茶制作技术提升，称为茗茶，广为流传。出现制茶机械。

明朝（1368—1644）太祖发布诏令，废团茶、兴叶茶，贡茶由团饼茶改为芽茶。制茶技艺集中快速发展，废弃蒸青改为炒青，逐渐出现了黑茶、花茶、青茶和红茶等丰富的品类。开始用紫砂壶和瓷器泡茶，注重泡茶的艺术性。设立茶司马掌管国家的茶叶贸易。

清朝（1616—1911）六大茶类基本定型。泡茶技艺和茶文化更加丰富，茶馆文化兴盛。福州市成立机械制茶公司。红茶直运英国，下午茶风靡欧洲。

"中华民国"（1912—1949）创立初级茶叶专科学校，设置茶叶专修课和茶叶系，推广新法制茶、机械制茶。建立茶叶商品检验制度，开始制定茶叶质量检验标准。

中华人民共和国成立至改革开放（1949—1978）专门负责中国茶叶事务的中茶公司成立，创立中茶品牌，茶叶事业进入新阶段。使用"人工渥堆"发酵技术，发明了现代普洱熟茶。吴觉农著《茶经述评》。

改革开放以后（1978年至今）取消计划供应，茶产量提高加快，新成立的茶叶公司如雨后春笋般涌现，小罐茶等新型茶叶企业推动了茶行业向市场化、科技化方向飞速发展。

大约从秦汉时代起，茶叶逐渐成为日常饮品。2 000多年来，茶的饮用方式经历了多次变革，从大的方面来说，经历了羹饮、煮茶、点茶和撮泡4个阶段。

一、秦汉魏晋的羹饮

人类最初利用茶的方式是口嚼生食，后来以火生煮羹饮，就像人们煮菜汤一样。

在周朝，人们为了长时间保存茶叶，把茶叶晒干，以便保存。在3 000多年前，巴蜀一带出现了人工栽培的茶园，四川的乐山、彭山已经成为中国的名茶产地。

自秦汉至魏晋南北朝，在这漫长的800多年间，茶的饮用采取混煮羹饮的方法。三国魏人张揖在《广雅》中记述："荆巴间采叶做饼，叶老者，饼成以米膏出之。欲煮茗饮，先炙令赤色，捣末置瓷器中，以汤浇覆之，用葱、姜、橘子芼之。"到三国时已制成紧压的饼茶，如采摘较粗老的叶子，再添加米汤黏合成形。煮茶有了一定的规范，先把饼茶在火上炙烤至红色，捣成茶末，然后放入瓷器中，倒入煮沸的水，再与葱、姜、橘皮等拌和后饮用。

这种混煮成羹的茶饮料在西晋的文献中又被称为"茶粥"。傅咸（239—294）在《司隶教》中记述的蜀妪卖茶粥的"南市"在河南洛阳。可见，饮用混煮成羹的"茶粥"的风俗，晋时已从巴蜀一带扩展至中原地区。

二、唐代的煮茶

唐朝是中国封建社会的鼎盛时期。茶叶从唐代中期开始，已成为长江流域及以南地区人们喜欢的一种饮料；茶从南方传到中原，再流传到边陲少数民族地区。"以茶为贵"为唐代各地和一些少数民族地区的民俗之一。边陲一些少数民族有了饮茶习惯后，先通过使者，后来直接通过商人购茶，开创了中国历史上长期存在的以茶易马的茶马交易。《封氏见闻录》里得到佐证：唐代中后期，饮茶开始"风行南北，穷日竟夜，殆成风俗，始于中原，流于塞外，往年四贾如朝，大驱名马，市茶而归"。

唐朝以前，虽然中国南方一些地区种茶，饮茶的历史比较久远，但是尚无茶类专著撰刊，所以当时茶没有形成一门独立的学科。至唐代中期以后，随着茶叶发展和社会上对茶知识的需求，出现了陆羽《茶经》专著，茶业在成为全国性生产和经济支柱的同时，也成为一种独立的崭新的学科和文化展示于世。同时吟咏茶事的诗文也大量涌现，卢仝的茶诗《走笔谢孟谏议寄新茶》、陆羽的《茶经》和赵赞的《茶禁》（即对茶征税），被后人列为唐代茶事上影响最大的三件事。唐代茶文化的发展还突出反映在饮用茶的人越来越多，也越用越熟练。茶宴、茶食和茶会已从一般的待客礼仪，演化为以茶汇集同仁朋友，迎来送往，商讨议事等有目的、有主题的外事联谊活动。随着唐宋朝代的更迭，茶文化随着茶业的发展开始由兴到盛。

唐代是饮茶饼的时代，主流的饮法仍然是煮来喝，但不再加调料混煮，而是提倡清饮，只加适量的盐。饼茶煎煮的步骤是先炙茶，再碾末，然后煮水，煎茶。

知识拓展

陆羽与《茶经》

陆羽（733—804），字鸿渐（一名疾，字季疵），自号桑苎翁，又号竟陵子，湖北竟陵人。宋代欧阳修撰《新唐书·隐逸·陆羽传》记载："陆羽为弃儿，由龙盖寺智积禅师收养。"唐代寺院多植茶树，故陆羽自幼熟练于茶树种植、制茶、烹茶之道，年幼时已是茶艺高手。陆羽12岁时离开寺院，浪迹江湖。天宝五年，陆羽得识竟陵太守李齐物，开始研习诗书。后又与礼部员外郎崔国辅结为忘年之交，而崔国辅与杜甫友善，长于五言古诗，陆羽受其指授，学问大进。陆羽22岁时告别家乡，云游天下，结交四方挚友，开始了立志茶学的研究生涯。

公元755年，陆羽住乌程苕溪（今湖州），结识了许多著名文人，如大书法家颜真卿、诗僧皎然、诗人孟郊、皇甫冉等。多年的云游生活使他积累了大量的有关各地茶的资料，江南清丽宜雅的山林水郭，友人的倾力支援，给他带来了著书立说的激情。他历经数载积累相关资料，撰写出传世杰作——《茶经》。

《茶经》对茶的起源传说、历史记载，采摘、加工、煮烹、品饮之法、水质、茶器，以及与之紧密相关的文化习俗等内容皆做了系统全面的总结，从而使茶学升华为一门全新的、自然与人文紧密结合的崭新学科。《茶经》的诞生，标志着中国茶文化步入成熟时期。

《茶经》中记述的唐代的煮茶

炙茶：炙烤的目的，是要把茶饼内的水分烘干，并趁热用纸袋贮藏好，不让茶的香气散失。

碾末：炙烤过后的饼茶，待冷却后要碾成末。陆羽认为："末之上者，其屑如细米；末之下者，其屑如棱角。"但从陕西扶风法门寺出土的宫廷系列茶具中的茶箩看，在陆羽之后，可能对茶末的要求趋向于细。法门寺出土的茶箩约为60目，极为细密，过筛后似已近乎宋人点茶时的茶末了。

煮水：煮茶用的水以山水为最好，江水次之，井水再次之。煮水分三沸，当开始出现鱼眼般的气泡，微微有声时，为第一沸；边缘像泉涌连珠时，为第二沸；到了似波浪般翻滚沸腾时，为第三沸。此时水汽全消，谓之老汤，已不宜作煎煮茶用了。

煎茶：当水至一沸时，即加入适量的盐调味；第二沸时，先舀出一瓢水来，随即环激汤心，即用茶夹在锅中绕圈搅动，量取一定量的茶末，在漩涡中心投下，再用茶夹搅动；第三沸时，茶汤出现"势若奔腾溅沫"，将先前舀出的那瓢水倒进去，使锅内降温，停止沸腾，以孕育"沫饽"（也叫"汤花"），然后把锅从火上拿下来，放在交床上。这时，就可以向茶碗中分茶了。

酌茶：舀茶汤倒入碗里，须使"沫饽"均匀。"沫饽"是茶汤的精华，薄的叫"沫"，厚的叫"饽"，细轻的叫"汤花"。一般每次煮茶一升，酌分五碗，趁热喝饮。因为茶汤热时"重浊凝其下，精英浮其上"，待到茶汤冷了，"精英随气而竭"，茶的芳香都随热气散发掉了，饮之索然寡味。这就是煮茶的全过程。

三、宋代的点茶

古代茶叶加工制作总的来说分两大类：一类是团饼茶，即将鲜叶采摘下来后经过蒸压而成。茶饼压成薄片的，又称"团片"，上贡朝廷的称"龙团凤饼"；茶饼外层涂蜡的，又称"蜡茶"等。另一类是散茶，即将鲜叶采摘下来后，经蒸炒或烘晒而成，唐时称"散茶"，宋时称"草茶"或"芽茶"。

宋代的点茶与唐时煮茶最大的不同是煮水不煮茶，茶不再投入锅里煮，而是用沸水在盏里冲点。

宋朝时期茶事活动有三大特点。

其一，茶类生产的转制，从传统的紧压茶类，逐步变成生产末茶、散茶，对中国后世茶叶的发展具有深远的影响。

其二，建安茶的崛起。由于宋朝气温降低，宜兴、常兴早春茶树发芽推迟，不能保证茶叶在清明前进贡到汴京。福建建安尽管交通不是很方便，且距离京师又远，由于建安茶叶肉质好，采制时间早，宜做贡茶。如欧阳修所说："建安三千里，京师三月尝新茶。"宋朝建安茶名冠全国，其生产发展和制茶技术的卓著达到巅峰。贡焙因进贡所享，其茶叶采制精益求精，建安名声越来越大，以至后来成为中国团茶、饼茶制作的主要技术中心。

其三，茶馆文化的兴起。据《东京梦华录》记载，北宋年间的汴京，凡是居民多的地方，茶坊鳞次栉比，那里不仅有专供仕女夜游吃茶的茶坊，还有茶贩、市人拂晓前进行交易的早市茶坊。这种茶坊实际上是一种边喝茶边做买卖的场所。宋朝茶事最显著的特色还有斗茶的流行，有人认为斗茶是中国古代茶艺的最高表现形式，上至达官贵人，文人墨客；下至平民百姓，莫不热衷于斗茶。苏辙《和子瞻煎茶》一诗中："君不见闽中茶品天下高，倾身事茶不知劳。"说的就是当时的斗茶之风。宋朝无疑是中国古代茶文化最为鼎盛的时期。

知识拓展

蔡襄《茶录》记载了宋代点茶

1. 炙茶

经年陈茶，需将茶饼在洁净的容器中用沸水浸渍，待涂在茶饼表面的膏油变软时，刮去外层，用茶夹钳住茶饼，用微火炙干，就碾茶步骤。未涂膏油的当年新茶则不需此道程序。

2. 碾茶

茶饼在碾之前先用干净的纸包起来捶碎，捶碎的茶块要立即碾用，碾时要快速有力，称之为"熟碾"。这样碾出的茶末洁白纯正，否则会导致茶汤"色昏"。

3. 罗茶

碾磨后的茶末过筛称为"罗茶"，与唐代大体相同，只是宋代"茶罗以绝细为佳"。

4. 候汤

宋代点茶，是用沸水来冲点茶末，水温的恰到好处至关重要。宋代煮水与唐时不同，不再用镬而是用瓶。宋代根据水的沸声来判别煮水是否适度。

5. 熁盏

点茶之前先要熁盏，即将茶盏用开水冲涤，这样有助于诱发茶香。

6. 点茶

这是最为关键也是最具技艺的一环。点茶的第一步是调膏。调膏须掌握茶末与水的比例，一盏中放茶末二钱，加以适量开水，调成极为均匀的茶膏，且具有胶质感。这时，开始向茶盏注入煮好的沸水，一边注水，一边用茶筅环回击拂。注水和击拂有缓急、轻重和落点的不同，要适时变化。

四、明清的撮泡法

到了明代，茶叶加工方法到品饮方法焕然一新。穷极工巧的龙团凤饼茶为条形散茶所替代,从碾磨成末冲点而饮,变革为沸水直接冲泡散茶而饮,自此开创了撮泡法。

明洪武二十四年（1391），明太祖朱元璋为减轻茶农的劳役,下诏令："岁贡上供茶,罢造龙团,听茶户惟采芽茶以进。"这里所说的芽茶,实际上就是唐宋时代已经有的草茶、散茶。明太祖下诏贡茶也按散茶制作,这在茶叶采制和品饮方法上是一次具有划时代意义的改革。明代撮泡法的推行,得力于明太祖朱元璋对贡茶制度的改革。

明代泡茶法虽比唐人煮茶、宋人点茶要便捷不少,但要将茶泡好仍有许多讲究。

明代茶叶的全面发展,首先表现在各地名茶的种类繁多,宋朝散茶在浙江和沿江一带发展很快,文献提到的名茶只有双井、顾诸等几种,但明代提到的名茶却有 97 种之多,而且遍及从云南到山东的广大地区,基本上各地都形成了自己的主要茶叶产地和代表名茶,从而也奠定了中国近代茶文化的大致格局和风貌。

明朝茶叶的突出发展,还表现在制茶技术的革新上。在制茶上,普遍改蒸青为炒青;这为芽茶和叶茶普遍推广提供了一个极为有利的条件。同时,也使炒青这一类制茶工艺达到了炉火纯青的程度。这些工艺和认识,在近代科学出现之前,一直是中国乃至世界传统制茶经典性的工艺和认识。即使是现在,其许多工艺和技术重点,仍然沿用于中国各种名特和高档茶叶的制作过程中。明清茶叶的兴盛,还体现在促进和推动其他茶类的发展。除绿茶外,明清两朝在黑茶、花茶、青茶和红茶等方面,也得到了全面的发展。当今饮茶用茶方法多种多样,其主流风格基本上延续了明清时代的特色。

知识拓展

许次纾《茶疏》所述的撮泡法

1. 火候

泡茶之水需以猛火急煮。煮水应选坚木炭,切忌用木性未尽尚有余烟的,"烟气入汤,汤必无用"。

2. 选具

泡茶的壶杯以瓷器或紫砂为宜。茶壶主张小,"小则香气氤氲,大则易于散漫。大约及半升,是为适可。独自斟酌,愈小愈加。"

3. 涤荡

泡茶所用汤铫壶杯要干燥清洁。"每日晨起,必以沸汤荡涤,用极熟黄麻巾向内拭干,以竹编架,覆而庋之燥处,烹时随意取用。修事既毕,汤铫拭去余沥,仍覆原处。"放置茶器的桌案也必须干净无异味,"案上漆气食气,皆能败茶"。

4. 烹点

泡茶时的次序应是:先称量茶叶,待水烧滚后,即投于壶中,随手注水入壶。先注少量水,以温润茶叶,后再注满。第二次注水需"重投",即高冲,以加大水的冲击力。

5. 啜饮

细嫩绿茶一般冲泡三次,古人云："一壶之茶只堪再巡。初巡鲜美,再则甘醇,三巡意欲尽矣。"

中国茶的啜饮方式,从总体上说经历了煎煮、冲点和撮泡三个阶段。以艺术语言来定义,可将此称为"茶的古典派""茶的浪漫派""茶的自然派"。

第三节　中国茶文化精神

一、茶文化渊流

茶之为饮，发乎神农氏，闻于鲁周公。数千年来，茶已远远超出了自身固有的物质属性，已成为一种文化修养，一种人格力量，一种精神境界。茶文化活动逐渐成为各个不同历史时期世人生活的社会活动及礼仪形式。

（一）茶文化形成前期

饮茶在我国有着源远流长的历史。茶具有文化特色，是人类参与物质、精神创造活动的结果。

人类的祖先最初把茶当作食物利用，在长期食用的过程中，认识到茶的药用功能。秦汉之际，民间把茶当作饮品，东汉以后饮茶之风向江南一带发展，继而进入长江以北。至魏晋南北朝，饮茶的人渐渐多起来。

从秦汉之际至魏晋南北朝时期，有不少古代典籍描述了茶的药性。当时人们认为茶的药物作用主要有悦志、益思、少眠、轻身、有力、明目、醒酒、助消化。其中悦志、益思、少眠都是茶使人兴奋的结果；轻身和有力也是人在兴奋状态下的主观感受，并非真的会令人体重变轻和增加力量；醒酒作用只是对那些醉酒的人有意义，并不具备普遍性；助消化的功能虽然到三国时期才明确提出，其作用较为明显。

总而言之，茶作为药的作用和效用比较缓慢。茶的最突出、最强烈的功能就是使人兴奋愉悦，这正是茶从食物经过药物阶段转变成饮料的决定性因素。于是茶便从羹饮，即作为汤来食用逐渐转变成作为饮料来饮用。

茶由食用到药用到饮用的逐渐变化过程，也是人类对茶的认识逐渐深化的过程。在这一过程中，人类逐渐忽略了茶的那些不突出、不重要的功效，把握了茶能"令人兴奋"这一最突出、最重要的功效，并根据这种特殊功效采用了"饮用"的方式，于是茶在中国终于成为一种饮品。这一转变过程大约是在汉朝至魏晋南北朝时期逐渐完成。

（二）茶文化萌芽期

茶饮方法在经历含嚼吸汁、生煮羹饮阶段后，至魏晋南北朝时，已开始进入烹煮饮用阶段。当时，至少在长江以南地区，纯粹意义上的饮茶，即仅仅把茶当作饮料饮用已经相当普遍，但在饮用形式上仍沿袭羹饮。在饮用时间上已逐渐与吃饭分离，一种是"座席竟，下饮"，即饭后饮茶；另一种是与茶完全无关的饮茶，相当于客来敬茶。在这个时期，将茶当作饮料是一种更普遍的现象，占据着主导地位。饮茶主要有品茶、以茶伴果而饮、茶粥等多种方式。这些都是茶进入文化领域的物质基础。

茶作为自然物质进入文化领域，是从它被当作饮品并发现其对精神有积极作用开始。值得重视的是，茶文化一出现，就是作为一种健康、高雅的精神力量与两晋的奢侈之风相对抗。

魏晋南北朝时期，茶开始进入文化精神领域，主要表现在以下三个方面。

1. 以茶养廉

魏晋南北朝时期，门阀制度盛行，官吏及士人皆以夸豪斗富为美，"侈汰之害，甚于天灾"。奢侈荒淫的纵欲主义使世风日下，一些有识之士痛心疾首。一些有识之士提出了"养廉"的问题，于是社会上出现了以茶养廉示俭的一些事例，如陆纳以茶待客、桓温以茶代酒宴、南齐世祖武皇帝以茶示俭等。陆纳、桓温等一批政治家提倡以茶养廉、示俭的本意在于纠正社会不良风气，而茶则成了节俭生活作风的象征，这体现了当权者和有识之士的思想导向：以茶倡廉抗奢。"儒家提倡温、良、恭、俭、让与和为贵，修养途径是穷独兼达、正己正人，既要积极进取，又要洁身自好"，这使茶从另外一个角度跃出自然功效的范围，通过与儒家思想的结合，进入人的精神生活，并开启"以茶养廉"的茶文化传统。

2. 进入宗教活动

魏晋时期，社会上有吃药以求长生的风气，主要是因为受到道教的影响，当时人们认为饮茶可以养生、长寿，还能修仙，茶由此开始进入宗教领域。如陶弘景《杂录》："苦茶轻身换骨。昔丹丘子、黄山君服之。"壶居士《食忌》："苦茶久食，羽化。与韭同食，令人体重。"而道家修炼气功要打坐、内省，茶对清醒头脑、舒通经络有一定功效，于是出现一些饮茶可羽化成仙的故事和传说。这些故事和传说在《续搜神记》《杂录》等书中均有记载。

南北朝时期佛教开始兴起，当时战乱不已，僧人倡导饮茶，也使饮茶有了佛教色彩，促进了"茶禅一味"思想的产生。

3. 文人的艺术表达

魏晋时，茶开始成为文化人赞颂、吟咏的对象，已有文人直接或间接地以诗文赞吟茗饮，如杜育的《荈赋》、孙楚的《出歌》、左思的《娇女诗》。其中，有的是完整意义上的茶文学作品，也有的是在诗中赞美了茶饮。另外，文人名士既饮酒又喝茶。以茶助兴，开启了清谈饮茶之风，出现一些名士饮茶的佚文趣事。

总之，魏晋南北朝时期，茶饮已被一些王公显贵和文人雅士看作高雅的精神享受和表达志向的手段，并开始与宗教思想结合起来。虽说这一阶段还是茶文化的萌芽期，但已显示出其独特的魅力。

（三）茶文化形成期

唐代是中国封建社会的顶峰，同时封建文化也达到顶峰。它形成了一个国家统一、国力强盛、经济繁荣、社会安定、文化空前发展的局面。特别是所谓盛唐时期，社会上呈现出一种相对太平繁荣的景象，整个社会弥漫着一种青春奋发的情绪，创造力蓬勃旺盛。在承袭汉魏六朝的传统，同时融合了各少数民族及外来文化精华的基础上，音乐、歌舞、绘画、工艺、诗歌等都以新颖的风格发展起来，成为中国历史上的辉煌时期。这样的社会条件，为饮茶的进一步普及和茶文化的继续发展打下了基础。

唐代饮茶普及主要表现在以下5个方面。

（1）茶肆遍天下。《封氏闻见录》卷六《饮茶》中说："自邹、齐、沧、棣，渐至京邑城市，多开店铺，煎茶卖之，不问道俗，投钱取饮。"民间还有茶亭、茶棚、茶房、茶轩和茶社等设施，供自己和众人饮茶。

（2）茗为人饮，与盐粟同资。唐代上至王公显贵、王公朝士，下至僧侣道士、文人雅士、黎民百姓，几乎所有人都饮茶。唐穆宗时人李珏说："茶为食物，无异米盐，人之所资，远近同俗。既蠲渴乏，难舍斯须。至于田闾之间，嗜好尤切。"（《全唐文》第八册）至中唐，茶已成为社会生活不可缺少的饮品，成为"比屋之饮"（陆羽《茶经·六之饮》）。

（3）茶被视为"赐名臣，留上客"（顾况《茶赋》）的珍品。随着饮茶日趋普遍，人们以茶待客蔚然成风，并出现了一种新的宴请形式"茶宴"。唐人把茶看作比钱更重要的上乘礼物馈赠亲友，寓深情与厚谊于茗中，"愧君千里分滋味，寄与春风酒渴人"（李群玉《答友人寄新茗》）。

（4）僧人普遍饮茶并转相仿效。唐代寺庙众多，又是佛教禅宗迅速普及的时期，信徒遍布全国各地，饮茶风气盛行。"……学禅务于不寐，又不夕食，皆许其饮茶。人自怀挟，到处煮饮。从此转相仿效，遂成风俗"（《封氏闻见录》）。这段话的意思就是说，世俗社会的人们对僧人加以仿效，加快了饮茶的普及，并且很快成为流行于整个社会的习俗。

（5）文化人特别好饮、喜饮。文人嗜茶者众多，如大诗人白居易，他一生嗜茶并作诗存世，如每天吃早茶（"起尝一瓯茗"《官舍》）、午茶（午睡"起来两瓯茶"《食后》）、晚茶（"晚送一瓯茶"《管闲事》），自称"竟日何所为，或饮一瓯茗，或吟两句诗"（《首夏病间》）；有些文人僧侣将啜茗与游玩茶山合而为一，如杜牧等人笙歌画舫，他因病断酒，"犹得作茶仙"（杜牧《春日茶山病不饮酒，因呈宾客》）；刘禹锡也说："何处人间似仙境，春山携妓采茶时。"（《洛中送韩七中丞之吴兴口号五首》）

文人从好饮、喜饮，进而深入观察、研究，总结种茶和制茶经验。品茗技艺的作品相继问世，代表性论著有陆羽的《茶经》、张又新的《煎茶水记》、温庭筠的《采茶录》等。

饮茶风气的盛行，加上佛教、道教的兴盛对饮茶风气的形成所起的推动作用，为茶文化的继续发展打下了坚实的社会基础。随着饮茶风尚的扩展，儒、道、佛三教思想的渗入，茶文化逐渐形成独立完整的体系。而茶文化之所以能在唐代正式形成，主要有以下三个特殊原因。

（1）出现了茶业专著《茶经》。在陆羽为代表的一批文人的大力倡导下，唐代有许多诗人以不同方式歌咏茶业，劝导人们饮茶。其中用力最勤、影响最大的是陆羽。他用尽毕生精力，最终写成《茶经》一书。《茶经》是我国第一部全面介绍唐代及唐代以前有关茶事的综合性茶业专著，全书详细论述了茶的历史和现状。从茶的源流、产地、制作、品饮等方面，总结了包括茶的自然属性和社会功能在内的一整套知识。又创造了包括茶艺、茶道在内的一系列的文化思想，基本上勾画出了茶文化的轮廓，是茶文化正式形成的重要标志。

（2）贡茶兴起。早在魏晋南北朝时期皇室就已开始饮茶，到了唐代，皇室对茶的需求量逐渐扩大。唐中期以后的皇帝大多好茶，更是广向民间搜求名茶，要求入贡的茶也越来越多。贡茶，从文化角度来看，其本身就是一种礼的形式。这种礼就是政治之礼，由献茶称臣的君臣关系中，自然体现着尊敬、虔诚等思想内容，同时还逐渐衍生出谦让、和平、互礼等意蕴。如皇帝以茶赐臣体现了天子的"恩泽"，臣僚献茶显示的是臣子的"忠心"。

（3）文人、学士讴歌茶事，开拓了茶文化的内涵。唐代采取严格的科举制度，文人学士都有科举入官的可能。每当会试，不仅应举士人困于考场，连值班的翰林官也劳乏不堪。于是朝廷特命以茶汤送试场，当时茶被称为"麒麟草"。应举士人来自四面八方，久而久之，饮茶之风在文人中进一步发扬。唐代科举把诗列为主要内容，写诗的人需要益智提神，茶自然成为文人最好的饮品和吟诵的对象。文人们以极大的热情引茶入诗或作文，不断丰富茶文化内涵。代表性的如卢仝因创作《走笔谢孟谏议寄新茶》一诗，而获得茶中"亚圣"的地位。

（四）茶文化的兴盛期

茶兴于唐而盛于宋。宋代的茶叶生产空前发展，饮茶之风非常盛行，既形成了豪华极致的宫廷茶文化，又兴起了趣味盎然的市民茶文化。宋代茶文化还继承唐人注重精神意趣的文化传统，把儒学的内省观念渗透到茶饮之中，又将品茶贯彻于各阶层的日常生活和礼仪之中，由此一直沿袭到元明清各代。与唐代相比，宋代茶文化在以下三方面呈现了显著的特点。

1. 形成精细制的茶工艺

宋代的气候转冷，常年平均气温比唐代低 2~3 ℃，特别是在一次寒潮袭击下，众多茶树受到冻害，茶叶生产遭到严重破坏，于是生产贡茶的选地南移。太平兴国二年（977），宋太宗为了"取象于龙凤，以别庶饮，由此入贡"，派遣官员到福建建安北苑，专门监制"龙凤茶"。龙凤茶是一种饼茶，用定型模具压制成茶膏，并刻上龙、凤、花、草图案。压模成形的茶饼上，有龙凤的造型。龙是皇帝的象征，凤是吉祥之物，龙凤茶不同于一般的茶，它显示了皇帝的尊贵和皇室与贫民的区别。在监制龙凤茶的过程中，先有丁谓，后有蔡襄等官员对饼茶进行了改造，使其更加精益求精。故宋徽宗在《大观茶论》中写道："采择之精，制作之工，品第之胜，烹点之妙，莫不咸造其极。"

宋代创制的龙凤茶，把我国古代蒸青团茶的制作工艺推向一个历史高峰，拓宽了茶的审美范围。即由对茶色、香、味的品尝，扩展到对其形的欣赏，为后代茶叶形制艺术发展奠定了审美基础。现今云南产的圆茶、七子饼茶之类就是宋代龙凤茶遗留的一些痕迹。

2. 斗茶习俗和分茶技艺

宋代的饮茶方式，由唐代的煎茶法演变为点茶法在点茶基础上出现了斗茶。斗茶又称茗战，就是把茶叶质量和点茶技艺的评比当作一场战斗来对待。当时宫廷、寺庙、文人聚会中茶宴逐步盛行，一些地方官吏和权贵为博帝王的欢心，千方百计献上优质贡茶。为此先要比试茶的质量，这种起源于福建的斗茶时尚便日益盛行起来。

范仲淹描写茗战的情况时说："胜若登仙不可攀，输同降将无穷耻。"（《和章岷从事斗茶歌》）斗茶不仅在上层社会盛行，还逐渐遍及全国，普及到民间。唐庚的《斗茶记》记其事说："政和二年，三月壬戌，二三君子相与斗茶于寄傲斋。予为取龙塘水烹之，而第其品。以某为上，某次之。"三五知己，各取所藏好茶，轮流品尝，决出名次，以分高下。类似的情景，许多古籍中也有记载。直到今天，福建各产茶县仍有每年评比茶王的活动，很有可能就是这种斗茶风尚的延续。

宋代还流行一种技巧性很高的烹茶技艺，叫作分茶。宋代陶谷的《清异录》"茶百戏"中说："近世有下汤适匕，别施妙诀，使汤纹水脉成物象者。禽兽虫鱼花草之属，纤巧如画，但须臾即就散灭。此茶之变也。时人谓'茶百戏'。"玩这种游艺时，碾茶为末，注之以汤，以筅击拂，这时盏面上的汤纹就会变幻出各种图样来，犹如一幅幅水墨画，所以有"水丹青"之称。

斗茶和分茶在点茶技艺方面有相同之处，但就其性质而言，斗茶是一种茶俗，分茶则主要是茶艺，两者既有联系，又有区别，都体现了茶文化的文化意蕴。

3. 茶馆兴盛，茶馆文化发达

茶馆，又叫茶楼、茶肆、茶坊等，简而言之，是以营业为目的，供客人饮茶的场所。唐代是茶馆的形成期，宋代是茶馆的兴盛期。五代十国以后，随着城市经济的发展与繁荣，茶馆、茶楼也迅速发展和繁荣。

京城汴京是北宋时期的政治、经济、文化中心，又是北方的交通要道，当时茶馆鳞次栉比，尤以闹市和居民集中居住地为盛。南宋建都临安（今杭州）后，茶馆有盛无衰，"处处有茶坊，酒肆，面店，果子、彩帛、绒线、香烛、油酱、食米、下饭鱼肉鲞、腊等铺"（《梦粱录》卷十三《铺席》）。《都城记胜》说城内的茶坊很考究，文化氛围浓郁，室内"张挂名人书画"，供人消遣。茶坊里卖奇茶异汤，冬月添卖七宝擂茶、馓子、葱茶、盐豉汤；暑月添卖雪泡梅花酒。

大城市里茶馆兴盛，山乡集镇的茶店、茶馆也遍地皆是，只是设施比较简陋。它们或设在山镇，或设于水乡，凡有人群处，必有茶馆。南宋洪迈写的《夷坚志》中，提到茶肆多达百余处，说明随着社会经济的发展，茶馆逐渐兴盛起来，茶馆文化也日益发达。

（五）茶文化的延续发展期

在中国古代茶文化的发展史上，元明清也是一个重要阶段。特别是茶文化自宋代深入市民阶层（最突出的表现是大小城市广泛兴起的茶馆、茶楼）后，各种茶文化表现形式不仅继续在宫廷、宗教、文人士大夫等阶层中延续和发展，茶文化的精神也进一步植根于广大民众之间，士、农、工、商都把饮茶作为友人聚会、人际交往的媒介。不同地区、不同民族有极为丰富的"茶民俗"。

元代是中国茶文化经过唐、宋的发展高峰，到明、清的继续发展之间的一个承上启下的时期。元代虽然由于历史的短暂与局限，没有呈现茶文化的辉煌，但在茶学和茶文化方面仍然继承唐宋以来的优秀传统，并有所发展创新。

原来与茶无缘的蒙古族，自入主中原后，逐渐开始注意学习汉族文化，接受茶文化的熏陶。蒙古贵族尚茶，对茶叶生产是重要的刺激与促进，因而"上而王公贵人之所尚，下而小夫贱隶之所不可阙，诚生民日用之所资"（王祯《农书—茶》）。而汉民族文化受到北方游牧民族的冲击，对茶文化的影响就是饮茶的形式从精细转入随意，已开始出现散茶。饼茶主要为皇室宫廷所用，民间则以散茶为主。由于散茶的普及流行，茶叶的加工制作开始出现炒青技术，花茶的加工制作也形成完整系统。汉、蒙饮食文化交流，还形成具蒙古特色的饮茶方式，开始出现泡茶方式。即用沸水直接冲泡茶叶，如"建汤：玉磨末茶一匙，入碗内研匀，百沸汤点之"（忽思慧《饮膳正要》）。这些为明代炒青散茶的兴起奠定了基础。

元统一全国后，在文化政策上较宋有很大变化，中原传统的文化精神遭受打击，知识分子的命运多有改变，曾一度取消的科举考试，使得汉族知识分子丧失了仕进之路，许多人沦为社会下层。元移宋鼎，又使得大部分汉族知识分子有亡国之痛。所以，元代文人尤其是宋朝遗民皆醉心于茶事，借以表现气节，磨练意志。其中许多文人以茶诗文自嘲自娱，还以散曲、小令等借茶抒怀。如著名散曲家张可久弃官隐居西湖，以茶酒自娱，写《寨儿令·次韵》言其志："饮一杯金谷酒，分七碗玉川茶。嗟！不强如坐三日县官衙。"乔吉感慨大志难酬，"万事从他"，却自得其乐地写道"香梅梢上扫雪片烹茶"。茶入元曲，茶文化因此多了一种文学艺术表现形式。

明代饮茶风气鼎盛，是中国古代茶文化又一个兴盛期的开始。明代茶文化有以下三个鲜明的特色。

1. 形成饮茶方法史上一次重大变革

历史上正式以国家法令形式废除团饼茶的是明太祖朱元璋。他于洪武二十四年（1391年）九月十六日下诏："罢造龙团，唯采茶芽以进。"从此向皇室进贡的茶，只要芽叶形的蒸青散茶。皇室提倡饮用散茶，民间自然蔚然成风，并且将煎煮法改为随冲泡随饮用的冲泡法，这是饮茶方法上的一次革新。从此，饮用冲泡散茶成为当时主流，"开千古茗饮之宗"，改变了我国千古相沿成习的饮茶法。这种冲泡法，对于茶叶加工技术的进步（如改进蒸青技术、产生炒青技术等），以及花茶、乌龙茶、红茶等茶类的兴起和发展，起了巨大的推动作用。由于泡茶简便、茶类众多，冲泡茶叶成为人们一大嗜好，饮茶之风更为普及。

2. 形成紫砂茶具的发展高峰

紫砂茶具始于宋代，到明代，由于横贯各文化领域潮流的影响、文化人的积极参与和倡导、紫砂制造业水平提高和即时冲泡的散茶流行等多种原因，逐渐异军突起，代表一个新的方向和潮流而走上了繁荣之路。

宜兴紫砂茶壶的制作，相传始于明代正德年间。当时宜兴东南有座金沙寺，寺中有位被尊为金沙僧的和尚，平生嗜茶。他选取当地产的紫砂细砂，用手捏成圆坯，安上盖、柄、嘴，经窑中焙烧，制成了中国最早的紫砂壶。此后，有个叫龚（供）春的家僮跟随主人到金沙寺侍谈，他巧仿老僧，学会了制壶技艺。所制壶被后人称为供春壶，有"供春之壶，胜如白玉"之说。龚（供）春也被称为紫砂壶真正意义上的鼻祖。

到明万历年间，出现了董翰、赵梁、元畅、时朋"四家"，后又出现时大彬、李仲芳、徐友泉"三大壶中妙手"。紫砂茶壶不仅因为瀹饮法而兴盛，其形状和材质更迎合了当时社会所追求的平淡、端庄、质朴、自然、温厚、闲雅等精神需要，得到文人的喜爱。当时有许多著名文人都在宜兴定制紫砂壶，还在壶上题刻诗画，他们的文化品位和艺术鉴赏也直接左右着制壶工匠们，如著名书画家董其昌、著名文学家赵宧光，都在宜兴定制且题刻过。随着一大批制壶名家的出现，在文人的推动下，紫砂茶具形成了不同的流派，并最终形成了一门独立的艺术。

明代人崇尚紫砂壶几近狂热的程度，"今吴中较茶者，必言宜兴瓷"（周容《宜兴瓷壶记》），"一壶重不数两，价重每一二十金，能使土与黄金争价"（周高起《阳羡茗壶系》），可见明人对紫砂壶的喜爱之深。

3. 形成为茶著书立说的兴盛期

中国是最早为茶著书立说的国家，明代达到一个兴盛期，而且形成鲜明特色。明太祖第十七子朱权于公元1440年前后编写《茶谱》一书，对饮茶之人、饮茶之环境、饮茶之方法、饮茶之礼仪等作了详细介绍。陆树声在《茶寮记》中，提倡于小园之中，设立茶室，有茶灶、茶炉，窗明几净，颇有远俗雅意，强调的是自然和谐美。张源在《茶录》中说："造时精，藏时燥，泡时洁。精、燥、洁，茶道尽矣。"这句话从一个角度简明扼要地阐明了茶道真谛。

明代茶书对茶文化的各个方面加以整理、阐述和开发，创造性和突出贡献在于全面展示明代茶业、茶政空前发展和中国茶文化继往开来的崭新局面，其成果一直影响至今。明代在茶文化艺术方面的成就也较大，除了茶诗、茶画外，还产生了众多的茶歌、茶戏，有几首反映茶农疾苦、讥讽时政的茶诗，历史价值颇高，如高启的《采茶词》。

清代沿承明代的政治体制和文化观念。由明代形成的茶文化的又一个历史高峰，在清初一段时间以后继续得到延续发展，其主要特色有以下三个方面。

1）形成更为讲究的饮茶风尚

清朝满族祖先本是中国东北地区的游猎民族，以肉食为主，进入北京成为统治者后，养尊处优，需要消化功效大的茶叶饮料。于是普洱茶、女儿茶、普洱茶膏等，深受帝王、后妃、贵族们喜爱。有的用于泡饮，有的用于熬煮奶茶。清代的宫廷茶宴也远多于唐宋。宫廷饮茶的规模和礼俗较前代有所发展，在宫廷礼仪中扮演着重要的角色。

据史料记载，清乾隆时期，仅重华宫所办的"三清茶宴"就有43次。"三清茶宴"为清高宗弘历所创，目的在于"示惠联情"，自乾隆八年起固定在重华宫，因此也称重华宫茶宴。"三清茶宴"于每年正月初二至初十间择日举行，参加者多为词臣，如大学士、九卿及内廷翰林。每次举行时，须择一宫廷时事为主题，群臣联句吟咏。宴会所用"三清茶"是乾隆皇帝亲自创设，系采用梅花、佛手、松实入茶，以雪水烹之而成。乾隆认为，以上三种物品皆属清雅之物，以之瀹茶，具幽香而"不致溷茶叶"。

嗜茶如命的乾隆皇帝，一生与茶结缘，品茶鉴水有许多独到之处，也是历代帝王中写作茶诗最多的一个。有几十首御制茶诗存世，他晚年退位后，还在北海镜清斋内专设"焙茶坞"，悠闲品茶。

清代茶文化一个重要的现象就是茶在民间的普及，并与寻常日用结合，成为民间礼俗的一个组成部分。饮茶在民间普及的一个重要标志就是茶馆如雨后春笋般出现，成为各阶层包括普通百姓进行社会活动的一个重要场所。民间大众饮茶方法的讲究表现在很多方面，如"杭俗烹茶，用细茗置茶瓯，以沸汤点之，名为撮泡"（陈师《茶考》）。当时人们泡茶时，茶壶、茶杯要用开水洗涤，并用干净布擦干，茶杯中的茶渣必须先倒掉，然后再斟。

闽粤地区民间，嗜饮工夫茶者甚众，故精于此"茶道"之人亦多。到了清代后期，由于市场上有六类茶出售，人们已不再单饮一类茶，而是根据各地风俗习惯选用不同类的茶，如江浙一带人大都饮绿茶，北方人喜欢花茶或绿茶。不同地区、民族的茶习俗也因此形成。

2）茶叶外销的历史高峰形成

清朝初期，以英国为首的西方国家开始大量从我国引进茶叶，使我国茶叶向海外的输出猛增。1886年我国茶叶出口量达13.41万吨，茶叶的输出常伴以茶文化的交流和影响。英国的茶饮逐渐普及，并形成了特有的饮茶风俗，讲究冲泡技艺和礼节，其中有很多中国茶礼的痕迹。早期俄罗斯文艺作品中有众多茶宴茶礼的场景描写，这也是我国茶文化在俄罗斯民众生活中的反映。

鸦片战争的爆发与茶叶贸易有直接关系。清代中期前，各资本主义国家对华贸易量最大的要算英国，英国需要进口我国大量的货物，其中茶叶居多。但英国又拿不出对等的物资与中国交换，英中双方贸易出现逆差，英国每年要拿出大量的白银支付给中国，这对当时的英国十分不利。为改变这种状况和加强对中国的经济侵略，英国就大量向中国倾销鸦片，并采取外交与武力威胁相结合的手段，先后向我国发动了两次鸦片战争。战争的结果是清政府同以英国为首的外国资本主义国家签订了一系列不平等条约。自此，英国垄断控制了华茶外销市场，美国、日本勾结抵制华茶外销，日本千方百计侵占华茶市场，使中国茶叶对外贸易一度一落千丈。

3）茶文化开始成为小说描写对象

诗文、歌舞、戏曲等文艺形式中描绘茶的内容很多。清代是我国小说创作极为繁荣的时期，不但数量大，而且反映了清代政治、经济以及文化的各个方面。在众多小说话本如《镜花缘》《儒林外史》《红楼梦》中，茶文化的内容都得到了充分展现，成为当时社会生活最为生动、形象的写照。

就《红楼梦》来说，"一部《红楼梦》，满纸茶叶香"，书中言及茶的达260多处，咏茶诗词（联句）有 10 多首。它所载形形色色的饮茶方式、丰富多彩的名茶品种、珍奇的古玩茶具和讲究非凡的沏茶用水等，是我国历代文学作品中记述和描绘得最全面的。它集明后至清代 200 多年间各类饮茶文化之大成，形象地再现了当时上至皇室官宦、文人学士，下至平民百姓的饮茶风俗。

一些醉心于茶的人们，在清后期传统茶文化处于一个日趋衰落的过程中，仍然坚守着饮茶精神，将他们的真知灼见以及对民间饮茶的思考融会到诗歌、小说、笔记小品以及其他的著述之中，比较有代表性的如清末民初人徐珂的《清稗类钞》。该书中关于清代茶事的记载比比皆是，几乎可以说是时人饮茶的"实录"，也可以说是清代茶道与清人"茶癖"的全景写照。

清末至新中国成立前的 100 多年，外强入侵，战争频繁，社会动乱，传统的中国茶文化日渐衰微，饮茶之道在中国大部分地区逐渐趋于简化，但这并非是中国茶文化的终结。从总趋势看，中国的茶文化是在向下层延伸，这更丰富了它的内容，也更增强了它的生命力。在清末民初的社会中，城市乡镇的茶馆茶肆处处林立，大碗茶比比皆是，盛暑季节道路上的茶亭及乐善好施的大茶缸处处可见。"客来敬茶"已成为普通人家的礼仪美德。由于制作工艺的发展，基本形成了今天的六大茶类。

（六）茶文化辉煌期

新中国诞生后，政府高度重视茶叶经济，茶叶生产有了飞速发展。随着茶叶经济的发展，茶文化也高速发展起来。茶文化是中华民族传统文化中的优秀组成部分，是对世界文化的重大贡献之一。新中国成立初期，百业待兴，茶文化活动未能成为重点提倡的文化事业，但是茶馆业在大小城镇仍然长盛不衰，有的茶馆和民间曲艺演出结合在一起，成为民间文化活动的重要阵地。

文艺工作者创作了一批茶文化作品。如 20 世纪 50 年代整理加工的福建民间舞蹈《采茶扑蝶》、20 世纪 60 年代浙江创作的音乐舞蹈《采茶舞曲》和江西创作的歌曲《请茶歌》等都曾广泛流行。戏曲方面也成绩显著，老舍创作的三幕话剧《茶馆》，成为话剧史上的经典作品；江西创作的赣南采茶戏《茶童歌》，还被改编为彩色电影《茶童戏主》在全国放映，受到群众的欢迎。

20 世纪 60 年代后期国内政治形势波动，茶文化曾受到一定的冲击，茶文化及茶馆业也一度受到不同程度的影响。不过民间的饮茶风习早已成为日常生活的一部分，客来敬茶、以茶待客已成为中华民族的优良传统。如北方的盖碗茶和南方的工夫茶深入千家万户，城乡各地的茶馆也并未完全绝迹。

20 世纪 70 年代中后期起，随着人们的物质和文化生活的改善，在国内外各种因素的促进下，中国内地的茶文化出现蓬勃发展的态势。现代茶文化与古代茶文化相比，更具时代特点。以中国茶文化为核心的东方茶文化在世界范围内掀起一个热潮，其内涵更为博大精深。它既有人文历史，又有科学技术；既有学术理论，又有生活实践；既有传统文化，又有推陈出新。这是继唐宋以来，茶文化出现的又一个新高潮，被称为"再现辉煌期"。主要表现在以下 5 个方面。

1. 茶艺交流蓬勃发展

20 世纪 80 年代以来，茶艺交流活动在全国各地蓬勃发展，特别是城市茶艺活动场所大量涌现，成为一种新兴产业。目前，中国许多地方都相继成立了茶文化的交流组织，使茶艺活动成为一种独立的艺术门类。在一些大型的茶文化集会中,各地茶文化工作者编创了许多新型的茶艺表演节目,这些主题鲜明、内容丰富、形式多样的茶艺表演,成为群众文化生活的一个重要组成部分。同时,各地还相继推出了许多富含创意的茶文化活动,如清明茶宴、新春茶话会、茗香笔会、新婚茶会、品茗洽谈会等,推动了社会经济文化的发展。

2. 茶文化社团应运而生

众多茶文化社团的成立,对弘扬茶文化、引导茶文化步入文明健康发展之路,起到了重要作用。其中规模、影响较大的有"中国国际茶文化研究会"。它酝酿于 1990 年,成立于 1992 年,总部设在杭州。在北京,一个以团结中华茶人和振兴中华茶业为己任的全国性茶界社会团体"中华茶人联谊会"于 1990 年 8 月成立。地方性的团体则更多,如浙江湖州的"陆羽茶文化研究会"、广东的"广州茶文化促进会"等。

3. 茶文化节和国际茶会不断举办

每年许多省市都举办规模不等的茶文化节和国际茶会或学术研讨会,有的活动是定期举行的,如杭州国际茶博会、上海国际茶文化节、武夷岩茶节、普洱茶国际研讨会、法门寺国际茶会等,都已经举办过多次;有的从茶文化不同侧面举办专题性国际学术研讨,如中国杭州和上海,美国、日本、韩国等相继围绕以茶养生专题,举行"茶—品质—人体健康"等学术研讨会,这种茶学界与科研、医学界的对话,充分显示了茶学与医学相结合所取得的可喜成果。

4. 茶文化书刊推陈出新

许多专家学者对茶文化进行系统、深入的理论研究,出版了大量茶文化专著。在茶文化书籍大量涌现的同时,还有众多茶文化专业期刊和报纸、报道信息、研讨专题,使茶文化活动具有较高文化品位和理论基础。如江西社科院农业编辑部从 1991 年起每年出版两期"中国茶文化专号",每期 80 万字左右,在海内外茶文化界有较大影响。北京中华茶人联谊会的《中华茶人》以及各省市茶叶学会及茶文化社团编辑的茶刊也大量刊登有关茶文化、茶科技、茶经济的文章。

5. 茶文化教研机构相继建立

目前,中国已有多所农业院校设有茶学专业,培养茶业专门人才。有的高等院校还设有茶文化专门课程或茶文化研究所。在一些主要的产茶区也设有相应的省级茶叶研究所。此外,随着茶文化活动热情的高涨,除了原有综合性博物馆有茶文化展示外,上海"当代茶圣"吴觉农纪念馆、四川茶叶博物馆、杭州中国茶叶博物馆等一批博物馆舍也相继建成。

与此同时,世界茶文化,特别是东方茶文化的发展也已进入一个新的发展时期。日本的日本中国茶沙龙和日本中国茶协会,韩国的韩国茶道协会、韩国茶人联合会和韩国陆羽茶经研究会,以及北美茶科学文化交流协会等茶文化团体应运而生。它们与业已存在的各国茶文化团体一起积极活动,为茶文化的普及和提高做出了积极的贡献。

二、茶文化基本内容

(一) 茶文化的定义及范畴

文化是人类社会历史实践过程中所创造的物质财富和精神财富的总和,包括知识、信仰、艺术、美德、法律、习俗和习惯。文化学的任务在于运用综合与集成的方法从整体上研究文化的本质、形态、功能以及文化产生与发展规律、预测发展趋势,对其组织建设、领导管理、体制建设及政策法规、战略策略等进行深入探讨。

茶文化是人们在发现、生产和利用茶的过程中，以茶为载体，表达人与人、人与自然之间各种理念、信仰、情感、爱憎等思想观念的各种文化形态。

茶文化包含作为载体的茶和使用茶的人因茶而有的各种观念形态两方面。茶及茶人所涉及的一系列物质的、精神的、习俗的、心理的、行为的表现均应属于茶文化范畴。

茶具有各种功能，性恬淡清雅，口感爽适，提神益思，备受世人喜爱。历代文人墨客艺术巨匠均以茶为题材创作诗词、书法、绘画艺术作品。其他艺术门类如戏剧、舞蹈、音乐、雕塑等均广泛涉及茶事。同时，茶还与宗教、哲学、历史、经济、政治、科学、技术、旅游、建筑等紧密结合，构成中华茶文化博大精深的内涵，成为中华民族传统文化中的重要组成部分。

唐宋以来，茶文化向世界各国传播，与各国风俗民情结合，逐渐形成了各国各具特色的茶文化。日本的"茶道"，韩国的"茶礼"，英国的"午后茶"，阿根廷的"马黛茶"等，均源于中华茶文化。茶是中华民族给予世界最珍贵的和平饮品。

茶文化的社会功能主要表现为：推动社会文明建设，促进茶业经济，利于强身健体，促进社会和谐。

茶文化学研究的目的，在于运用辩证唯物主义和历史唯物主义的观点与方法，回眸中华茶文化源远流长的轨迹和博大精深的文化内涵；以科学和求是态度界定它的内容和范畴；了解和探索其发展的客观规律；预测其在中华民族伟大复兴中之壮阔前景。在新时期为建设两个文明，为促进社会经济繁荣和国际文化交流服务。

茶文化学是中国高等茶学专业中首设的目前在综合性院校均设有茶文化学选修课程。艺术设计、公关礼仪、旅游酒店等专业也将其设为必修课程。它是茶学与文化学相互交叉、渗透并相融合的一个年轻学科。茶文化学以科学的态度和历史的眼光，翔实地介绍了茶的起源与原产地；人类饮茶方式的发展与变迁；中国茶业对外传播及世界茶区的分布；茶的种植、加工发展历史与演变；茶及茶具的品饮与鉴赏；中国与世界各地之茶俗；茶与社会、宗教、哲学、文艺、经济、政治的关系以及茶与人类健康的关系等内容。旨在扩大高等学校广大学生的知识视野，提高广大读者对我国广大优秀传统文化的认识和鉴赏能力，为进行东西方文化的比较研究、推动我国茶文化的发展及进行内外交流奠定基础。

（二）茶文化的内部结构

1. 物质文化

物质文化是指有关茶的物质文化产品的总和。它包括人们从事茶叶生产的活动方式和相应的产品，如有关茶叶的栽培、制造、加工、保存、化学成分及疗效研究等，也包括茶、水、具等物质实物以及茶馆、茶楼、茶亭等实体性设施。它是茶文化结构的表层部分，是人们可以直接触知的茶文化的内容。

2. 制度文化

制度文化包括有关茶的法规、礼俗等，是人们在从事茶叶生产和消费过程中所形成的社会行为规范和约定俗成的行为模式；是茶文化的物质层与精神层的中介层次，构成茶文化的个性特征。有关茶的法律和法令是一定社会经济制度的产物。例如，古代贡茶、榷茶、茶马互市的有关上谕、法令、规定、奏章等；现时政府制定的管理茶叶产销和征税的法令、规章、制度等。礼俗是人们在茶叶生产和消费过程中约定俗成的行为模式，包括有关茶的仪式、风俗、习气等，通常是以茶礼、茶俗以及茶艺等形式表现出来。

3. 精神文化

精神文化是把茶的天然特征和社会特征升华为一种精神象征，把茶事活动上升到精神活动。例如，将煮泡、品饮茶的过程与价值观念、审美情趣、思维方式等主观因素相结合，由此产生的认识、理念及生发的丰富联想；反映茶叶生产、茶区生活、饮茶情趣的文艺作品；将饮茶处世哲学相结合，上升到哲理高度，形成所谓茶道、茶德、茶人精神等。它是茶文化的深层次结构，也是茶文化的核心部分。

（三）茶文化的基本特征

中国茶文化主要有以下5个基本特征。

1. 社会性

饮茶是人类美好的物质享受与精神享受，随着社会文明进步，饮茶文化已经逐渐渗透到社会的各个领域、层次和角落。在中国历史上，虽然富贵之家过的是"茶来伸手、饭来张口"的生活，贫苦之户过的是"粗茶淡饭"的日子，但都离不开茶。"人生在世，一日三餐茶饭"是不可省的，即使是祭天、祀地、拜祖宗，也得奉上"三茶六酒"。人有阶级与等级差别，但无论是王公显贵、社会名流，还是平民百姓，对茶的需求是一致的。

2. 广泛性

茶文化雅俗共享，各得其所。从宗教寺院的茶禅到宫廷显贵的茶宴，从文人雅士的品茗到人民大众的饮茶，出现了层次不同、规模不一的饮茶活动。以茶为药物，以茶为聘礼，以茶会友，以茶修性，茶与人的一生有着密不可分的联系。茶在人们生活、社会活动过程中作用是其广泛性的表现。茶还与文学艺术等许多学科有着紧密的联系。

3. 民族性

中国是一个多民族的国家，56个民族都有自己多姿多彩的茶俗。蒙古族的咸奶茶、维吾尔族的奶茶和香茶、苗族和侗族的油茶、佤族的盐茶，主要是用茶作食，重在茶食相融；傣族的竹筒香茶、回族和苗族等民族的罐罐茶等，主要追求的是精神享受，重在饮茶情趣。尽管各民族的茶俗有所不同，但按照中国人的习惯，凡有客人进门，不管是否要喝茶，主人敬茶是少不了的，不敬茶往往认为是不礼貌的。从世界范围看，各国的茶艺、茶道、茶礼、茶俗，在饮茶的统一性下都清晰地表现出其民族性的区别。

4. 区域性

"千里不同风，百里不同俗"，中国地广人多，由于受历史文化、生活环境、社会风情以至地理气候、物质资源、经济及生活水平等影响，中国茶文化呈现出区域性特点。如对茶叶的需求，在一定区域内是相对一致的，南方人喜欢绿茶和乌龙茶等，北方人崇尚花茶和普洱茶等；这些都是茶文化区域性的表现。

5. 传承性

茶文化本身是中华文化的一个重要组成部分。茶文化的社会性、广泛性、民族性、区域性决定了茶对中国文化的发展具有传承性的特点，成为中华文化形成、延续与发展的重要载体。例如，通过茶文化可以转化孔子的六艺，把传统文化注入其中。

（四）茶文化的特点

1. 物质与精神的结合

茶作为一种物质，它的形和体是异常丰富的；作为一种文化载体，又有深邃的内涵和文化的包容性。茶文化就是物质与精神两种文化有机结合而形成的一种独立的文化体系。

2. 高雅与通俗的结合

茶文化是雅俗共赏的文化，它在发展过程中，一直表现出高雅和通俗两个方面，并在高雅与通俗的统一中向前发展。历史上，宫廷贵族的茶宴、僧侣士大夫的斗茶品茶以及茶文化艺术作品等，是茶文化高雅性的表现。但这种高雅的文化，植根于同人民生活息息相关的通俗文化之中。没有粗犷、通俗的茶文化土壤，高雅茶文化就会失去自下而上的基础。

3. 功能与审美的结合

茶在满足人类物质生活方面表现出广泛的实用性，如食用、治病、解渴。而"琴棋书画诗酒茶"又使茶与文人雅士结缘，在精神生活方面表现出广泛的审美情趣。茶的绚丽多姿，茶文学艺术作品的五彩缤纷，茶艺、茶礼的多姿多彩，都能满足人们的审美需要。

4. 实用性与娱乐性的结合

茶文化的实用性决定它有功利性的一面，但这种功利性是以它的文化性为前提并以此为归宿。随着茶的综合利用与开发，茶文化已渗透到经济生活的各个领域。近年来开展的多种形式的茶文化活动就是以促进经济发展、提高人的文化素质为宗旨。

（五）茶文化的内涵

中国茶文化，融合了儒、道、佛各家优秀思想，负载着儒、道、佛三教文化的内涵。茶文化既融合了儒家"中庸和谐"的思想观念，也融合了道家"天人合一"的思想观念，还融合了佛家"普度众生"的思想观念。

1. 融合儒家思想观念

儒家学说的核心思想是"仁"，提倡的是"中庸"之道，以"和"为贵。儒家思想对中国人利用茶进行茶事活动产生了深刻的影响，特别是在茶礼、茶俗、茶德方面，影响更为深远。在茶礼方面，有贡茶、赠茶、赐茶、敬茶、奉茶等；在茶俗方面，有用茶祭天祀祖、用茶作丧葬祭品等。至于在精神领域、思想道德方面，儒家学说更是与茶相融，并引领茶文化的发展。如儒家主张以茶利礼仁、以茶表敬意、以茶雅志、以茶培养廉洁之风，并用于明伦理、倡教化等。

2. 融合道家思想观念

道家"天人合一"的思想，使人们感悟到：人必须顺应自然，符合大道，才能获得身心的解放。道家又认为，人生在世界上是件快乐的事情，主张"乐生""重生"。为此，首先要从身体的锻炼静修开始，帮助去除人的各种烦恼，而茶则是使人清净的媒介和助力。历史上著名的茶人都有一套精湛的烹茶技艺，烹茶的过程就是将自己的身心与茶的精神相沟通的过程。历代茶人们还发现茶与水的特殊关系，认为"道"的性格像水，能够以柔克刚，而茶吸取了天地精华，茶的性格得到水的帮助才能得到最好的发挥。中国古代茶艺中把金、木、水、火、土"五行"相生相克的原理都贯彻进去，让人置身于一种天地人和谐的气氛之中。

3. 融合佛家思想观念

佛家以"普度众生"的精神为宗旨，主张最大限度地用茶的雨露浇开人们心中的块垒，使人明心见性，不要浑浑噩噩地生活。茶使人清醒地看世界，也清醒地看自己。中国禅宗认为佛在人心，主张顿悟，只要认真修行，佛随时向你开启门户，"放下屠刀，立地成佛"。修行的关键是坐禅，这一点与道家是相通的，都主张通过身体的修炼达到精神的升华。

(六) 茶俗、茶艺、茶道与茶文化

茶俗是指在长期的社会生活中，逐渐形成的以茶为主题或以茶为媒体的风俗、习惯、礼仪。事实上，人类最早认识到的茶，只是将其作为自己生活中的一部分，茶可以疗疾、果腹、止渴等，所有的这一切，都说明了茶与大众生活的息息相关之处。

若从茶俗、茶艺、茶道这三者之间的关系上来说，茶艺则应当是茶文化的形象表述，是其表层意韵。无论是人们日常生活中丰富多彩的茶事活动，还是深奥玄妙的茶道精神都必须通过茶艺这扇茶文化之窗来展示。

然而，若只有"原始存在"的茶俗、精致美妙的茶艺，而不将茶文化的内涵进行系统化、凝练化，从而提出"茶道"的话，茶文化就不会征服那么多人。正是由于有了这让人捉摸不透却又实实在在的"道"，茶才从平凡走向经典，从粗鄙走向典雅，从遥远的远古走向绚丽的今世，从中国走向了世界。

从大的方面着眼的话，则一切茶艺也无非是茶俗二字。茶俗或者说大众的茶事活动，是催生茶艺的土壤，也是培育茶道理论的基础。"俗"为根本，"艺"为表征，"道"是精髓，至此，中国茶文化遂稳健、坚实地矗立于世界文化之林。

在茶文化中，饮茶文化是主体，茶艺和茶道又是饮茶文化的主体。茶艺无论是内涵还是外延均小于茶文化。茶艺是茶道的基础，是茶道的必要条件，茶艺可以独立于茶道而存在。茶道以茶艺为载体，依存于茶艺。茶艺重点在"艺"，重在习茶艺术，以获得审美享受；茶道的重点在"道"，旨在通过茶艺修身养性、参悟大道。茶艺的内涵小于茶道，茶道的内涵包容茶艺。茶艺的外延大于茶道，其外延介于茶道与茶文化之间。茶艺与茶道精神是中国茶文化的核心。

第二章

茶叶科学 ●●●

第一节　茶树基本知识

一、茶树的植物学特征

中国是世界上最早发现茶树和利用茶树的国家。瑞典科学家林奈（Carl von Linne）在1753年出版的《植物种志》中，就将茶树的最初学名定为 *Thea sinensis*，*L.*，后又定为 *Camellia sinensis L.*，"sinensis" 是拉丁文 "中国" 的意思。1950年我国植物学家钱崇澍根据国际命名和茶树特征性研究，确定茶树学名为〔 *Camellia sinensis*（*L.*）*O. Kuntze* 〕，沿用至今。

在植物分类学上，茶树属种子植物门（Spermatophyte），被子植物亚门（Angiospermae），双子叶植物纲（Dicotyledoneae），原始花被亚纲（Archichlamydeae），山茶目（Theales），山茶科（Theaceae），山茶属（*Camellia*），茶种（*Camellia sinensis*）。与庭院种植的山茶花同属，但不同种。

（一）茶树的外形

茶树的地上生长部分，因其枝性状的差异，植株分为乔木型、灌木型和半乔木型三种。

1. 乔木型茶树

有明显的主干，分枝部位高，通常树高3.0~5.0米。

2. 灌木型茶树

没有明显主干，分枝较密，多近地面处，树冠矮小，通常为1.5~3.0米。

3. 半乔木型茶树

在树高和分枝上都介于灌木型茶树与乔木型茶树之间。

（二）茶树的组成

茶树由根、茎、叶、花、果实与种子组成。

1. 根

茶树的根由主根、侧根、细根、根毛组成，为轴状根系。

2. 茎

茶树的茎，从其作用分主干、主轴、骨干枝、细枝。

3. 叶

茶树的叶片，是制作饮料茶叶的原料，也是茶树进行呼吸、蒸腾和光合作用的主要器官。茶树叶片的大小、色泽、厚度和形态，因品种、季节、树龄及农业技术措施等有显著差异。叶片形状有椭圆形、卵形、长椭圆形、倒卵形、圆形等，以椭圆形和卵形为最多。成熟叶片的边缘上有锯齿，一般为 16～32 对；叶片的叶尖有急尖、渐尖、钝尖和圆尖之分，叶片的大小，长的可达 20 厘米，短的 5 厘米，宽的可达 8 厘米，窄的仅 2 厘米。

以成熟叶为例，茶树叶片的叶脉呈网状，有明显的主脉，由主脉分出侧脉，侧脉又分出细脉，侧脉与主脉呈 45° 左右的角度向叶缘延伸，到叶缘 2/3 处，呈弧形向上弯曲，并与上一侧脉联结，组成一个闭合的网状输导系统，这是茶树叶片的重要特征之一。

知识拓展

茶叶的植物学特征

（1）茶叶的芽及嫩叶的背面有银白色的茸毛。

（2）叶片边缘锯齿显著，嫩芽的锯齿浅，老叶的锯齿深，锯齿上有腺毛，老叶腺毛脱落后，留有褐色疤痕。近基部锯齿渐稀。

（3）嫩枝茎呈圆柱形。

（4）叶面分布成网状脉，主脉直射顶端，侧脉伸展至离叶缘 2/3 处向上弯，连接上一侧脉，主脉与侧脉又分出细脉，构成网状。

凡是符合以上特征的是真茶，否则是假茶。

4. 花

花是茶树的生殖器官之一。茶花为两性花，多为白色，少数呈淡黄或粉红色，稍微有些芳香。

5. 果实与种子

茶树的果实是茶树进行繁殖的主要器官。果实包括果壳、种子两部分，属于植物学中的宿萼蒴果类型。

二、茶树的生长环境

茶叶品质的好坏除了取决于茶树品种的固有特性外，在很大程度上也受环境条件、栽培技术的影响，故同一品种的茶树在不同环境或栽培技术的影响下品质会有差异。

（一）气候

茶树性喜温暖、湿润，在南纬 45° 与北纬 38° 间都可以种植，最适宜的生长温度在 18～25 ℃，不同品种对于温度的适应性有所差别。

茶树生长的地区需要年降水量在 1 500 毫米左右，且分布均匀，早晚有雾，相对湿度保持在 85% 左右，这类地区较有利于茶芽发育及茶青品质。若长期干旱或湿度过高均不适于茶树经济栽培。

（二）土壤

茶树适宜在土地疏松、土层深厚、排水、透气性良好的微酸性土壤中生长。虽然茶树在不同种类的土壤中都可生长，但以酸碱度（pH）在 4.5～5.5 为最佳。

（三）日照

茶作为叶用作物，极需要日光。茶树内部 90%～95% 的干物质是靠光合作用来合成的。日照时间长、光度强时，茶树生长迅速，发育健全，不易罹患病虫害，且叶中多酚类化合物含量增加，适于制造红茶。反之，茶叶受日光照射少，则茶质薄，不易硬化，叶色富有光泽，叶绿质细，多酚类化合物少，适制绿茶。

知识拓展

春茶、夏茶与秋茶的划分及识别

茶树在生长周期中，由于受不同季节气候变化的影响，加之茶树自身营养消长状况不一，使得从茶树上采下来的鲜叶原料产生差异，由此加工而成的茶叶，当然品质也就发生了变化。因此茶有春茶、夏茶与秋茶之别，这主要是依据季节变化和茶树新梢生长的间歇性划分的。

我国除华南茶区的少数地区外，绝大部分产茶区茶叶采制是有季节性的：江北茶区茶叶采制期为5月上旬至9月下旬，江南茶区茶叶采制期为3月下旬至10月中旬，西南茶区茶叶采制期为3月上旬至11月中旬，华南茶区茶叶采制期为1月下旬至12月上旬。一般属于亚热带和温带地区的茶区，包括江北茶区、江南茶区和西南茶区，通常按采制时间划分为春、夏、秋三季茶。

但季节茶的划分标准是不一致的。有的以节气分：清明至小满为春茶，小满至小暑为夏茶，小暑至寒露为秋茶；有的以时间分：于5月底以前采制的为春茶，6月初至7月上旬采制的为夏茶，7月中旬以后采制的为秋茶。

我国华南茶区，由于地处热带，四季不大分明，几乎全年都有茶叶采制，因此除了有春茶、夏茶和秋茶之分外，还按茶树新梢生长先后、采制迟早，划分为头轮茶、二轮茶、三轮茶和四轮茶。

茶树由于受气候、品种以及栽培管理条件的影响，每年每季茶的采制时间是不一致的。大体说来，总是自南向北逐渐推迟的，南北差异在3~4个月。另外，即使同一个茶区，甚至同一块茶园，年与年之间，由于气候、管理等原因，也可能相差5~20天。

由于茶季不同，茶树生长状况有别，因此，即使是在同一块茶园内采制而成的不同季节的茶叶，无论是外形和内质都有较大的差异。以绿茶为例，由于春季气温适中，雨量充沛，再加上茶树经头年秋冬季较长时期的休养生息，体内营养成分丰富，所以春季不但芽叶肥壮，色泽绿翠，叶质柔软，白毫显露，而且与提高茶叶品质相关的一些有效成分特别是氨基酸和多种维生素的含量也较丰富。这使得春茶的滋味更为鲜爽，香气更加强烈，保健作用更为明显。此外，春茶期间一般无病虫危害，无须使用农药，茶叶无污染。因此，春茶，特别是早期的春茶，往往是一年中绿茶品质最佳的。所以，众多高级名绿茶，如西湖龙井、洞庭碧螺春、黄山毛峰、庐山云雾等，均出自春茶前期。

夏茶，由于采制时正逢炎热季节，虽然茶树新梢生长迅速，但很容易老化。茶叶中的氨基酸、维生素的含量明显减少，使得夏茶滋味不及春茶鲜爽，香气不及春茶浓烈。相反，由于夏茶中的花青素、咖啡碱、茶多酚的含量明显增加，从而使滋味显得苦涩。

秋季气候介于春夏之间，在秋茶后期，气候虽较为温和，但雨量往往不足，会使采制而成的茶叶显得较为枯老，特别是茶树历经春茶和夏茶的采收，体内营养有所亏缺。因此，采制而成的茶叶，内含物质显得贫乏。在这种情况下，不但茶叶滋味淡薄，而且香气欠浓，叶色较黄。

红茶由于春茶期间气温低，湿度大，发酵困难。而夏茶期间气温较高，湿度较小，有利于红茶发酵变红，尤其是天气炎热，使得茶叶中的茶多酚、咖啡碱的含量明显增加。因此干茶和茶汤均显得红润，滋味也较强烈。只是由于夏茶中的氨基酸含量减少，对形成红茶的鲜爽味有一定影响。

春茶、夏茶和秋茶的品质特征，可以从两个方面去描述。

（1）干看：即从干茶的色、香、形上加以判断。

绿茶色泽绿润，红茶色泽乌润，茶叶肥壮厚实，或有较多白毫，且红茶、绿茶条索紧结，珠茶颗粒圆紧，而且香气馥郁，是春茶的品质特征。

绿茶色泽灰暗，红茶色泽红润，茶叶轻飘松宽，嫩梗宽长，且红茶、绿茶条索松散，珠茶颗粒松泡，香气稍带粗老，是夏茶的品质特征。

绿茶色泽黄绿，红茶色泽暗红，茶叶大小不一，叶张轻薄瘦小，香气较为平和，是秋茶的标志。

在购茶时还可从偶尔夹杂在茶叶中的茶花、茶果来判断是何季茶。如果发现茶叶中夹有茶树幼果，其大小近似绿豆时，那么，可以判断为春茶；若幼果接近豌豆大小，那么，可以判断为夏茶；若茶果直径已超过 0.6 厘米，那么，可以判断为秋茶。不过，秋茶期间，由于鲜茶果的直径已达到 1 厘米左右，一般很少会有夹杂。自 7 月下旬开始，直至当年 8 月，为茶树花蕾期，而 9—11 月为茶树开花期。所以，如发现茶叶中杂有干茶树花蕾或干茶树花朵者，当为秋茶了。只是茶叶在加工过程中，通过筛分、拣别，很少会有茶树花、果夹杂。因此，在判断季节茶时，必须进行综合分析，方可避免片面性。

（2）湿看：即对茶叶进行开汤审评，做出进一步判断。

茶叶冲泡后下沉快，香气浓烈持久，滋味醇厚；绿茶汤色绿中显黄，红茶汤色红艳现金圈；茶叶叶底柔软厚实，正常芽叶多者，为春茶。

茶叶冲泡后，下沉较慢，香气稍低；绿茶滋味欠厚稍涩，汤色青绿，叶底中夹杂铜绿色芽叶；红茶滋味较强欠爽，汤色红暗叶底较红亮；茶叶叶底薄而较硬，对夹叶较多者，为夏茶。

茶叶冲泡后，香气不高，滋味平淡，叶底夹有铜绿色芽叶，大小不一，对夹叶较多者，为秋茶。

三、茶树的栽培

茶原产于中国西南部，目前已在我国 18 个省（区）大量种植，茶园面积达 127 万公顷，树种资源丰富多样。茶树通常被划分为中国种、阿萨姆种和印度种三个变种，由于异花授粉和自交亲和性极差，使得种子繁殖的茶树变异巨大，为新品种的选育提供了丰富的资源。选育优质、高产、多抗的良种既是满足茶叶生产和人民生活的需要，也是茶树育种学专家们的奋斗目标。

（一）茶树育苗

茶树作为异交作物，其遗传物质极其复杂，利用有性繁殖的后代，无法保存品种原有特性。因此，目前均采用无性繁殖的方式——扦插育苗法。

扦插是剪去茶树植株的某一营养器官，如枝、叶、根的一部分，按一定方法栽培于苗床上，使其成活为茶树幼苗。扦插育苗法取材方便，成本低，成活率高，繁殖周期短，能充分保持母株的形状和特性，有利于良种的推广，育成的茶苗品种纯一，长势整齐，便于采收及管理。世界各大产茶国都已采用这种方法。

扦插成活率及幼苗质量，受品种固有的遗传性及选择枝条的强弱所支配。因此，选取母树时应选择品种优良、长势健壮、无病虫害的品种，且枝条、叶芽无外力损伤。剪枝前要多施有机肥料，停止采叶，促进茶芽伸长，以利于发育成健壮枝条。

（二）茶树种植

茶树种植时期在每年 11 月至第二年 3 月下旬之间，雨季前后均可种植。不同茶区种植时期稍有不同，如南方，应以1月底为宜，否则2月以后，白天日照强，气温高，幼苗容易枯死。北方或高山茶区，气温较低，为配合雨季，可延至3月底种植。

茶树的种植密度，受土壤、地形、气候及品种影响，不尽相同。目前，我国采用的多丛密植栽种方式，大行距为1.5米；小行距为33厘米，共三小行；丛距为20厘米，每丛移苗两三株，每亩约2万株。

种植茶苗前应先施基肥，规划好行距，最好选择下雨后或微雨、浓雾、土壤湿润时，尽量避免在烈日下种茶。茶苗移植尽量就近起苗，带土移植、随挖随种。种植后为减少叶片水分蒸发，应于离地面20厘米左右处行水平式剪枝，宜在幼苗两侧覆盖稻草或其他干草，以防止干旱，保护幼苗。

值得一提的是北方茶种植，早在20世纪60年代，有学者对南茶北移进行探索研究，但未突破北纬38°。经相关技术人员反复试验，目前在北纬38.45°河北太行深山区已有少量茶树种植成功。太行山区属于种茶的次适宜区，但气候特征也具有优质茶叶生产不可多得的天然优势：茶叶生产季节气温低，光照较弱，昼夜温差大，茶树新梢生长缓慢，营养物质积累多，鲜叶中氨基酸、叶绿素含量高，这就决定了太行山区茶叶的良好品质，具有南方高山茶特点，河北发展茶叶生产在地理位置上具有南方茶区无可比拟的销售优势，经济效益显著。因此在太行山区发展茶叶经济可成为当地农民脱贫致富的一个重要途径，能有效调整农村产业结构，增加农民收入。在茶叶生产良种化、标准化、绿色化和产业化的同时，可有力地推动区域生态旅游产业、茶文化产业、包装运输等相关产业的可持续发展。

（三）茶园管理

茶园管理是茶叶生长过程中必不可少的工序，直接关系到茶叶的产量和茶叶的品质。茶园管理包括耕锄、施肥、茶树修剪等工作。

1. 茶园耕锄

茶园耕锄可消除杂草，改良土壤结构，杀虫灭菌等。茶园耕锄大致分春、夏、秋三次，春夏进行浅耕，深度约为10厘米；秋季进行深耕，深度为20~30厘米。

2. 茶园施肥

茶园施肥是茶园管理中重要的一环，每年要从茶树上多次采摘大批鲜叶，茶树营养消耗多，这就需要不断地给茶树补充养料，否则会导致茶树树势衰退，影响茶叶的产量和品质。茶园施肥的原则是：以有机肥料为主，有机肥和化肥相结合施用；以氮肥为主，磷、钾肥料相配合；在秋末冬初结合深耕施基肥（施有机肥料），在采摘季节施追肥（施用化肥）。

3. 茶树修剪

茶树修剪是培养茶树高产优质树冠的一项重要措施，合理修剪不仅能提高茶叶产量，增进茶叶品质，而且可使树冠适应机械化采茶作业，提高劳动生产率。修剪的方法有幼年茶树定型修剪、浅修剪、深修剪、重修剪和台刈等。

（四）茶叶采摘

从茶树新梢上采摘芽叶，制成各种成品茶，这是茶树栽培的最终目的。鲜叶采摘在某种程度上决定茶叶产量和成品茶的品质。

茶树分枝性强，在自然条件下，一年可发新梢2~3轮，在采摘的条件下，一般一年可发新梢4~8轮，个别地区可达12轮。新茶树种植后，3年即达到成熟期，可以采摘茶叶。新梢在萌发生长过程中，随着外界条件的变化，品种不同，芽叶症状的变化很大，不像一般果实有明显固定的成熟标准。在新梢上采收芽叶时,采收标准因时、因地、因茶,依不同条件而异。

1. 合理采摘

合理采茶是实现茶叶高产优质的重要措施。由于我国制茶种类很多,制法各异,对鲜叶的要求也各不相同,因而形成不同的采摘标准和采摘方法。总的来说,合理采茶大体可分为以下4个方面。

1) 标准采

(1) 细嫩的标准。名优茶类,品质优异,经济价值高,因此对鲜叶的嫩度和匀度均要求较高,很多只采初萌的壮芽或初展的一芽一叶,这种细嫩的采摘标准产量低、劳动力消耗大、季节性强,多在春茶前期采摘。

(2) 适中的标准。我国的内、外销红绿茶是茶叶生产的主要茶类,其对鲜叶原料的嫩度要求适中,采一芽二三叶和同等幼嫩的对夹叶,这是较适中的采摘标准,全年采摘次数多,采摘期长,量质兼顾,经济收益较高。

(3) 偏老的标准。这是我国传统的特种茶类的采摘标准(如乌龙茶的采摘标准),是待新梢发育将近成熟,顶芽开展度8成左右时,采下带驻芽的三四片嫩叶。这种偏老的采摘标准,全年采摘批次不多,产量中等,产值较高。

(4) 粗老的标准。黑茶、砖茶等边销茶类对鲜叶的嫩度要求较低,待新梢充分成熟后,新梢基部呈红棕色已木质化时,才刈下新梢基部一二叶以上的全部新梢,这种较粗老的采摘标准,全年只能采一二批,产量虽较高,但产值较低。

2) 适时采

根据新梢芽叶生长情况和采摘标准,及时、分批地把芽叶采摘下来。

3) 分批多次采

分批多次采是贯彻合理及时采的具体措施,是提高茶叶品质和产量的重要一环。根据茶树茶芽发育不一致的特点,先达到标准的先采,未达到标准的待茶芽生长达到标准时再采,这样对提高鲜叶产量和茶树生长都是有利的。

4) 留叶采

既要采也要留叶,留叶是为了多采,采叶必须考虑到留叶。实行留叶采可使茶树生长健壮,不断扩大采摘面是稳定并提高产量和质量的有效措施。

2. 采摘方法

茶叶采摘方法有手工采和机采两种。目前我国还是以手工采为主,手工采的手法对茶树的生长和成品茶的品质影响很大。手工采主要有掐采(即折采)、直采、双手采三种采法。

四、鲜叶的装运、验收与存放

鲜叶自茶树上采下后,内部即开始发生理化变化。为了使鲜叶保持新鲜,不致引起劣变,必须合理而及时地将鲜叶按级分别盛装,运送到茶叶加工厂。在装运时,鲜叶不能装压过紧,以免叶温升高劣变,因此不能用不通风的布袋或塑料袋盛装,要用竹篾编制的有小孔通气的竹箩盛装,将鲜叶松散地装入箩内,不能紧压。同时装运工具要保持清洁,不能有异味,并应尽量缩短运送时间,做到采下鲜叶随装随运。

鲜叶运送到茶叶加工厂后,要及时验收,分级摊放。摊放鲜叶的场所,应阴凉、清洁、空气流通。鲜叶摊放的厚度，春茶以 15~20 厘米、夏秋茶以 10~15 厘米为宜，并随时检查叶温，适当进行翻拌。翻拌时动作要轻，以免鲜叶受伤变红。

第二节 茶叶种类及加工工艺特点

一、茶叶的分类及制作特点

中国茶依其制法和特点，分绿茶、红茶、乌龙茶（青茶）、白茶、黄茶、黑茶六大基本茶类及再加工茶类。

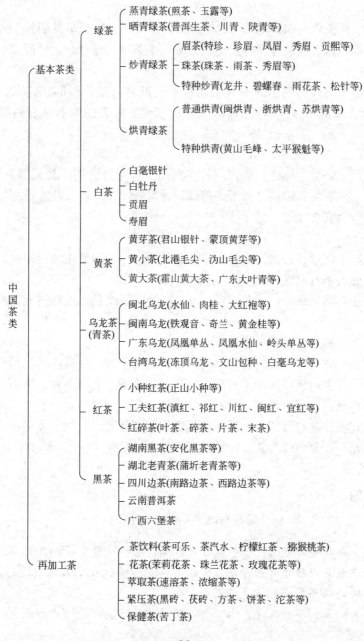

中国茶类

基本茶类

绿茶
- 蒸青绿茶(煎茶、玉露等)
- 晒青绿茶(普洱生茶、川青、陕青等)
- 炒青绿茶
  - 眉茶(特珍、珍眉、凤眉、秀眉、贡熙等)
  - 珠茶(珠茶、雨茶、秀眉等)
  - 特种炒青(龙井、碧螺春、雨花茶、松针等)
- 烘青绿茶
  - 普通烘青(闽烘青、浙烘青、苏烘青等)
  - 特种烘青(黄山毛峰、太平猴魁等)

白茶
- 白毫银针
- 白牡丹
- 贡眉
- 寿眉

黄茶
- 黄芽茶(君山银针、蒙顶黄芽等)
- 黄小茶(北港毛尖、沩山毛尖等)
- 黄大茶(霍山黄大茶、广东大叶青等)

乌龙茶(青茶)
- 闽北乌龙(水仙、肉桂、大红袍等)
- 闽南乌龙(铁观音、奇兰、黄金桂等)
- 广东乌龙(凤凰单丛、凤凰水仙、岭头单丛等)
- 台湾乌龙(冻顶乌龙、文山包种、白毫乌龙等)

红茶
- 小种红茶(正山小种等)
- 工夫红茶(滇红、祁红、川红、闽红、宜红等)
- 红碎茶(叶茶、碎茶、片茶、末茶)

黑茶
- 湖南黑茶(安化黑茶等)
- 湖北老青茶(蒲圻老青茶等)
- 四川边茶(南路边茶、西路边茶等)
- 云南普洱茶
- 广西六堡茶

再加工茶
- 茶饮料(茶可乐、茶汽水、柠檬红茶、猕猴桃茶等)
- 花茶(茉莉花茶、珠兰花茶、玫瑰花茶等)
- 萃取茶(速溶茶、浓缩茶等)
- 紧压茶(黑砖、茯砖、方茶、饼茶、沱茶等)
- 保健茶(苦丁茶)

二、基本类型与制作方法

（一）绿茶

中国生产的茶叶约70%是绿茶，每年数量在50万吨以上。绿茶以国内销售为主，部分供应出口。绿茶每年出口量超过15万吨，占世界绿茶贸易量的70%以上。销往世界五十余个国家和地区。

绿茶是基本茶类之一，属"不发酵茶"。制作过程不经发酵，干茶、汤色、叶底均为绿色，是历史上最早出现的茶类。绿茶按其制作工艺杀青和干燥方式不同，分为蒸青绿茶、炒青绿茶、烘青绿茶、晒青绿茶。

1. 蒸青绿茶

用蒸汽杀青制作而成的绿茶称之为蒸青绿茶，是我国古代最早发明的一种茶类，唐、宋时盛行的制法，如玉露、煎茶等。特点是：三绿（干茶绿、汤色绿、叶底绿），香清味醇。

2. 炒青绿茶

炒青绿茶产生于明代。因干燥方式采用炒干而得名。按外形形状特点，可分为长炒青（眉茶）、圆炒青（珠茶），扁炒青（细嫩炒青）三类。代表性的名茶有西湖龙井、信阳毛尖等。

3. 烘青绿茶

烘青绿茶主产于安徽、福建、浙江三省。高档烘青直接饮用，其大部分用来窨制花茶。特点是外形完整、稍弯曲、锋苗显，干茶墨绿，香清味醇，汤色、叶底黄绿明亮。代表性的名茶有黄山毛峰、六安瓜片等。

4. 晒青绿茶

晒青绿茶主产于四川、云南、广西、湖北和陕西，是压制紧压茶的原料，最后一道工序是晒干。代表性的名茶有滇青绿茶。

绿茶品质特征：清汤绿叶，汤色清澈明亮，呈淡黄微绿色。滋味讲究高醇，绿茶以春茶最好，夏茶最差。

基本制作工艺：鲜叶—杀青—揉捻—干燥。

杀青的目的在于蒸发叶中水分，发散青臭味，产生茶香，并破坏酶的活性，抑制多酚类的酶促氧化，保持绿茶绿色特征。杀青要求做到杀匀杀透，老而不焦，嫩而不生。其方法有锅式杀青、滚筒机杀青、蒸汽杀青三种。

揉捻的目的在使芽叶卷紧成条，适当破损组织使茶汁流出，便于冲泡。方法有手工揉捻和机器揉捻。揉捻原则是嫩叶冷揉，中档叶温揉，老叶热揉。

知识拓展

新茶与陈茶的特点与识别

新茶与陈茶，是相对的概念。一般从3月开始，茶树陆续发芽抽生，新茶相继上市。因多数窨茶的鲜花在6月以后才开始开花，所以窨制花茶多数在7月才能进行。所以，每年3月以后饮的花茶仍是隔年茶，也就是陈茶。

陈茶因贮存时间长，茶叶在光、水、气、热的作用下，会使叶内形成色、香、味的特有物质，诸如酸类、醛类、酯类物质，以及各种维生素等遭到破坏，或氧化变质，致使茶叶失去光泽而变得灰暗，汤色混浊泛黄，香气淡，条索松散，品质降低。所以，"茶以新为贵"。古往今来，人们对茶叶有"抢新""尝新"的习惯。

但是通常人们所说的新茶比陈茶好，是对一般而言，并不是绝对的。例如，一杯新炒好的龙井茶与一杯在干燥条件下存放 1~2 个月的龙井茶相比，虽然两者的汤色都清澈明亮，滋味都鲜醇回甘，叶底也都青翠细嫩，但是香气有别：未经贮藏过的龙井茶，闻起来略带有青草气，而经过适时贮藏的龙井茶，闻起来却清香幽雅。因此，适时贮藏，对龙井茶而言，不但色、味俱佳，而且还具香胜之美。又如产于闽、粤、台的乌龙茶，只要保存得当，即使是隔年陈茶，同样具有香气馥郁、滋味醇厚的特点。

龙井茶、乌龙茶的贮藏还有一定时间的限制，而广西的六堡茶、云南的普洱茶、湖北的茯砖茶却久藏不变，反而能提高茶叶品质。因为这三种茶在贮藏过程中形成了两种气味：一是霉菌形成的霉气，二是陈化形成的陈气，两气相融，相互协调，结果产生了一种为消费者欢迎的特异气味，反而受到人们的欢迎。

判断新茶与陈茶，可从三个方面进行综合辨别。

1. 根据茶叶的色泽分辨

绿茶色泽青翠碧绿，汤色黄绿明亮；红茶色泽乌润，汤色橙红明亮，是新茶的标志。茶在贮藏过程中，由于构成茶叶色泽的一些物质在光、气、热的作用下，发生缓慢分解或氧化，如绿茶中的叶绿素分解、氧化，使绿茶色泽变得枯灰无光，而茶褐素的增加，则使绿茶汤色变得黄褐不清，失去了原有的新鲜色泽；红茶贮存时间长，茶叶中的茶多酚产生氧化缩合，使色泽变得灰暗，而茶褐素的增多，也使汤色变得混浊不清，同样失去新红茶的鲜活感。

2. 从香气上分辨

现代科学分析表明，构成茶叶香气的成分有 300 多种，主要是醇类、酯类、醛类等物质。它们在茶叶贮藏过程中，既能不断挥发，又会缓慢氧化。因此，随着时间的延长，茶叶的香气就会由浓变淡，香型就会由新茶时的清香馥郁而变得低闷混浊。

3. 从茶叶的滋味去分辨

因为在贮藏过程中，茶叶中的酚类化合物、氨基酸、维生素等构成滋味的物质，有的分解挥发，有的缩合成不溶于水的物质，从而使可溶于茶汤中的有效滋味物质减少。因此，不管何种茶类，新茶的滋味都醇厚鲜爽，而陈茶却显得淡而不爽。

总之，新茶给人以色鲜、香高、味醇的感觉；而贮藏 1 年以上的陈茶，纵然保管良好，也难免会出现色暗、香沉、味薄之感。只是由于贮藏方法不同，变化程度有大有小罢了。至于保管不好而发生茶叶潮变或沾染某种异味，则另当别论。

(二) 红茶

红茶是基本茶类之一，属"全发酵茶"。约在 200 多年前，福建最早开始生产，后其他各省陆续仿效。红茶有工夫红茶、小种红茶和红碎茶三个类别。

1. 工夫红茶

工夫红茶是我国传统的出口茶类，加工精细，成品分为正茶与副茶。正茶以产地命名，分列级别，如祁红工夫、闽红工夫、滇红工夫、川红工夫、浮红工夫、越红工夫等。副茶包括碎茶、片茶和末茶。

2. 小种红茶

小种红茶是福建省的特产，叶形较工夫红茶粗大、松散，具有特殊的松烟香，产于福建武夷山市星村乡桐木关的称"正山小种"。

3. 红碎茶

红碎茶是国际规格的商品茶，鲜叶经过萎凋后，用机器揉切成颗粒形碎茶，然后经发酵、烘干而制成。精制加工后，又可分为叶茶、碎茶、片茶和末茶等。我国于1956年开始试制红碎茶，其特点是冲泡时茶汁浸出快，浸出量大，滋味浓强，主产于四川、云南、广东、广西、海南、湖南、湖北等省，以云南、广东、广西、海南用大叶种为原料加工的红碎茶品质最好。

红茶主要品种有：祁红、滇红、闽红、川红、宜红、宁红、台湾日月潭红茶等，约占中国茶叶总产量的6%。19世纪80年代以前，在世界茶叶市场上占有重要地位。

各种红茶的品质特点：红汤红叶，汤色红艳、明亮，香气浓郁带甜，滋味浓郁鲜爽。

基本制作工艺为：鲜叶—萎凋—揉捻—发酵—干燥。

萎凋是鲜叶逐渐适度失水和内含物转化的过程，目的是为揉捻（切）和发酵做好准备。水分掌握的原则：春茶、嫩叶和大叶种略低，夏茶、老叶和中小叶中稍高。方法有自然萎凋、日光萎凋、萎凋槽和萎凋机萎凋。

发酵是揉捻（切）叶在一定的温度、湿度和供氧条件下，以多酚类为主体的生化成分发生一系列化学变化的过程。小种红茶、工夫红茶在发酵筐中完成，红碎茶在发酵车或发酵机中进行。

知识拓展

滇红的创始人——冯绍裘

冯绍裘，字挹群，1900年出生。河北保定农业专科学校毕业，毕业后即投身茶业科学研究。1933年开始试制宁红，1934年因改良祁红出名，时任职中茶公司技术专员。1938年冯绍裘转往顺宁，精选了凤山鲜叶试制红茶，试制之成品外形金色，带有黄色毫尖、汤色红浓明亮、叶底红艳发光、香味浓郁，命名为"滇红"。后将茶样寄至香港，因其品质轰动茶界。从此，可与印度、斯里兰卡茶媲美的世界一流红茶诞生。

（三）乌龙茶（青茶）

乌龙茶是基本茶类之一，属"半发酵茶"。主要产于福建、广东、台湾。中国乌龙茶有闽北乌龙、闽南乌龙、广东乌龙和台湾乌龙之分。

1. 闽北乌龙茶

最著名的有产自武夷山的武夷岩茶中的四大名丛：白鸡冠、大红袍、铁罗汉、水金龟。此外，还有肉桂、水仙等。

2. 闽南乌龙茶

闽南是乌龙茶的发源地。铁观音、黄金桂、佛手、毛蟹等产于这一带。

3. 广东乌龙

主要产于广东潮州地区。最著名的凤凰单丛、凤凰水仙。

4. 台湾乌龙

品种较多，有发酵程度最轻的文山包种和南港包种、发酵程度中度偏轻的冻顶乌龙和金萱乌龙，以及发酵程度最重的白毫乌龙。

乌龙茶品质特点：色泽青褐，汤色黄亮，滋味醇厚，具有浓郁的花香，叶底边缘呈红褐色，中间部分呈淡绿色，形成特有的"绿叶红镶边"。

基本制作工艺为：鲜叶—萎凋—做青—炒青—揉捻—包揉—干燥。

做青在滚筒式摇青机中进行，目的是使叶子边缘互相摩擦，使叶组织破裂，促进茶多酚氧化，形成乌龙茶特有的绿叶红镶边，同时蒸发水分，加速内含物生化变化，提高茶香。

干燥的目的是终止酶促氧化，散失水分，散发青草气，提高和发展香气。

知识拓展

台湾茶

台湾的地理、气候及环境非常适合茶树生长，是世界有名的茶产区。台湾现有茶园约1.2万公顷（2018），分布在台北、桃园、新竹、苗栗、台中市、南投、云林、嘉义、高雄、台东、花莲及宜兰等县市，年生产量约1.5万吨。台湾可产制绿茶、包种茶、乌龙茶及红茶等，但近年来以产制包种茶及乌龙茶为主，且闻名全球。由于各茶区的气候、土壤、海拔等自然环境不同，所产制的茶叶品质、香气、滋味、喉韵各有不同，形成台湾各茶区的特色茶风味均有不同。

1. 北部地区

1）新北市茶区（见图2-1）

新北市茶园面积约750公顷，主要分布于坪林、石碇、新店、三峡、林口、三芝、石门、淡水等区。该市各种名茶的制造方法，除沿用祖国大陆传统的制造技术外，近年来经由政府及农会等有关单位积极辅导农民改善茶叶栽培产制技术，使新北市成为可生产多种具有特殊风味名茶的县市。

（1）文山包种茶。

文山茶园包括新北的新店、坪林、石碇、深坑、汐止、平溪等茶区，约610公顷。文山包种茶的茶叶外观翠绿、条索紧结且自然弯曲，冲泡后茶汤水色蜜绿鲜活、香气扑鼻、滋味甘醇、入口生津，是茶中极品。

图2-1　新北市茶区坪林茶园

(2) 海山茶。

三峡茶区所生产的茶叶命名为海山茶，事实上海山茶包括三峡茶区当地生产的包种茶、龙井茶及碧螺春茶等。三峡茶区位于新北市西南方，连接文山茶区，与新店、土城、树林、莺歌及桃园市大溪镇相毗邻。此茶区所生产的海山龙井茶及海山碧螺春茶，是台湾独一无二的不发酵茶类，滋味清新爽口，香气清纯自然。

(3) 石门铁观音。

新北石门区位于台湾北部滨海地区，由于海岸台地的背侧不受海风直接吹袭，气温凉爽，适合茶树生长，因此自福建省引进四大名种之一硬枝红心品种来此种植。后来，当地农会配合茶业改良场等有关单位辅导农民将采摘下来的茶菁制成铁观音茶。其醇厚甘润，带有果酸的香味，因风味特殊而驰名。

2) 台北市茶区

(1) 木栅铁观音茶。

种植于木栅山区的铁观音，清末民初由木栅农民张道妙兄弟前往福建安溪引进纯种茶苗，在木栅樟湖山上（今指南里）种植，因这一带土质及气候非常适合铁观音品种的生长，且品质优异，深受消费者喜爱，因此种植面积逐年增加，现今木栅茶园约30公顷，年产20吨，并设观光茶园示范农户约数十家。

台北市政府在木栅观光茶园中设立台北市铁观音、包种茶展示中心，展示中心陈列各种传统及现代采茶制茶用具，并设有幽静的品茗雅室，值得休闲观光。

(2) 南港包种茶。

南港茶区与新北市汐止及石碇的茶区相邻，海拔200~300米，茶区景色优美，周围有不少旅游景点，如南港公园及光明寺等，亦可经由南深路与深坑连接，顺道品尝深坑豆腐，进而与木栅动物园的旅游线结合。

台北市政府辅导南港区农会，在南港包种茶产区中心设立茶叶制造示范场，配合当地的观光茶园，期望提高南港包种茶知名度与销售量，促使南港地方更加繁荣，并可提供台北市民休闲游憩场所。

3) 桃园市茶区

(1) 龙泉茶。

龙泉茶是龙潭区的特产，"龙泉飘香"就是它的金字招牌。近年来当地区公所、农会配合有关单位，大力推广改进茶叶产制技术，并将乡内茶园规划成颇具特色及规模的观光茶园。若到龙潭观光，除了享受原始自然的茶园风光、啜饮一口芬芳甘醇的龙泉茶外，周围尚有不少旅游景点，如小人国、六福村动物园、石门水库等，是周休二日观光休憩的好去处。

(2) 武岭茶、梅台茶。

武岭茶产于大溪镇山区丘陵地带，梅台茶产于复兴乡山区及石门水库上游一带，两个茶区互相毗邻，由于茶区风景优美，为层层山峦环抱，所以朝雾浓重，气温适中，土质肥沃，所生产的茶叶香气芬芳、滋味甘醇。

(3) 芦峰乌龙茶。

芦峰乌龙茶产于芦竹乡丘陵山区一带，当地茶农对经营茶业非常认真，并组织茶叶产销经营班实施茶叶分级包装，以提升当地茶叶的品质。

（4）桃映红茶。

桃映红茶是桃园市现积极推广的小种红茶，已有名气。

4）新竹县茶区（见图2-2）

椪风茶是新竹三大名产之一，主要产于峨眉乡、北埔乡、横山乡与竹东镇等一带茶区。这里因天然环境特殊，饱受山川水气的熏陶孕育，茶叶品质特殊，尤其每年农历端午节前后，茶被小绿叶蝉吸食后长成的茶芽，经手工采摘一芯二叶后，再以传统技术精制而成高级乌龙茶。其茶叶外观白毫肥大，叶身呈白、绿、黄、红、褐五色相间，鲜艳可爱，因其质优量少，且风味独特，故价格较其他茶叶高出甚多，深受品茗人士喜好，于是冠以椪风茶的雅号。

相传百余年前，椪风茶曾由英国商人呈献给英国女皇品尝，女皇对其绝妙的香味，惊叹不已，且其外观鲜艳可爱，宛如绝色佳人，又因产于中国台湾，故赐名为"东方美人"。

图2-2　新竹县峨眉乡茶园

5）苗栗县茶区

苗栗茶园面积约300公顷，主要分布于铜锣、头屋、三义、头份、狮潭、三湾、苗栗、造桥、公馆及大湖等乡镇的浅山坡丘陵地带。苗栗所产制的茶叶包括红茶、绿茶、包种茶及乌龙茶等。近20年来，由于外销的红茶、绿茶不景气，产量逐渐减少，而改制供内销的茶叶，包括头屋、头份一带的明德茶及福寿茶（俗称椪风茶），还有狮潭乡的仙山茶、造桥乡的龙凤茶、大湖乡的岩茶等。

苗栗县为简化该县所生产茶叶的各种名称，便于推广促销，将原苗栗县所生产的明德茶、仙山茶、龙凤茶、岩茶等同类型的茶，统一称为苗栗乌龙茶。另外将头屋、头份、三湾一带所生产的福寿、白毫乌龙茶、东方美人茶等同型茶类，统一称为苗栗椪风茶，现已改称为苗栗东方美人茶。

椪风茶在栽种过程中完全不施化学肥料及农药，以利茶小绿叶蝉附着吸吮，使茶叶自然变质而产生奇特风味。

2. 中部地区

1）南投县茶区

南投县位于台湾中部，地形以盆地、台地、丘陵地及山地为主，其气候虽然温暖，但随海拔变化而变化极大，各地年平均温度介于15至24 ℃之间，非常适合茶树生长。

南投县茶园面积约6 500公顷，占全台茶园面积的50%左右，主要分布于名间乡、鹿谷、竹山镇、仁爱乡、信义乡、鱼池乡、南投市，全县13个乡镇几乎都生产茶。各乡镇由于地理环境及海拔气候不同，所生产的茶叶也各具特色，而又因采茶方式不同，可分为手采茶区及机械采茶区两大类。手采茶区包括最著名的鹿谷乡冻顶乌龙茶，竹山镇杉林溪高山茶、仁爱乡庐山茶及信义乡和水里乡的玉山乌龙茶等；机械采茶区主要包括名间乡的松柏长青茶及南投市的青山茶。

除了冻顶乌龙茶，南投县日月潭一带的红茶亦颇负盛名，曾在伦敦茶叶拍卖场获得极高评价，开启了鱼池乡种植大叶种阿萨姆茶树的历史。

(1) 玉山乌龙茶。

玉山乌龙茶生产地区包括信义乡及水里乡的新兴茶区，茶园面积约200公顷，属于高海拔茶区，其生长环境的气温较低，一年可采收4次，以人工手采为主，制成的茶叶外形紧结身骨重，冲泡后茶汤呈清澈蜜绿色，香气幽雅，滋味浓厚甘醇，即使是夏茶亦不带苦涩味，为高海拔玉山乌龙茶的特色。

南投县水里乡是新中横公路的起点，为邻近山区之山产集散地，更是通往东埔、玉山的必经之地，风景秀丽，游客络绎不绝。尤其在水里乡郡安区，成立了上安茶叶产销班，并自创品牌胜峰名茶，贯彻产销一元化，提升品质与信誉。

(2) 冻顶乌龙茶。

冻顶茶一般称为冻顶乌龙茶，其产地在南投县鹿谷乡茶区，栽培面积达1 300公顷，主要品种为青心乌龙。

据传南投县鹿谷乡人士林凤池，于清朝咸丰五年（1855）赴福建省考中举人返乡，从武夷山带回36株青心乌龙茶苗，据说其中12株种植于鹿谷乡麒麟潭边的山麓上，是冻顶茶的开端。经过百余年的发展，冻顶茶已发展成家喻户晓、驰名中外的台湾特产。

冻顶茶属于部分发酵青茶类，为介于包种茶与乌龙茶之间的一种轻发酵茶，发酵程度在15%至25%之间；在制茶过程中，团揉是制造冻顶茶独特的中国功夫技艺，非亲临现场观摩，难以用笔墨形容，好的冻顶茶的茶叶形状条索聚结整齐，叶片卷曲呈虾球状，茶汤水色呈金黄且澄清明亮，香气清香扑鼻，茶汤入口生津，落喉甘润，韵味强且经久耐泡。

(3) 梨山茶。

梨山茶也是台湾的高山名茶，跨越台中市与南投县。梨山地处台湾南投县最北端，与台中市及花莲县交接，高山气候特别显著，制作出的茶叶极少有因萎凋不足所带来的生涩与臭青味，这也就形成了梨山茶备受欢迎的主因。在福寿山农场、翠峰、翠峦、武陵、天府、松茂、红香、大雪山、八仙山等各产地所产的梨山茶皆有其特色，其中以福寿山农场、武陵农场、翠峰最具代表性。

而福寿山农场位于梨山地区，20世纪70年代中期，福寿山农场开始在梨山地区种植茶，并逐次扩散。该地区海拔约2 000米，土质结构为砾质土壤及页岩地形，产期为5月底至10月上旬，年收2至3季。常年处于低温环境，茶叶成长缓慢且常受白雪洗礼，茶汤鲜美，清甜滑口，是孕育茶树的优质环境。

梨山是全台湾海拔最高的高山茶产区，其海拔高度达2 600米。一般称梨山茶者，至少种在海拔2 000米以上，翠峦、翠峰、华岗、新旧佳阳一带的茶，都称为梨山茶。梨山地区海拔高，昼夜温差大，春夏之交，整天云雾笼罩，是孕育茶树的最佳环境。

梨山茶芽叶柔软，叶肉厚，果胶质含量高，香气淡雅，茶水色蜜绿微黄，滋味甘醇，滑软，耐冲泡，茶汤冷后更能凝聚香甜。每年产期：春茶五月下旬、六月上旬；秋茶八月上旬、冬茶十月下旬为最佳时期。一年才采收两到三次，所以叶面大而肥厚，其茶水柔软，回甘后劲强。同时因为这一带常年云雾笼罩，温度低，冬季下雪，茶树生长期长，造就茶叶叶肉肥厚，口味甘醇，冷矿味特别重，味道带有水果香。

2）台中市茶区

台中市的梨山茶产区在和平区，面积约 465 公顷。

3）云林县茶区

云林县茶园面积约 400 公顷，其中林内乡有 10 公顷，古坑乡占 365 公顷，其他乡镇则仅占零星几公顷。

（1）林内乡的茶区。

林内乡的茶区分布在海拔 200~400 米的丘陵台地，由于海拔较低，夏季高温多雨，故以种植长势强旺的台茶 12 号金萱种为主，其次为青心乌龙种。虽然茶区产量较低，但制茶品质优异，属当地高产经济作物，命名为云顶茶。

（2）古坑乡的茶区。

古坑乡的茶区分为两部分，在樟湖、华山云林县一带的茶区，海拔 400 米左右，以种植优良新品种台茶 12 号、13 号及四季春较多；另一部分茶区则分布在久享盛名的风景区，如海拔 1 000~1 200 米间的草岭、石壁茶区，以种植青心乌龙较多，由于此茶区山林连绵，入夜后云雾迷蒙，因而孕育出甘醇的高山茶风味。

3. 南部地区

1）嘉义县茶区

一般谈到高山茶，就会想到嘉义县梅山、竹崎、番路及阿里山乡等一带山区所生产的茶。

嘉义位于台湾西南部，北回归线经过县境，县内有玉山山脉及中央山脉，群山峻岭，日夜温差大，长年晨间与傍晚云雾弥漫，雨量均匀，土层深厚肥沃，茶树生长旺盛，茶芽发育均匀，叶片肥厚，所制成的茶叶，滋味甘醇浓厚，香气芬芳，带有特殊的"山气"，深受饮茶人士所喜爱。

阿里山茶茶园（见图 2-3）主要分布于梅山乡山区之太平、龙眼（龙眼林尾）、店仔、樟树湖、碧湖、太兴、瑞里、瑞峰、太和及太兴等村落，茶园面积总数约 1 800 公顷，海拔900~1 400 米。梅山乡龙眼村（海拔约 1 200 米）更是台湾高山茶的滥觞。而此地种植的茶树，以青心乌龙为主。

在竹崎乡、番路乡及阿里山乡，产茶的村庄大多位于阿里山公路旁，如濑头、隙顶、龙头、光华、石桌、十字路、达邦、里佳及丰山等山地部落。而这些村落所产制的茶品，对外通称阿里山茶，不过也有名为阿里山珠露茶或阿里山玉露茶的茶品出现。尤以阿里山珠露茶最享有盛名，可谓是竹崎乡民的"绿金"，而此茶产于竹崎乡石桌茶区，茶园种植面积约为350 公顷，分布于海拔 1 200~1 400 米的高度，种植品种以青心乌龙为主，由于制成的茶叶香气浓郁，滋味甘醇，广受饮茶人士喜爱。

图 2-3 阿里山茶石桌茶园

2）高屏茶区

（1）高雄六龟茶。

高雄六龟茶是地道的山城茶，从海拔200~500米都可看到村落分散在乡内各山区。定居于此的乡民们，世世代代依山为生，在山区寻找适合种植的农作物，辛勤耕耘以求糊口。

台湾茶道盛行之际，六龟乡新发村地区的农民兴起种茶热潮，在海拔400米以下的山坡地开垦种茶，分别种植青心乌龙及金萱茶，当时茶园面积约100公顷，因进口茶竞争，茶农转向发展六龟原生山茶，成为茶商的抢手货，供不应求，茶农获利好。

（2）屏东港口茶。

屏东县唯一生产茶叶的地方，在该县最南端的满州乡港口村，因此称为港口茶。

港口茶原先是用自福建引进栽种的武夷茶所制成，但是由于茶树逐年老化，产量偏低，为了改善茶叶品质，提高茶农收益，由当地乡公所等单位辅导茶农改种台茶12号等优良新品种，目前该茶区面积只有2公顷。

港口茶区位于海拔约100米的山坡地，由于南部气候炎热、日照较长及落山风的吹袭，因此所产制的茶叶风味相当特殊，刚喝时会觉得稍带苦味，过后转为甘甜味，这种口味反而适合南部地区爱嚼槟榔、口味偏重的消费群，加上邻近观光胜地鹅銮鼻、佳乐水，也吸引来很多观光客因好奇尝试而逐渐喜爱喝港口茶，于是名气渐开。

港口茶的由来，据传是恒春县令喜欢喝茶，却苦于恒春不产茶，于是自福建安溪带回茶种，分送茶农种植于赤牛岭、罗佛山庄及港口村，如今只剩港口村还有种植。朱振淮为港口茶第一代种植者，至今已传承至第五代。

（3）农林公司内埔茶区。

这是台湾新兴茶区，2018年约250公顷，后增加至500公顷，以生产手摇茶原料为主。

4. 东部地区

1）宜兰茶区

（1）玉兰茶。

大同乡玉兰山茶区所生产的茶，品质芬芳，具有玉兰花香，一般茶商及饮茶人士因而称之为玉兰茶。

前省政府农林水保局及宜兰县政府为美化大同玉兰山茶区的景观，加强水土保持工程设施，投资兴建蓄水池，在玉山顶设置景台、泡茶亭及种植各式花草以美化环境。将大同玉兰山茶区规制成"现代农村的示范区",带动当地观光及卖茶人潮,使玉兰茶的知名度节节升高。

（2）上将茶。

三星乡位于宜兰县西南方,西与台北、新竹、台中县相衔接,南与花莲县为邻。三星乡大多为山区,境内山明水秀、风光明媚,地理与气候环境适合种茶,现有茶园面积32公顷,茶叶清香甘醇,耐冲泡。为提高当地茶叶知名度,他们以地名中"三星"所代表的军官官阶"上将"之意,而将其命名为"三星上将茶"。

（3）五峰茗茶。

宜兰县礁溪乡的温泉远近驰名,乡境内的旅游风景区也非常多,如五峰瀑布即为著名的观光胜地。在五峰瀑布旁的丘陵山区,种植许多茶树,茶园面积有10公顷左右,茶叶品质芳香甘醇。近年来在有关单位的辅导下,成立"茶叶生产专业区共同作业班",班员为促销该茶区的茶叶,共同决议将这里的茶叶命名为"五峰茗茶"。

（4）冬山素馨茶。

冬山茶园面积约80公顷,在冬山农民组织辅导下,配合观光休闲农业,推广素馨茶。

2）花莲县茶区

花莲县主要茶区在瑞穗乡,前以生产天鹤茶闻名,种植茶园面积约70公顷,有茶农十余户,年产茶达50吨,近年来积极发展蜜香红茶,已有相当名声,茶农在当地设立舞鹤蜜香红茶故事馆,以吸引游客及行销茶叶。

由于生产天鹤茶的舞鹤台地,位于东海岸纵谷,北回归线正好穿越此地,茶园分布在风景秀丽的秀姑峦溪西边山坡丘陵台地上,入夜后更是云雾缭绕,景致怡人,是环岛旅游路线台9号公路必经之地。

当地政府美化农村,规划设立观光茶园,因此造就了天鹤茶产区,经临此地不仅可领略美丽的茶园风光,还可品尝甘醇、香味独特的天鹤茶。

3）台东县茶区

以鹿野及卑南为主要产区,以前推广福鹿乌龙茶品牌,近年来则朝着有焙火香的乌龙红茶发展,取名红乌龙,已成为台东的特色茶。

（四）黄茶

黄茶是基本茶类之一,属轻发酵茶。主产于浙江、四川、安徽、湖南、广东、湖北等省。黄茶依原料芽叶的嫩度和大小可分为黄大茶、黄小茶和黄芽茶。

1. 黄大茶

黄大茶是以一芽二三叶至一芽四五叶为原料制成的黄茶,主要品种有霍山黄大茶和广东大叶青。

2. 黄小茶

黄小茶是以一芽二三叶的细嫩芽叶为原料制成的黄茶,主要品种有北港毛尖、沩山毛尖和平阳黄汤等。

3. 黄芽茶

黄芽茶是以单芽或一芽一叶初展鲜叶为原料制成的黄茶,主要品种有君山银针、蒙顶黄芽和莫干黄芽等。

黄茶品质特点:黄叶、黄汤、黄叶底,滋味浓醇清爽。

基本制作工艺为:鲜叶—杀青—揉捻—焖黄—干燥。

焖黄是黄茶加工的特点，是形成黄茶"黄汤黄叶"品质的关键工序。焖黄工艺分为湿坯焖黄和干坯焖黄。

（五）白茶

白茶是基本茶类之一，是一种表面披满白色茸毛的轻微发酵茶。产于福建省的福鼎、政和、松溪和建阳等地。白茶因采制原料不同，分为白毫银针、白牡丹、寿眉。

白茶品质特点：茶芽完整，形态自然，白毫不脱，入口清淡回甘，毫香显露。

制作工艺为：鲜叶—萎凋—晒干和烘干。

知识拓展

高山茶与平地茶的特点与识别

1. 高山出好茶

多数高山茶与平地茶相比，都有香气高长、滋味浓郁的特点，所以有"高山出好茶"之说。高山出好茶，是由茶树的生态环境造成的。茶树的原产地在我国西南部的多雨潮湿的原始森林中，经过长期的历史进化，逐渐形成了喜温、喜湿、耐荫的生长习性。高山之所以出好茶就在于那里优越的生态条件，正好满足了茶树生长的需要。这主要表现在以下三个方面。

1）高山环境有利于形成茶叶的优良品质

茶树生长在高山多雾的环境中，一是由于光线受到雾珠的影响，使得红橙黄绿蓝靛紫7种可见光中的红黄光得到加强，从而使茶树芽叶中的氨基酸、叶绿素和水分含量明显增加；二是由于高山森林茂盛，茶树接受光照时间短，强度低，漫射光多，这样有利于茶叶中含氮化合物，如叶绿素、全氮量和氨基酸含量的增加；三是由于高山葱郁的林木，茫茫云海，空气和土壤的湿度得以提高，从而使茶树芽叶光合作用形成的糖类化合物缩合困难，纤维素不易形成，茶树新梢可在较长时期内保持鲜嫩而不易粗老。在这种情况下，十分有利于对茶叶色泽、香气、滋味、嫩度的提高，特别是对绿茶品质的改善。

2）高山土壤对形成茶叶营养成分有利

高山植被繁茂，枯枝落叶多，地面形成了一层厚厚的覆盖物，这样不但土壤质地疏松、结构良好，而且土壤有机物含量丰富，茶树所需的各种营养成分齐全，从生长在这种土壤中的茶树上采摘下来的新梢，有效营养成分特别丰富，加工而成的茶叶，自然是香高味浓。

3）高山的气温对改善茶叶的内质有利

一般海拔每升高100米，气温大致降低0.5度。而温度决定着茶树中酶的活性。现代科学分析表明，茶树新梢中茶多酚和儿茶素的含量随着海拔高度的升高、气温的降低而减少，从而使茶叶的浓涩味减轻；而茶叶中氨基酸和芳香物质的含量却随着海拔的升高、气温的降低而增加，这就为茶叶滋味的鲜爽甘醇提供了物质基础。茶叶中的芳香物质在加工过程中发生复杂的化学变化，产生某些类似鲜花的芬芳香气，如苯乙醇形成玫瑰香、茉莉酮形成茉莉香、沉香醇形成玉兰香、苯丙醇形成水仙香等。所以，许多高山茶具有某些特殊的香气。

高山出好茶，是由于高山的气候与土壤综合作用的结果。如果在制作时工艺精湛，茶叶的品质将更高。同样，只要气候温和，雨量充沛，云雾较多，湿度较大，以及土壤肥沃，土质良好，即使不是高山，但具备了高山生态环境的地方，也会生产出品质优良的茶叶。

2. 高山出好茶不是绝对的

对主要高山名茶产地的调查表明，这些茶山都集中在海拔200~600米。海拔在800米以上，由于气温偏低，往往茶树生长受阻，且易受白星病危害，用这种茶树新梢制出的茶叶，饮起来涩口，味感较差。

3. 高山茶与平地茶的明显识别

高山茶与平地茶相比，由于生态环境有别，不仅茶叶形态不一，而且茶叶内质也不相同。高山茶新梢肥壮，色泽翠绿，茸毛多，节间长，鲜嫩度好。由此加工而成的茶叶，往往具有特殊的花香，而且香气高，滋味浓，耐冲泡，且条索肥硕、紧结、白毫显露。而平地茶的新梢短小，叶底硬薄，叶张平展，叶色黄绿少光。由它加工而成的茶叶，香气稍低，滋味较淡，条索细瘦，身骨较轻。

（六）黑茶

黑茶属后发酵茶，是中国特有的茶类。生产历史悠久，产于云南、湖南、湖北、四川和广西等地。主要品种有云南普洱茶、湖南黑茶、湖北老青茶、四川边茶、广西六堡茶等。其中云南普洱茶古今中外久负盛名。现在的有关黑茶的研究有限，只有普洱茶类的降血脂、降胆固醇、抑制动脉硬化、减肥健美的功效已得到试验证明，但对于其有效成分的探索还处于研究之中。

黑茶品质特点：叶粗，梗多，干茶呈褐色，汤色棕红，香气纯正，滋味醇和，醇厚回甘，陈香馥郁。有解毒、治痢疾、除瘴、降血脂、减肥、抑菌、暖胃、醒酒、助消化等功效。

基本制作工艺为：鲜叶—杀青—揉捻—渥堆—干燥。

渥堆是决定黑茶品质的关键工序。渥堆时间的长短、程度轻重不同，导致成品茶的品质风格有明显的差别。

三、再加工茶类制作特点

以基本茶类做原料进行再加工以后制成的产品称再加工茶类。主要包括花茶、紧压茶、保健茶、萃取茶、果味茶、茶饮料等。

（一）花茶

花茶是利用茶叶中某些具有吸收异味特点的物质，使用茶原料和鲜花窨制而成的。只有经过一定程序的窨制，茶叶才能充分吸收花香，花茶的香气才能纯鲜持久。

现在花茶的种类很多，有茉莉花茶、白兰花茶、玫瑰花茶、玳玳花茶、珠兰花茶、柚子花茶、桂花茶、栀子花茶、米兰花茶、树兰花茶等。

品饮花茶主要品香气的鲜灵度、香气的浓郁度、香气的纯度。

知识拓展

花茶

1. 熏花茶

熏花茶又称花茶、香花茶、香片等，它是以精制加工而成的茶叶（亦称茶坯），配以香花制成的，是我国特有的一种茶叶品类。窨制熏花茶的原料，一是茶坯，二是香花。茶叶疏松多细孔，具有毛细管的作用，容易吸收空气中的水气和气体；它含有的高分子棕榈酸和临烯类化合物，也具有吸收异味的特点。熏花茶窨制就是利用茶叶吸香和鲜花吐香两个特性，一吸一吐，使茶味花香合二为一。

熏花茶经窨花后，要进行提花，就是将已经失去花香的花干，通过筛分剔除，尤其是高级熏花茶更是如此，只有少数香花的片、末偶尔残留于花茶之中。只有在一些低级熏花茶中，有时为了增色，才人为地夹杂少量花干，但它无助于提高熏花茶的香气。所以，对成品熏花茶而言，它并非是由香花和茶叶两部分构成的，只是茶叶吸收了鲜花中的香气而已。

2. 拌花茶

拌花茶是在未经窨花和提花的低级茶叶中，拌上些已经过窨制、筛分出来的花干，充作花茶。这种茶，由于香花已经失去香味，茶叶已无香可吸，拌上些花干，只是造成人们的一种错觉而已。所以，从科学角度而言，只有窨熏花茶才能称作真花茶，拌花茶实则是一种假冒花茶。

（二）紧压茶

各种散茶经加工蒸压成一定形状而制成的茶叶称为紧压茶。紧压茶分为：绿茶紧压茶、红茶紧压茶、乌龙紧压茶、黑茶紧压茶。

（三）保健茶

保健茶能调节人体机能，适用于特殊人群，但不以治疗疾病为目的的食品称为保健功能食品。保健功能食品分：调节免疫、延缓衰老、改善记忆、促进生长发育、抗疲劳、减肥等13大类，但不以药品名称或类似药品名称命名。保健茶是保健功能食品的重要组成部分。

四、中国茶区分布

（一）古代茶区的划分

中国唐时种茶已遍及现今的14个省、市、区，陆羽在《茶经》中把它们分成为山南、淮南、浙西、剑南、浙东、黔中、江西、岭南八大茶区。

宋、元、明各代，茶树栽培区域又有进一步扩大，特别是宋代发展较快。至南宋时，全国已有66个州242个县产茶。元代茶区在宋代的基础上也有扩大。明代则发展不多。

清代，由于国内饮茶地区的迅速扩大和对外贸易的开展，使茶树种植区域又有新的发展，并在全国范围内形成以茶类为中心的6个栽培区域。它们是：①以湖南安化，安徽祁门、旌德，江西武宁、修水和景德镇浮梁为主的红茶生产中心；②以江西婺源、德兴，浙江杭州、绍兴，江苏苏州虎丘和太湖洞庭山为中心的绿茶生产中心；③以福建安溪、建瓯、崇安（即今武夷山市）等为主的乌龙茶生产中心；④以湖北蒲圻、咸宁和湖南临湘、岳阳等为主的砖茶生产中心；⑤以四川雅安、天全、名山、荥经、灌县、大邑、什邡、安县、平武、汶川等为主的边茶生产中心；⑥以广东罗定、泗纶等为主的珠兰花茶生产中心。

（二）现代茶区的分布

我国茶区划分采取三个级别，即一级茶区，系全国性划分，用以宏观指导；二级茶区，系由各产茶省（区）划分，进行省（区）内生产指导；三级茶区，系由各地县划分，具体指挥茶叶生产。

目前，国家一级分为四个，即华南茶区、西南茶区、江南茶区、江北茶区。

1. 华南茶区

华南茶区是茶树最适生态区，亦是中国最南部的茶区，位于福建大樟溪、雁石溪，广东梅江、连江，广西浔江、红水河，云南南盘江、袁牢山、无量山、高黎贡山南端一线。辖福建东南部，广东东南部，广西南部，云南中、南部以及海南和台湾全省。本区主产茶类有红茶、绿茶、乌龙茶和普洱茶等。著名茶叶有：滇红、英红、凌云白毫、凤凰单丛、铁观音、黄金桂、冻顶乌龙、普洱茶等。

2. 西南茶区

西南茶区是中国最古老的茶区，是茶树适宜生态区，位于四川米仓山、大巴山以南，云南红水河、南盘江、盈江以北，湖北神农架、巫山、武陵山以西，大渡河以东，包括贵州、四川、重庆、云南中北部及西藏东南部。主产茶类：绿茶有宜良宝洪茶、都匀毛尖、遵义毛峰、竹叶青、峨眉毛峰等；红茶有川红工夫；黄茶有蒙顶黄芽；黑茶有下关沱茶、康砖、重庆沱茶、金尖茶等。

3. 江南茶区

江南茶区是中国分布最广的茶区，亦是茶树适宜生态区，北起长江，南至南岭北麓，东临东海，西达云贵高原，包括广东、广西、福建北部、湖北、安徽南部、江苏南部、浙江、江西、湖南全部。茶园面积约占全国的45%，产量占54%左右，囊括了红茶、绿茶、乌龙茶、白茶、黄茶、黑茶所有茶类。其中历史悠久声誉较大的有：两广的乐昌白毛尖、仁化银毫、桂平西山茶、桂林毛尖；福建的闽红工夫、武夷水仙、白毫银针和白牡丹（白茶）；湖北的恩施玉露、宜红工夫、青砖茶；湖南的安化松针、古丈毛尖、君山银针（黄茶）、黑砖茶；江西的庐山云雾、婺绿；安徽的黄山毛峰、太平猴魁、祁门红茶；浙江的西湖龙井、鸠坑毛尖、顾渚紫笋；江苏的碧螺春、阳羡茶等。近几年茶类结构调整后，名优绿茶和乌龙茶是主产茶类。

4. 江北茶区

中国最北部的茶区，是茶树次适宜生态区。位于长江以北、秦岭以南，大巴山以东至沿海，辖江苏、安徽北部、湖北北部、河南、陕西、甘肃南部、山东东南部以及河北太行山中北部东麓。本区除了生产少量黄茶与红茶外，几乎全是绿茶，著名的有六安瓜片、舒城兰花、信阳毛尖、太白银毫、紫阳毛尖、汉中仙毫等。

第三节　茶叶储存方法

茶叶从生产、运输、销售（包括出口），一直到家庭用茶，都得经过储藏与保管的过程。茶叶储藏与保管是茶叶生产和销售以及消费过程中不可缺少的重要环节，在长期生产实践中广大劳动人民已积累了丰富和宝贵的经验。作为一个茶业工作者，既要会看茶、泡茶，也要懂得如何保管茶叶的方法。

一、茶叶储藏特性

茶叶具有很强的吸湿性、氧化性和吸收异味的特性，这与茶叶本身的组织结构和含有某些化学成分有密切的关系。

（一）吸湿性

茶叶是疏松多毛细管的结构体，在茶叶的表面到内部有许多不同直径的大小毛细管，贯通整个茶叶（指一颗茶叶）。同时，茶叶中含有大量亲水性的果胶物质。因此，茶叶就会随着空气中湿度增高而吸湿，增加茶叶水分含量。经实验证明：珍眉二级茶暴露在相对湿度90%以上的条件下，过 2 小时后，茶叶水分由 5.9%增加到 8.2%，茶叶水分含量增加了2.3%，可见茶叶吸湿性极强。

（二）氧化性

氧化性通俗称为陈化。在储藏过程中茶多酚的非酶氧化（即自动氧化）仍在继续，这种氧化作用虽然不像酶性氧化那样激烈和迅速，但时间长了变化还是很显著的。其氧化不但使汤色加深，而且失去了滋味的鲜爽度。尤其是茶叶含水量高，在储藏环境温度高的条件下就更加快了茶叶的氧化。

（三）吸异味性

由于茶叶是疏松多毛细管的结构体，且含萜烯类和棕榈酸等物质，具有吸附异味（包括花香）的特性。茶叶在储存或运输过程中，必须严禁与一切有异味的商品（如肥皂、化妆品、药材、烟叶、化工原料等）存放在一起。使用的包装材料或运输工具等，都要注意干燥、卫生、无异味。否则茶叶沾染了异味，轻则影响茶叶的香气和滋味，重则会失去茶叶饮用价值而遭受经济损失。

二、储藏影响因素

（一）温度

温度是茶叶品质变化的主要因素之一，温度越高，变化越快。以绿茶的变化为例，实验结果表明，在一定范围内，温度每升高 10 度，褐变速度增加 3~5 倍。因为茶叶中的叶绿素在热和光的作用下容易分解。同时，温度升高也加速了茶叶氧化（陈化）。因此，茶叶最好采用冷藏的方法，能有效地防止茶叶品质变化。

（二）湿度

湿度是促使茶叶含水量增加的主要原因，水分增加了，提高了茶叶的氧化速度，从而导致茶叶水浸出物、茶多酚、叶绿素含量降低，红茶中的茶黄素、茶红素也随之下降，严重的会引起茶叶霉变。所以茶叶在储存运输过程中必须重视加强防潮措施。

（三）氧气

空气中约含20%的氧气，氧几乎能和所有物质起作用而形成氧化物。茶叶中的茶多酚、抗坏血酸、酯类、醛类、酮类等在自动氧化作用下，都会产生不良后果。目前茶叶试用抽气冲氮包装，其目的就是杜绝茶叶与氧气接触，防止有效物质自动氧化。试用抽气充氮包装的结果，对保持品质效果很好。

（四）光照

光也是促使茶叶品质变化的因素之一。在紫外线的光照作用下，能使茶叶中的戊醛、丙醛、戊烯醇等物质发生光化反应，产生一种不愉快的异味（即日晒气味）。所以在茶叶储藏或运输过程中要防止日晒，所用包装材料也应选用密封性能好，并且要采用能防止阳光直射的材料。

综上所述，可以看出茶叶品质的变化，受水分、温度、湿度、光线和氧气等多项因素的影响，尤其在高温高湿条件下，茶叶品质的劣变速度是最快最剧烈的。

三、包装

茶叶包装是保护茶叶品质的第一个环节，对包装的要求既要便于运输、装卸和仓储，又要能起到美化和宣传商品的作用。由于茶叶具有吸湿、氧化和吸收异味的特性，决定了茶叶包装的特殊要求。出口茶叶对包装有专项标准规定，如不符合包装规定，作为不合格产品，不得放行出口，说明茶叶包装的重要性。

（一）茶叶包装的种类

茶叶包装种类很多，名称不一，从销路上分有内销茶包装、边销茶包装和外销茶包装；从个体上分有小包装、大包装；从包装的组成部分上分有内包装、外包装；从技术上分有真空包装、无菌包装、除氧包装等。但从总体上看，一般有运输包装和销售包装两类。

运输包装俗称为大包装，即在茶叶储运中常用的包装。销售包装俗称为小包装，是一种与消费者直接见面的包装，要求携带方便，既能保护茶叶品质，又美观大方，且对促销有利。

（二）茶叶包装的要求

针对茶叶的特性，茶叶包装必须符合牢固、防潮、卫生、整洁、美观的要求。牢固是包装容器的基本要求，目的是在储运中不受破损而致使茶叶变质。防潮是茶叶包装所必须采取的措施，防潮材料目前常用的有铝箔牛皮纸、复合薄膜、涂塑牛皮纸、塑料袋等。塑料袋是一种价廉、无气味的透明材料，有一定的防潮性能，但防异味性能较差。

茶叶包装所需材料必须干燥、无异味。大包装和小包装装入茶叶后还需做好封口工作，并存放在干燥、无异味、密闭的包装容器内。

四、储藏与保管

茶叶保存期限的长短，与包装储藏条件有很大关系，储藏包装条件越好，保存期限越长，反之就短。茶叶储藏有常温储藏、低温冷藏以及家庭用茶储藏与保管等。若想常有新鲜的好茶喝，使茶叶在贮存期间保持其固有的颜色、香味、形状，必须让茶叶处于充分干燥的状态下，绝对不能与带有异味的物品接触，并避免暴露与空气接触和受光线照射；要注意茶叶不受到挤压、撞击，以保持茶叶的原形、本色和真味。

（一）常温储藏

茶叶的大宗产品，多数是储存在常温下的仓库之内，称为常温储藏。仓库内要清洁卫生、干燥、阴凉、避光，并备有垫仓板和温度计、湿度计及排湿度装置。茶叶应专库储存，不得与其他物品混存、混放。

（二）低温冷藏

一般将包装好的茶叶堆放在0~10℃范围内，低温冷藏储存的茶叶称为冷藏。茶叶在冷藏条件下，品质变化较慢，其色、香、味保持新茶水平，是储藏茶叶比较理想的方法。目前很多茶叶销售部门、茶楼、茶馆和家庭已采用这种方法。采用冷柜或冰箱储存茶叶，首先茶叶应盛装在一个密闭的包装容器内，其次不能与其他有异味的物品存放在一起。

（三）家庭用茶储藏方法

在家里为了保持茶叶的新鲜度，使其少变或慢变，除采用冰箱储藏外，还有如下几种方法：瓷坛储茶法，瓷坛内可放入成块的生石灰或烘干硅胶；热水瓶储藏法，将充分干燥的茶叶装入热水瓶内，并用蜡封口；罐装法，将茶叶装入茶罐，然后放进 1~2 包除氧剂，加盖，用胶带密封保存；塑料袋储藏法，用塑料袋存放茶叶。塑料袋储藏法是当今最普遍、最通用的一种方法，但不宜较长时间储藏。因为塑料这类包装材料防异味性能较差，另外，塑料袋易被茶叶戳穿而产生砂眼（孔、洞）影响防潮性能。要想使茶叶储藏时间长一些，必须再用防潮性能好的包装材料（铝箔牛皮纸）包扎一层后存放。

第三章

茶叶品质鉴定与中国名茶简介 ●●●

第一节　茶叶品质鉴别

茶叶审评通常分为外形审评和内质审评两个项目，其中外形审评包括形状、整碎、色泽和净度四个因子，内质审评包括香气、汤色、滋味、叶底四个因子。

一、茶叶外形审评

外形审评也称为干看外形，是对外形各因子按照实物标准样或交易成交样逐项进行评比，以确定品质高或低于标准样或成交样。茶叶品质的好与差首先可以从外形上来辨别，外形是决定茶叶品质的一个重要方面。但外形的评比又有一定的方法和规律，掌握了评比的方法和规律才能正确评定茶叶外形各因子。

（一）茶叶形状

1. 条形茶

一般红绿、毛茶非常注重鲜叶原料的嫩匀度，其条索以细紧或肥壮披毫、显锋苗，身骨重实，碎片末含量少为好，条索粗松、无锋苗，身骨轻，碎片末含量多为品质差的表现。

2. 圆形茶

一般圆形茶外形形状以细圆紧结或圆结、身骨重实为好；松扁开口、露黄头、身骨轻为品质差的表现。

3. 紧压茶

紧压茶按压制的形状不同分为成块（个）的茶（如砖茶、饼茶、沱茶等）和篓装茶（如六堡茶、天贡、生尖、湘尖等）。

砖形茶看其砖块规格的大小，棱角是否分明，厚薄是否均匀以及压制的紧实度和砖块表面是否光洁，有没有龟裂起层的现象。沱茶形状为碗形、臼形，看其紧实度、表面的光洁度、厚薄是否均匀、洒面嫩度及显毫情况。

4. 篓装茶茶评

压制成篓的茶评比嫩度和松紧度，如六堡茶看其压制的紧实度及条形的肥厚度和嫩度；方包茶看其压制的紧实度、梗叶的含量及梗的粗细长短。

（二）茶叶整碎

整碎是针对未压制成型的散装茶进行的。主要看茶叶的匀齐度，一般高档茶往往条形大小均匀一致，无碎末；中低档茶则往往条形短钝或大小不匀，多碎末、轻片。

（三）茶叶色泽

色泽正常是指具备该茶类应有的色泽，如绿茶应为黄绿、深绿、墨绿或翠绿等，红茶应为乌润、乌棕或棕褐等。如果绿茶色泽显乌褐或暗褐，则品质肯定不正常；同样红茶色泽如果泛暗绿色或呈现花青色，品质也不正常。

红、绿茶类评比色泽时注重色泽的新鲜度，即色泽光润有活力，同时看茶是否均匀一致，色泽调和，有没有其他颜色夹杂在一起。如高档绿茶鲜叶原料较嫩匀，其色泽鲜活、翠绿光润、均匀一致；中档绿茶原料嫩匀度稍差，其色泽表现为黄绿尚润，尚有光泽；低档绿茶由于原料较粗老，叶色呈绿黄或枯黄，缺少光泽，因而色泽表现为绿黄欠匀或枯黄暗杂。陈茶由于存放条件较差或时间较长，内含物质发生陈化，色泽暗滞无光泽。

（四）茶叶净度

净度是指茶叶中的茶类夹杂物和非茶类夹杂物的含量情况。

茶类夹杂物是指茶叶鲜叶采摘或加工中产生的一些副产品，如茶子、茶梗、黄片、碎茶片末等。一般高档茶要求匀净，不应含有茶类夹杂物，中档茶允许含有少量的茶茎梗、黄片及碎片末，低档茶允许含有部分较粗老的茶叶茎梗、轻黄片及碎片末茶。

非茶类夹杂物是指石子、谷物、瓜子壳、杂草等非茶类物质，不管高档茶还是低档茶都不允许含有非茶类夹杂物。

知识拓展

形状审评常用术语

（1）扁平。扁直平坦，专用于扁形茶。一般其宽度在5毫米左右，长度在20~28毫米，如西湖龙井。

（2）剑形。扁直平坦较窄长。一般其宽度在3~4毫米，长度在20~28毫米，似宝剑，如江苏的茅山青锋。

（3）雀舌形。扁直平坦但较幼小。一般其宽度在3~4毫米，长度在20~28毫米，用于细嫩的扁形茶。

（4）兰花形。芽叶相连似花朵，基部如花蒂，芽叶端部略卷紧或稍微散开，并向下弯曲，似山中兰花。

（5）月牙形。采幼小、细嫩的单芽加工成浑圆的、主脉稍稍弯曲的、似月牙的形状，如太湖翠竹。

（6）针形。采单芽加工成浑圆挺直的形状，或采一芽一叶、一芽二叶初展搓揉成细圆挺直的形状，如雪水云绿、千岛银针、雨花茶。

（7）曲卷。茶条呈螺旋状。根据其弯曲的程度可用"螺形""曲卷形""卷曲形""勾曲形""曲条形"等术语表示，依次弯曲的程度逐渐减弱。

（8）鲜绿。色泽青翠碧绿而有光泽，为高档绿茶之色泽。程度稍次的可用"绿翠""翠绿"等术语。

（9）绿润。色绿而活，富有光泽。

（10）深绿。色泽深近墨绿，有光泽，为高档绿茶所具有的色泽。

（11）嫩绿。绿色较浅带黄，富有光泽，是鲜叶幼嫩，缺乏叶绿素所致，为高档绿茶所具有的色泽。

（12）鲜亮。色泽鲜活而富有光泽，是原料细嫩、加工技术精湛的表现。

（13）鲜润。色泽鲜活而富有光泽，但稍次于"鲜亮"。

（14）嫩黄。绿色较浅带黄，富有光泽，黄的程度大于"嫩绿"，如高山多雾的环境中所产的细嫩茶叶。

（15）灰绿。色深暗带灰白。

（16）暗绿。深绿显暗无光泽。

（17）黄绿。绿中带黄，且光泽较差。

（18）披毫。指茶叶的表面都被毫所覆盖。根据程度的递减可依次用"显毫""多毫""有毫""带毫"等术语表示。

（19）细紧。条索细长卷紧而完整，有锋苗。比"细紧"更为细小的用"细秀"表示，比"细紧"更为壮大的依次用"紧结""状结""肥壮""肥硕"表示，都为高档茶之用语。一般"细秀""细紧"用于小叶种加工的高档茶叶，"紧结""壮结"用于中叶种加工的高档茶叶，"肥壮""肥硕"用于大叶种加工的高档茶叶。

（20）光润、油润、润。指色泽鲜活，光滑润泽。其中"光润"优于"油润"，"油润"优于"润"。

（21）橙红。红色稍浅带黄，是特细嫩红茶所具有的色泽。

（22）红棕。红中带棕，是高档红茶所具有的色泽。

二、茶叶内质审评

茶叶的内质审评也称为湿评内质，茶叶内质的香气、滋味是决定茶叶品质的最关键的因子。茶叶内质香气、滋味、汤色、叶底各因子的辨别也有一定的方法和规律，掌握了茶叶内质审评的方法，同时经过感觉器官的训练和经验的积累，才能了解茶叶内质各因子。

（一）看汤色

茶汤滤出后，如果是红茶应抓紧时间先看汤色，以免茶汤出现"冷后浑"（所谓"冷后浑"是指茶汤中茶多酚、咖啡碱含量较高时，两者结合生成一种络合物，这种物质溶解于热水，不溶于冷水，当茶汤温度下降时，它会析出，使茶汤变浑浊。大叶种茶树品种生产的红茶或绿茶都容易产生这种现象，特别是大叶种红碎茶，更易产生"冷后浑"现象。出现"冷后浑"是茶叶内含物质丰富，也是品质好的表现），影响汤色明亮度的辨别。其他茶类可以先嗅香气，再看汤色。看汤色是否正常，即鉴别具备该茶类应有的汤色。如绿茶汤色应以绿为主，如黄绿明亮或绿尚亮；红茶汤色应以红为主，如红艳或红亮；乌龙茶则为金黄明亮、橙黄明亮或橙红等。如果绿茶汤色泛红，或红茶汤色泛青，则往往是品质有弊病的表现。

知识拓展

汤色审评常用术语

（1）浅白。汤色浅，近无色。由于采摘的茶叶细嫩，而加工中又不用力，茶汤中缺乏内含物质所致。

（2）浅绿。汤色较浅，带绿色。这是细嫩的名优绿茶所具有的汤色。

（3）嫩黄。汤色较浅，带黄色。这是多雾高山细嫩绿茶、细嫩黄茶或名优绿茶轻度失风所产生的色泽。

（4）黄绿。绿中带黄，以绿为主。这是中、高档绿茶所具有的汤色。

（5）绿亮。茶汤色泽绿而鲜亮。这是高档绿茶所具有的汤色。

（6）嫩绿。浅绿微黄透明。这是名优绿茶所具有的汤色。

（7）嫩白。汤色浅，近无色，稍深于"浅白"。这是名优绿茶和高档白茶所具有的汤色。

（8）蜜绿、蜜黄。汤色绿中透黄，如发酵程度极轻的台湾乌龙茶，其中"蜜黄"稍黄于"蜜绿"。根据黄橙与红色成分的增加（即发酵程度的加重），乌龙茶汤色的术语依次有"金黄"、"橙黄"和"橙红"。

（9）红艳。汤色红而鲜艳，金圈厚，似琥珀色，这是高档红碎茶或发酵好的大叶种红茶所具有的汤色。

（10）红亮。红而透明有光泽，不如"红艳"鲜亮。

（11）红深。汤色红而深，缺乏光泽。

（12）红浓。汤色红而深厚，缺乏光泽。用于描述普洱茶的汤色。

（二）嗅香气

当滤出茶汤或看完汤色后，应立即闻嗅香气。嗅香气时一手托住杯底，一手微微揭开杯盖，鼻子靠近杯沿轻嗅或深嗅。嗅香气一般分为热嗅、温嗅和冷嗅三个步骤，以仔细辨别香气的纯异、高低及持久程度。

热嗅是指一滤出茶汤或快速看完汤色即趁热闻嗅香气，此时最易辨别有无异气，如陈气、霉气及其他异气。随着温度下降异气部分散发，同时嗅觉对异气的敏感度也下降。因此热嗅时应主要辨别香气是否纯正。

温嗅是指经过热嗅及看完汤色后再来闻嗅香气，此时茶杯温度下降，手感略温热。温嗅时香气不烫不凉，最易辨别香气的浓度、高低，应细细地嗅，注意体会香气的浓淡高低。

冷嗅是指经过温嗅及尝完滋味后再来闻嗅香气，此时茶杯温度已降至室温，手感已凉，闻嗅时应深深地嗅，仔细辨别是否仍有余香。如果此时仍有余香则为品质好的表现，即香气的持久程度好。

知识拓展

香气审评常用术语

（1）鲜嫩、嫩香。这是新鲜悦鼻、加工精湛的嫩茶所具有的香气，有点似煮熟的嫩玉米香。

（2）粟香。似粟子炒熟时散发的香气，是高山优质茶所具有的香型。

（3）清香。香气清纯柔和。香虽不高，但令人有愉快感，是自然环境较好、加工好的茶叶所具有的香气。比清香稍低用"清纯""清正"表示。

（4）清高。清香高爽，久留鼻间，是茶叶较嫩且新鲜，制工好的一种香气。

（5）清鲜。香气清纯鲜爽。

（6）清。香气清爽但稍感偏青涩。

（7）青气。带青草气，是绿茶加工"火候"不足、红茶发酵不足的表现。

（8）果香。似水果香型，如蜜桃香（白毫乌龙）、雪梨香、佛手香、橘子香（宜红）、桂圆香、苹果香等。

（9）足火。茶叶在加温干燥过程中，温度高、时间长、干度十足所产生的火香。

（10）高火。茶叶在加温干燥过程中，温度高、时间长、干度十足、略感"过火"所产生的火香。

（11）老火。干度十足、带轻微焦气的香气。

（12）焦气。干度十足、有严重的焦气，是次品茶香气。

（13）甜香。香气中带有糖香，是高档红茶的典型香气。大叶种嫩度好的原料制成绿茶也会产生甜香。

（14）花香。在纯茶香气中闻到类似鲜花的香气，是茶树品种优良、生产环境优越、加工技术精湛的茶叶所具有的香气。

（15）毫香。是茸毛多的茶叶所具有的香气，特别是白茶。

（16）云香。是云南大叶种品系细嫩原料加工出来的绿茶所表现出来的特殊的优良香气。

（17）幽香。香气幽雅，透露缓慢而持久。

（18）蜜兰香。香气中甜香（似烤红薯香）夹带花香，是广东产的白叶工夫茶的特殊香型。

（19）陈香。茶叶后熟陈化后所产生的香气，一般指普洱茶特有的香气类型。

（20）欠纯。茶叶香气中夹带着不是茶叶本身所具有的气味。

（三）尝滋味

尝滋味一般在看完汤色及温嗅后进行，茶汤温度在 45～55 度之间较适宜。如果茶汤温度太高，易使味蕾烫后变麻木，不能准确辨别滋味；如果茶汤温度太低，则味蕾的灵敏度较差，也影响滋味的正常评定。尝滋味时用汤匙从碗中取一匙 10 毫升左右茶汤，吸入口中后用舌头在口腔中循环打转，或用舌尖抵住上颚，上下齿咬住，从齿缝中吸气，使茶汤在口中回转翻滚，接触到舌头的前后左右各部分，全面地辨别茶汤的滋味。然后吐出茶汤，体会口中留有的余味。每尝完一碗茶汤，应将汤匙中的残留液倒尽并在白开水中漂净，以免各碗茶汤间相互串味。品尝滋味时，主要体会滋味的浓淡、强弱或醇涩、鲜钝以及有无异味。

知识拓展

滋味审评常用术语

（1）甘醇、甜醇。味道柔醇带甜，多用于高档红茶、绿茶。"甜醇"所表达的甜的程度稍重于"甘醇"。

（2）甘和。味道柔和带甜，刺激性弱。

（3）甘爽。味道带甜而爽口。

（4）和爽。味道柔和，刺激性弱但爽口。

（5）清爽。滋味清鲜爽口。

（6）醇爽。滋味稍带刺激性，口感柔和爽口。

（7）鲜醇。滋味稍带刺激性，口感柔和，鲜爽性好。

（8）甘润。感觉汤中内含物丰富但滋味柔和甘甜，是口感极好的表达术语。

（9）和淡。滋味柔和，但感觉内含物欠缺，滋味偏淡。

（10）青涩（生涩）。口感中带有青草气与涩味。

（11）生味。这是杀青不足、干燥温度偏低的绿茶与发酵程度不足的红茶产生的滋味。

（12）火味。这是干燥温度过高、部分内含成分炭化所产生的味道。

小知识：

舌头各个部位味蕾的功能

舌尖最易感受甜味；舌心对鲜味、涩味最敏感；舌侧前部对咸味较敏感，后部对酸味较敏感；舌根对苦味较敏感。

（四）看叶底

叶底是内质审评的最后一道步骤，在评完香气、汤色、滋味后将杯中的茶渣倒入盘中看。一般红茶、绿茶、黄茶等主要看其嫩度、匀度和色泽。一般芽的含量越多，嫩度越好；嫩叶含量多，老叶含量少，嫩度越好。

叶底的匀度是指叶的老嫩是否均匀，有无茶梗、茶末等茶类夹杂物及非茶类夹杂物，同时绿茶看其有无红梗红叶夹杂其中，红茶有无花青叶。应注意匀度好不等于嫩度一定好。

叶底的色泽首先看是否具有该茶类应有的特征，然后看其明亮度、均匀度，如绿茶以嫩匀、嫩绿、明亮为好，老嫩不匀或粗老、枯暗花杂为差。

知识拓展

叶底审评常用术语

（1）全芽。指叶底全部为茶芽组成，无叶片。

（2）肥软。指芽叶肥壮，叶肉厚实而柔软。与此接近的术语还有"肥厚""嫩软""肥嫩"等，其中"肥厚嫩软"优于"肥嫩"，"肥嫩"优于"肥软"。

（3）幼嫩。一般指一芽一叶初展的芽叶。

（4）细嫩。指芽所占的比重大，芽叶细小而嫩软。

（5）嫩软。指芽叶有一定的嫩度，叶质柔软。多用于中档以上的茶。

（6）稍硬。指芽叶生长到了一定的成熟度，木质化程度加深，叶质开始变硬。

（7）粗老。指叶质变老，叶脉显露，手按之感觉粗糙。

（8）粗硬。指叶质变老变硬，叶脉显露，手按之感觉粗糙而硬。

第二节　中国名优茶叶及产地

一、名优茶品质特征

目前我国生产的名优茶种类很多，每个产茶区都生产一种或几种名优茶。全国经部、省级评出的名优茶有数百种，如果加上县、区级的名优茶，数量就更多了。其中以绿茶的名优茶种类最多，约占名优茶的80%。

（一）名优茶概念

名优茶是指有一定知名度的优质茶，如龙井茶是在中外消费者中享有盛誉的一种名优茶。但并非所有龙井茶都属于名优茶，而是高档的龙井茶才能称为名优茶。名优茶通常具有独特的外形，优异的色、香、味品质。

名优茶的产生在我国有悠久的历史，历代贡茶制度产生的种种贡茶，应属于历史名茶；历年来在国际博览会等获奖的茶，得到了国际的认可，也是名茶；国家商业部、农牧渔业部多次组织全国性名茶评比，在评选活动中获奖的茶叶则是当代名茶；改革开放以来，随着茶叶经济的发展，各地又研制生产了许多新的名茶。

通常名优茶都产自名山名水，良好的自然生态环境是生产名优茶的必备条件，独特的生态条件又使名优茶各具特色。名山名水也有利于名茶的传播，如杭州西湖龙井茶园。名茶产地必有良好的光照、适宜的温度、充足的水分以及肥沃的土壤，这些条件都有利于茶叶内含物的形成。相匹配的优良茶树品种是生产名优茶的先决条件，各种名优茶对茶树品种都有相应的要求。严格而精细的采制工艺，则是生产名优茶的决定条件。

名优茶命名，最早是以产地之名为名，例如，宋朝名茶绍兴日铸，前者是县名，后者是山名；洪洲双井，前者是洲名，后者是水名。后来发展为产地联系品质，例如，顾渚紫笋、黄山毛峰、君山银针，前者是山名，后者是形容茶的色泽与外形；舒城兰花、武夷肉桂，则是地名加茶的香型。庐山云雾，反映的是产地的生态条件。也有以命名和类别联系起来的，如工夫红茶，前者是命名，后者是茶类；白毫银针，前者是分类，后者是命名。名优茶的名称都很文雅，通常都带有描述性。洞庭碧螺春、信阳毛尖、六安瓜片等名优茶，闻其名就能知其产地，明其外形，很容易了解其独特的品质。

名优茶与一般产品不同，是茶叶中的珍品，是由优越的自然环境条件、茶树品种、精细选料和严格的加工技术综合作用而成的。名优茶有别于一般茶叶，其特点包括以下6条。

（1）与一般茶叶相比，名优茶在色、香、味、形上有显著的区别，具有独特的品质风格。它们既是高级茶饮料，又具有欣赏价值。

（2）无论过去或现今，名优茶都能被广大消费者所认可。

（3）名优茶的产茶地区茶树生态条件优越，如产于名山名胜风景区，大多为优良品种茶树的芽叶所制成。

（4）名优茶的选料加工精细，采制作业有严格的技术要求和标准，产品质量有持续性的保证。

（5）名优茶产区有局限性，采制有时间性。

（6）名优茶的命名或造型带有地方性、艺术性。

总之，名优茶必定是得到消费者的认可，经得起时间的考验，具有独特的优良品质，具有一定产量的茶叶产品。

（二）名优茶的审评方法

审评名优茶的程序和方法，与其他茶类审评方法相同，同样分为干评和湿评，采用"八项因子"评茶。因为名优茶具有独特的品质风格，在评品质优次时，外形与内质同等重要，不分主次。要识别不同的名优茶，首先要掌握外形的特征。

由于名优茶（除青茶和六安瓜片外）均是由细嫩的芽叶制成的。因此，采用名优绿茶进行审评对比试验，初步认为名优茶一般用量为3克，用煮沸稍缓的水150毫升冲泡，浸泡时间以3分钟为宜。否则，水温太高，易造成叶色显黄、熟，影响汤色和香气。

二、中国名优绿茶简介

随着制茶技术不断提高，我国名优茶的品种越来越多。这里介绍的中国名优茶是目前市场上常见，在全国较普遍认可的，作为茶艺师经常要接触使用的名优茶品种。主要包括龙井茶、碧螺春、黄山毛峰等。

（一）西湖龙井

西湖龙井产于浙江杭州西湖风景区，属于传统名茶。唐宋时期，西湖群山所产之茶，已享有名气。到了清代，康熙皇帝在杭州创设行宫，把龙井茶列为贡茶。西湖龙井茶集中产地为狮峰山、梅家坞等，生态条件得天独厚，茶树品种优良。西湖龙井素以"色绿、香郁、味甘、形美"四绝而著称。龙井茶的采制技术相当考究，综合了诸多因素，龙井茶成为茶叶之珍品。

品质特征
形状：扁平挺直，光滑匀整
色泽：翠绿偏黄，呈糙米色
汤色：嫩绿明亮
香气：幽雅清高，有"兰花豆"香
滋味：甘鲜醇和
叶底：嫩绿、匀齐成朵

品质鉴别：

西湖产区的龙井基本都是传统手工炒制，而外地产区的龙井多是机器炒制，茶叶扁平，梭形，颜色翠绿，比西湖龙井看起来更漂亮。

真品条形整齐，宽度一致，条索扁平，叶细嫩，手感光滑，色泽为糙米色，闻起来有清香味；假冒品夹蒂较多，手感不光滑，色泽为通体碧绿。就算是绿中带黄，也是黄焦焦的感觉，且多含青草味。

（二）黄山毛峰

黄山毛峰产于安徽歙县黄山。明代许次纾在《茶疏》中称"天下名山，必产灵草，江南地暖，故独宜茶"。又据《徽州府志》记载："黄山产茶始于宋之嘉祐，兴于明之隆庆。"由此可知，黄山产茶历史悠久，黄山茶在明朝中叶就很有名了。

黄山毛峰是我国极品名茶之一，产于安徽黄山地区。黄山毛峰采摘细嫩，特级、一级毛峰采摘标准为一芽一叶初展。鲜叶采回来后，先进行拣剔，剔除病叶、梗、茶果以及不符合标准要求的叶片，以保证芽叶质量均匀；然后将不同嫩度的鲜叶分别摊放，散失部分水分。为了保质保鲜，要求上午采，下午制；下午采，当夜制。

品质特征

形状：细扁稍卷，形似雀舌，披银毫
色泽：绿中泛黄，且带有金黄色鱼叶
汤色：清碧微黄，清澈明亮或杏黄色
香气：清香馥郁
滋味：鲜醇爽口
叶底：嫩黄成朵

品质鉴别：

特级黄山毛峰茶形似雀舌，匀齐壮实，峰显毫露，色如象牙，鱼叶金黄；冲泡后，香气清鲜高长，汤色清澈，滋味鲜浓醇厚而甘甜，叶底嫩黄，肥壮成朵。可用"香高、味醇、汤清、色润"来形容。其中"金黄片"和"象牙色"是特级黄山毛峰与其他毛峰不同的两大明显特征。

知识拓展

黄山毛峰的传说

黄山位于安徽省南部，是著名的游览胜地，而且群山之中所产名茶"黄山毛峰"品质优异。讲起这种珍贵的茶叶，还有一段有趣的传说呢！明朝天启年间，江南黟县新任县官熊开元带书童到黄山春游，迷了路，遇到一位腰挎竹篓的老和尚，便随他借宿于寺院中。老和尚泡茶敬客时，知县细看这茶叶，色微黄，形似雀舌，身披白毫，开水冲泡下去，只见热气绕碗边转了一圈，转到碗中心就直线升腾，约一尺高，然后在空中转一圈，化成一朵白莲花。那白莲花又慢慢上升化成一团云雾，最后散成一缕缕热气飘荡开来，清香满室。知县问后方知此茶名叫黄山毛峰，临别时老和尚赠送一包此茶和一葫芦黄山泉水给他，并嘱咐他一定要用此泉水冲泡此茶才能出现白莲奇景。熊知县回县衙后遇上同窗旧友太平知县来访，便表演了一番冲泡黄山毛峰。太平知县甚是惊喜，后来到京城禀奏皇上，想献仙茶邀功请赏。皇帝传令让他进宫表演，却不见白莲奇景出现，皇上大怒，太平知县只得据实交代此茶是黟县知县熊开元所献。皇帝立即传令熊开元进宫受审，熊开元进宫讲明未用黄山泉水冲泡之故，后请求回黄山取水。熊知县来到黄山拜见老和尚，老和尚将山泉交给他。他回到皇帝面前再次冲泡黄山毛峰，果然出现了白莲奇观，皇帝看得眉开眼笑，便对熊知县说道："朕念你献茶有功，升你为江南巡抚，三日后就上任去吧。"熊知县心中感慨万千，暗忖道"黄山名茶尚且品质清高，何况为人呢？"于是脱下官服玉带，来到黄山云谷寺出家做了和尚，法名正志。如今在苍松入云、修竹夹道的云谷寺的路旁，有一擎庵大师墓塔遗址，相传就是正志和尚的坟墓（见图3-1）。

图3-1 黄山毛峰的传说

（三）碧螺春

碧螺春产于江苏苏州太湖洞庭山。碧螺春为历史名茶，碧螺春茶采摘特点为采得早、采得嫩、拣得净。以形美、色艳、香浓、味醇"四绝"闻名中外。

品质特征
形状：条索纤细，卷曲似螺
色泽：银绿隐翠，满披白毫
汤色：嫩绿清澈
香气：浓郁，具有花果香
滋味：鲜醇甘厚
叶底：嫩绿明亮

品质鉴别：

真茶银芽显露，一芽一叶，茶叶总长度约为 1.5 厘米，芽为白毫卷曲形，叶为卷曲青绿色，叶底嫩绿柔匀；假茶多为一芽二叶，芽叶长度不齐，呈枯黄色。

高档茶香气浓烈芬芳，带花香果味；低档茶香气芬芳，不带花果香。

高档茶汤色嫩绿鲜艳，中档茶汤色绿艳或翠绿鲜艳；低档茶汤色翠绿。

知识拓展

碧螺春的传说

相传很早以前，西洞庭山上住着一位名叫碧螺的姑娘，东洞庭山上住着一位名叫阿祥的小伙子。两人深深相爱着。那一年，太湖中出现一条凶恶残暴的恶龙，扬言要抢走碧螺姑娘。阿祥决心与恶龙决一死战。

这一天晚上，阿祥操起渔叉，潜到西洞庭山同恶龙搏斗，直到斗了七天七夜，双方都筋疲力尽。阿祥昏倒在血泊中。碧螺姑娘为了报答阿祥救命之恩，无微不至地照料阿祥。可是阿祥的伤势一天天恶化。姑娘为找草药来到了阿祥与恶龙搏斗的地方，偶然发现一棵小茶树长得特别好。她心想：这可是阿祥与恶龙搏斗的见证，应该把它培育好，至清明前后，小茶树长出了嫩绿的芽叶。碧螺采摘了一把嫩梢，回家泡给阿祥喝。说也奇怪，阿祥喝了这茶，病居然一天天好了起来。阿祥得救了，辛苦劳作的碧螺再也支撑不住，倒在阿祥怀里，永远闭上了双眼。阿祥悲痛欲绝，把姑娘埋在洞庭山的茶树旁，他把茶比作心上人。从此，他努力培育茶树，采制名茶。"从来佳茗似佳人"，为了纪念碧螺姑娘。人们就把这种名贵茶叶取名为"碧螺春"（见图3-2）。

图 3-2 碧螺春的传说

（四）太平猴魁

太平猴魁产于安徽省太平县一带。太平猴魁为尖茶之极品，久享盛名。1912 年在南京南洋劝业场和农商部展出，荣获优等奖。1915 年又在美国举办的巴拿马万国博览会上荣获一等金质奖章和奖状。从此，太平猴魁蜚声中外。

> **品质特征**
> 形状：二叶抱一芽，自然舒展，扁平挺直
> 色泽：苍绿匀润，白毫隐伏
> 汤色：黄绿明澈
> 香气：兰香高爽
> 滋味：醇厚回甘
> 叶底：嫩绿匀亮，芽叶成朵肥壮

品质鉴别：

太平猴魁外形两叶抱一芽，俗称"两刀一枪"，自然舒展，有"猴魁两头尖，不散不翘不卷边"之称。全身披白毫，含而不露。

太平猴魁叶色苍绿匀润，叶脉绿中隐红，俗称"红丝线"。

太平猴魁冲泡后，香气高爽，含有诱人的兰花香，醇厚爽口，有独特的"猴韵"，茶汤清绿；叶底嫩绿匀亮，芽叶成朵肥壮。

（五）六安瓜片

六安瓜片产于安徽省六安、金寨两县。六安茶是唐代以来就为人所知的名茶之一，六安瓜片问世于 1905 年前后。六安瓜片的采制技术与其他名茶不同，采摘标准以对夹叶和一芽二、三叶为主。鲜叶采回后及时扳片，将嫩叶、老叶分离出来炒制瓜片，芽、茎、梗等作副产品处理。

> **品质特征**
> 形状：叶边背卷、平展，似瓜子形
> 色泽：宝石绿而泛微黄，起润有霜
> 汤色：碧绿，清澈透亮
> 香气：清香持久
> 滋味：鲜醇回甘
> 叶底：黄绿匀亮

品质鉴别：

六安瓜片茶叶单片不带梗芽，叶缘向背面翻卷，色泽宝绿，起润有霜（是否有挂霜是鉴别六安瓜片的标准之一），汤色澄明绿亮、香气清高、回味悠长，叶质浓厚耐泡，好的瓜片都有兰花香，第一泡是熟板栗香气。

 知识拓展

六安瓜片的传说

相传在金寨麻埠镇有个农民叫胡林，为雇主到齐云山一带采制茶叶。茶季结束时，他来

到一处悬崖石壁前，那里古木纵横，人迹罕至，忽然他在石壁间发现了几株奇异的茶树，枝繁叶茂，苍翠欲滴，芽叶上密布一层白色茸毛，银光闪闪。胡林精于制茶之道，对于辨别茶树品种优劣极为内行，知道眼前的茶树是极为难得的名贵品种。于是，随即采下鲜叶，精心炒制成茶，带在身上，下山回家。他赶路时走进路旁的一家茶馆歇脚，将自己随身所带的山茶拿出来冲泡，开水一注入，只见茶杯中浮起一层白沫，恰似朵朵祥云飘动，又像金色莲花盛开。异香满屋，经久不散，举座皆惊，异口同声赞曰："好茶！好香的茶！"后来，胡林又回到山中，去寻找他在悬崖石壁间所发现的那几株茶树，可是峰回路转，再也无处寻觅了。当地人认为这是"神茶"，不可复得。这个故事流传若干年后，有人在齐云山蝙蝠洞发现了几株茶树，相传是蝙蝠衔子所生。这几株茶树和胡林当时所描述的茶树一模一样，大家就自然而然地称其为"神茶"。据说，六安瓜片就是神茶繁衍而来的（见图3-3）。

图3-3　六安瓜片的传说

（六）信阳毛尖

信阳毛尖产于河南省信阳地区。信阳产茶已有2 000多年历史，茶园主要分布在车云山、集云山等群山的峡谷之间。这里地势高峻，群峦叠翠，溪流纵横，云遮雾绕，为制作独特风格的茶叶提供了天然条件。

品质特征
形状：细秀匀直
色泽：翠绿或绿润
汤色：黄绿明亮
滋味：浓烈或浓醇
叶底：细嫩匀整

品质鉴别：

特级信阳毛尖外形细秀匀直，显锋苗，白毫遍布；色泽翠绿；汤色黄绿鲜亮；香气清香高长；滋味鲜爽；叶底嫩绿明亮，细嫩匀齐。

一级信阳毛尖外形细、圆、光、直，有锋苗，白毫显露；色泽翠绿，汤色翠绿鲜亮；清香高长，略带熟板栗香；滋味鲜浓；叶底鲜绿明亮，细嫩匀整。

二级信阳毛尖外形细圆紧直，芽毫稍露；色泽绿润；汤色翠绿明亮；香气高长，有熟板栗香；滋味浓厚回甘；叶底鲜绿匀整。

知识拓展

<h3 align="center">信阳毛尖的传说</h3>

相传在很久以前，信阳本没有茶，乡亲们在官府和老财的欺压下，吃不饱，穿不暖，许多人得了一种叫"疲劳痧"的怪病。瘟病越来越凶，不少地方都死绝了村户。一个叫春姑的闺女看在眼里，急在心上，为了能给乡亲们治病，她四处奔走寻找能人。一天，一位采药老人告诉姑娘，往西南方向翻过九十九座大山，趟过九十九条大江，便能找到一种消除疾病的宝树。春姑按照老人的要求爬过九十九座大山，蹚过九十九条大江，在路上走了九九八十一天，累得筋疲力尽，并且也染上了可怕的瘟病，倒在一条小溪边。这时，泉水中漂来一片树叶，春姑含在嘴里，马上神清目爽，浑身是劲，她顺着泉水向上寻找，果然找到了生长救命树叶的大树，摘下一颗金灿灿的种子。看管茶树的神农氏老人告诉姑娘，摘下的种子必须在 10 天之内种进泥土，否则会前功尽弃。想到 10 天之内赶不回去，也就不能抢救乡亲们，春姑难过得哭了，神农氏老人见此情景，拿出神鞭抽了两下，春姑便变成了一只尖尖嘴巴、大大眼睛、浑身长满嫩黄色羽毛的画眉鸟。小画眉很快飞回了家乡，将树籽种下，见到嫩绿的树苗从泥土中探出头来，画眉高兴地笑了起来。这时，她的心血和力气已经耗尽，在茶树旁化成了一块似鸟非鸟的石头。不久茶树长大，山上也飞出了一群群的小画眉，她们用尖尖的嘴巴啄下一片片茶叶，放进瘟病人的嘴里，病便立刻好了，从此以后，种植茶树的人越来越多，也就有了茶园和茶山。

（七）庐山云雾

庐山云雾产于江西省庐山海拔 800 米以上的汉阳峰、花径、小天池和青莲寺等地。庐山种茶历史悠久，远在汉朝已有茶树种植，唐朝时庐山茶已很著名，明代庐山云雾茶名称已出现在《庐山志》中。可见庐山云雾茶至少已有 300 余年历史了。

品质特征
形状：紧结重实，饱满秀丽
色泽：翠绿光润，白毫多显
汤色：黄绿明亮
香气：鲜爽而持久，带豆花香
滋味：醇厚而回甘
叶底：嫩绿匀齐

品质鉴别：

高档庐山云雾茶外形饱满成朵，形似兰花，带兰花香，口感极好。

图 3-4　信阳毛尖的传说

纯自然环境下产出的庐山云雾茶不施任何农药、肥料，具备"味醇、色秀、香馨、液清"的特点。

庐山云雾茶冲泡后，香气芬芳高长、锐鲜。茶汤绿而明亮，叶底嫩绿微黄，匀齐。

（八）恩施玉露

湖北省恩施土家苗族自治州恩施市东郊五峰山一带及芭蕉侗族乡是我国目前保存下来的唯一以蒸汽茶青制成的针形绿茶，因叶色翠绿，茸毛银白如玉，故名"玉露"。恩施玉露茶具备茶绿、汤绿、叶底绿"三绿"的显著特点。

品质特征
形状：条索紧圆光滑，纤细挺直如针
色泽：苍翠绿润，白毫显露
汤色：嫩绿明亮，如玉如露
香气：清鲜
滋味：醇和回甘
叶底：色绿如玉，翠绿匀整

品质鉴别：

恩施玉露成茶条索紧细，色泽鲜绿，匀齐挺直，状如松针。观其外形，赏心悦目。经沸水冲泡后，汤色嫩绿明亮，如玉如露，香气清鲜，滋味甘醇。

（九）蒙顶甘露

蒙顶茶产于四川省的蒙顶山一带。"扬子江中水，蒙顶山上茶"，蒙顶茶由于品质特殊，为历代文人所称颂。从唐朝开始作为贡茶，一直沿袭到清朝。这在中国茶叶史上也是罕见的。蒙顶茶是四川蒙顶山各类名茶的总称，如蒙顶云雾茶就有蒙顶甘露、蒙顶石花、万春银叶、玉叶长春四个品种。

品质特征
形状：卷曲紧秀，茸毫遍布
色泽：嫩绿油润或银绿泛黄
汤色：碧清微黄
香气：嫩香馥郁
滋味：鲜嫩爽口
叶底：嫩黄匀亮

品质鉴别：

从外形上看，蒙顶甘露茶紧卷多毫，干茶色泽嫩绿油润或银绿泛黄，冲泡后，内质香气馥郁芬芳，汤色碧清微黄、清澈明亮。

（十）都匀毛尖

都匀毛尖产于贵州省都匀县。据《都匀县志稿》载："自清明节至立秋，并可采，谷雨前采者曰雨前茶，最佳，细者曰毛尖茶。"

品质特征
形状：匀整显毫，纤细卷曲
色泽：翠绿
汤色：黄绿明亮
香气：嫩香持久
滋味：鲜浓，回味甘甜
叶底：明亮肥壮

品质鉴别：

正宗都匀毛尖茶的干茶色泽绿润，条索紧细卷曲有锋苗，白毫满布，闻之茶香飘逸、鲜爽清晰。

上乘都匀毛尖茶冲泡后，茶汤黄绿明亮，香气嫩香持久，滋味鲜浓，回味甘甜。

都匀毛尖茶的原料是在清明前后采摘的第一叶初展的细嫩芽头，经冲泡后，叶底仍现芽叶，细嫩匀整，柔软鲜活。

三、中国名优红茶简介

（一）工夫红茶

工夫红茶是我国传统的独特茶品。它因初制时特别注重条索的完整紧结，精制时需费工而得名。工夫红茶的品质特点是：外形条索细紧，色泽乌润。冲泡后，汤色、叶底红亮，香气馥郁，滋味甜醇。因采制地区不同，茶树品种有异，制作技术不一，因而，又有祁红、滇红、宁红、川红、闽红、湖红、越红之分。

1. 祁红

祁红主产于安徽祁门县的贵溪、黄家岭、石迹源等地，所以，又称祁门工夫红茶，是我国传统工夫红茶中的珍品，有 100 多年生产历史，在国内外享有盛誉。

品质特征
形状：条索紧细匀齐，略带弯曲
色泽：乌润，显金毫
汤色：红艳明亮
香气：鲜浓馥郁或清鲜持久
滋味：醇和鲜爽
叶底：红亮，柔嫩，匀齐

品质鉴别：

上品祁门红茶条索紧密，色泽乌润，有金黄芽毫显露，汤色红艳明亮，叶底柔嫩多芽，鲜红明亮。有些非正宗的祁门红茶叶片形状不齐，个别添加色素的假茶颜色比正品更亮。

祁门红茶有"祁门"香，因火功的不同，有的呈砂糖香或苹果香，有的具有甜花香，并带有蕴藏的兰花香。

知识拓展

祁门红茶的传说

相传在清末一个茶忙的日子，祁门历口有个叫吴志忠的老汉，一天从高山背回近百斤生叶，兴冲冲赶到家，将鲜叶倒在地上，不料全被捂红了。老汉目瞪口呆，想想扔了太可惜，不如做出来再说。等他按照绿茶的制法做出后，茶条全是乌色。尽管如此，老汉还是将茶挑到茶庄。可是连走了几家，茶老板个个都说："这完全是变质的坏茶叶，不要。"老汉犟脾气，卖不了就自己喝，绝不倒掉。其时正值鸦片战争后期，外国人已公开来到中国活动了。当老汉挑着一担茶叶垂头丧气往家走时，迎面碰到了一个外国传教士。教士随口问道："老汉挑的是什么东西？"老汉满腔怨气正无处可泄，便没有好气地说："乌龙。""乌龙？"那教士居然来了兴趣，非要看看不可。老汉拗不过他，只好停下，任其掀袋看茶。教士见茶叶色乌条细，异香扑鼻，喜不自禁。拿起一片就咀嚼开来，居然茶也香甜，顿时大叫："乌龙，好茶。快卖给我。"老汉开了个比绿茶高几倍的茶价，教士竟不还价，痛痛快快地将茶全部买下。临走还嘱咐老汉说："你的乌龙，从明天起我全包了。"

意外收获使老汉绝路逢生。回到家中，他将这喜讯告诉家人，全家都乐得合不拢嘴。家人细细回忆了白天做茶的过程，觉得并无特别之处。于是决定从次日开始，就专做这种茶，并要做得比今日还好，不给中国人丢脸。

次日天才亮，全家人就上了山，至中午太阳正当顶时，又急忙挑茶回家，待鲜叶捂后，又仿照头天的制法制茶，果然乌龙又出现了。全家人喜出望外，立刻将这好消息告诉了村人。村人赶来一看，果然是亮里透褐，褐里显红的乌龙。有人抓了一把泡水，茶水竟也是红艳艳的，便提议道："既然茶汤是红色的，就叫祁门红茶吧，总比乌龙好。"众人均同意，于是跟着仿效，祁红就这样诞生了，美名随之也传到了国外（见图3-5）。

图3-5 祁门红茶的传说

2. 滇红

滇红产于云南省凤庆、勐海、临沧、双江、云县、昌宁等地，又称滇红工夫茶，属大叶种类型的工夫茶，是我国工夫红茶的奇葩。它以外形肥硕紧实，金毫显露，香高味浓而独树一帜，在世界茶叶市场中享有较高声誉。

品质特征
形状：条索紧结肥壮
色泽：乌润，金毫显露
汤色：红浓明亮，有金圈
香气：嫩香浓郁，带焦糖味
滋味：甘醇鲜爽
叶底：柔嫩，红匀明亮

品质鉴别：

从外形上看，滇红工夫茶条索紧结肥壮，峰苗秀丽，色泽乌润，金毫显露，冲泡后内质香气浓郁，带焦糖味，汤色红浓明亮，有金圈。

3. 宁红

宁红产于江西省九江市修水县、武宁县及宜春市铜鼓县，又称宁红工夫茶，是我国最早的工夫茶之一，始于清代道光年间（1821—1850）。宁红以其独特的风格，优良品质，驰名中外。

品质特征

形状：条索紧结，锋苗挺秀

色泽：乌黑油润，金毫显露，略显红筋

汤色：红亮或红艳

香气：香高持久似祁红

滋味：醇厚甜和

叶底：红嫩多芽或红匀

品质鉴别：

从外形上看，宁红工夫茶条索紧结，锋苗挺秀，色泽乌黑油润，金毫显露，略显红筋，冲泡后内质香高似祁红，汤色红亮或红艳。

4. 川红

川红产于四川宜宾等地，又称川红工夫茶，创制于 20 世纪 50 年代，是我国高品质工夫红茶的后起之秀，以色、香、味、形俱佳而畅销国际市场。

品质特征

形状：条索紧结肥壮

色泽：乌润金毫显露

汤色：红浓明亮

香气：香气浓郁，带焦糖味

滋味：甘醇鲜爽

叶底：柔嫩，红匀厚软

品质鉴别：

从外形上看，川红工夫茶条索紧结肥壮，金毫披身，色泽乌黑油润，冲泡后内质香气浓郁，带焦糖味，汤色浓亮。

5. 宜红

宜红产于湖北宜昌、恩施等地。这里是我国古老的茶区之一，唐代陆羽曾将宜昌地区的茶叶列为山南茶之首。据载，宜昌红茶问世于 19 世纪中叶，至今已有 100 余年历史。

品质特征

形状：条索紧细秀丽

色泽：乌黑显金毫

汤色：红艳明亮，稍冷即有明显的"冷后浑"现象

香气：清鲜纯正

滋味：醇厚鲜爽

叶底：红亮柔软

品质鉴别：

从外形上看，宜红工夫茶条索紧细，色泽乌黑显金毫，冲泡后内质香气清鲜纯正，汤色红艳明亮，稍冷即有明显的"冷后浑"现象。

6. 政和工夫

政和工夫产于闽北，主产地为政和，采用政和大白茶制成，是闽红三大工夫茶的上品。外形近似滇红，但长索较细，毫多，色泽乌润。冲泡后，香气高而鲜甜，滋味浓厚，汤色红浓，叶底肥壮。

> **品质特征**
>
> 形状：条索肥壮，紧实匀直
>
> 色泽：乌黑油润，芽毫显金黄
>
> 汤色：红艳明亮
>
> 香气：浓郁，似紫罗兰芳香
>
> 滋味：醇厚鲜爽
>
> 叶底：红匀鲜亮

品质鉴别：

正品政和工夫红茶外形匀直，条索紧实肥壮，没有碎末，表面乌润有光泽，并且芽毫中显露出金黄色，香气浓郁，颇有紫罗兰芳香之气；而如果干茶表面色泽发暗则品质为劣。

汤色红艳明亮者为优，汤色浑而暗者为次；叶底红匀鲜亮为优，短碎暗红者为次。低档红茶茶芽少，条形松而轻，色泽乌而稍枯，缺少光泽，无金毫。

7. 越红

越红产于浙江绍兴及毗邻的诸暨、嵊州等地，又称越红工夫茶，于20世纪50年代由绿茶改制而成。越红以条索紧结，重实匀齐，有锋苗，净度高的优美外形著称。

> **品质特征**
>
> 形状：条索紧细挺直，锋苗显
>
> 色泽：乌润
>
> 汤色：红亮较浅
>
> 香气：纯正，有淡淡的香草味
>
> 滋味：甜醇
>
> 叶底：暗红，叶张较薄

品质鉴别：

从外形上看，干茶条索紧细挺直，锋苗显，色泽乌润，冲泡后内质香气纯正，有淡淡香草味，汤色红亮较浅，叶底暗红，叶张较薄。

（二）小种红茶

小种红茶产于我国福建。由于小种红茶的茶叶加工过程中采用松柴明火加温，进行萎凋和干燥，所以，制成的茶叶具有浓烈的松烟香。因产地和品质的不同，小种红茶又有正山小种和外山小种之分。

1. 正山小种

品质特征

形状：条索紧结匀整，条索肥壮，不带芽毫

色泽：乌黑带褐，较油润

汤色：红艳明亮

香气：芳香浓烈，带有松烟香

滋味：醇厚回甘，有桂圆汤蜜枣味

叶底：肥厚红亮

品质鉴别：

优质正山小种，外形粗壮圆直，色泽乌黑油润，一些外山小种虽形似正山小种，但比较轻薄，颜色稍浅，呈褐色。

正山小种的汤色红艳明亮，似桂圆汤，加入牛奶后形成的奶茶颜色更为绚丽，而非正宗的正山小种汤色则稍淡。

真品正山小种品尝起来有桂圆汤蜜枣味，干茶闻起来有松烟香，随着存放时间的延长，香味更加浓郁，且带有淡淡的果香。

2. 外山小种

从外形上看，条索近似正山小种，身骨稍轻而短，色泽红褐；冲泡后，带有淡淡的焦香，滋味醇和，汤色稍浅，叶底带古铜色。

(三) 日月潭红茶

日月潭红茶主要产地在台湾南投县埔里镇及鱼池乡一带。

品质特征

形状：条索紧结，粗壮

色泽：墨黑紫泛光

汤色：金红鲜明

香气：甜香浓郁

滋味：浓醇鲜爽

叶底：红艳明亮

品质鉴别：

从外形上看，日月潭红茶条索紧结，粗壮，色泽墨黑紫泛光，冲泡后内质甜香浓郁，汤色金红鲜明，滋味浓醇鲜爽。

(四) 金骏眉

金骏眉主要产地福建省武夷山市武夷山国家级自然保护区内海拔 1 000 米的高山地区。

品质特征

形状：条索细紧，重实，稍弯曲

色泽：乌黑中透着金黄

汤色：橙红明亮，有金圈

> 香气：似果、蜜、花等综合香型
> 滋味：鲜活干爽，高山韵味持久
> 叶底：呈古铜色

品质鉴别：

上品金骏眉条索细紧，重实，乌黑之中透着金黄，汤色橙红明亮有金圈，高山韵味持久；叶底呈古铜色；次品金骏眉则汤色红、浊、暗，叶底红褐。

正宗金骏眉闻起来有蜜糖香，茶汤有悠悠甜香，夹杂着花果味，口感清甜顺滑。上品金骏眉一般能够连泡12次，而且口感仍然饱满甘甜，香气仍存。如果是次品，则冲泡几次后就香味无存了。

（五）红碎茶

红碎茶是国际茶叶市场的大宗茶品。它是在红茶加工过程中，将条形茶切成短细的碎茶而成，故命名为红碎茶。其与普通红茶的碎末，不可混为一谈。红碎茶要求茶汤味浓、强、鲜、香高，富有刺激性。各种红碎茶因叶形和茶树品种的不同，品质亦有较大的差异。

传统红碎茶，是指按最早制造红碎茶的方法，即茶叶经萎凋后茶坯采用平揉、平切，再经发酵、干燥制成的红碎茶，有叶茶、碎茶、片茶和末茶4个品种。

传统红碎茶的品质特点是：颗粒紧结重实，色泽乌黑油润。冲泡后，香气、滋味浓度好，汤色红浓，叶底红匀。

1. 洛托凡红碎茶

洛托凡红碎茶又称转子红碎茶。这种红碎茶是用转子机揉切而成的。也分为叶茶、碎茶、片茶和末茶4个品种。

洛托凡红碎茶的品质特点是：条索紧卷呈颗粒状，色泽乌润，或棕黑油润。冲泡后，香气浓，有较强的刺激性，汤色浓亮，叶底红亮。

2. CTC 红碎茶

这种红碎茶是采用 C. T. C 切茶机切碎而成的。采用此法生产的红碎茶无叶茶花色。

CTC 红碎茶的品质特点是：紧实呈粒状，色泽棕黑油润。冲泡后，香气浓郁，滋味鲜爽，汤色红艳，叶底红匀。

3. LTP 红碎茶

LTP 红碎茶是指用劳里式（Laurie tea processer）锤击机切碎而成的红碎茶。采用此法生产的红碎茶也没有叶茶花色。

LTP 红碎茶的品质特点是：颗粒紧实匀齐，色泽棕红。冲泡后，香气、滋味鲜爽，汤色红亮，叶底红艳、细匀。

四、中国名优青茶简介

武夷岩茶产于福建崇安武夷山。武夷山中心地带所产的茶叶，称正岩茶，其品质香高味醇厚，岩韵特显；武夷山边缘地带所产的茶叶，称半岩茶，其岩韵略逊于正岩茶；崇溪、九曲溪、黄柏溪溪边靠武夷岩两岸所产的茶叶，称洲茶，其品质又低一等。

武夷岩茶的品质特点是：条索壮，结匀整，色泽青褐油润呈"宝光"；叶面呈青蛙皮状少粒白点，人称"蛤蟆背"。冲泡后，香气馥郁隽永，具有特殊的岩韵；滋味浓醇回甘，清新爽口；汤色橙黄，清澈艳丽；叶底"绿叶红镶边"，呈三分红七分绿，且柔软红亮。

1. 武夷名丛

武夷名丛属"岩茶之王"，各具特色。在名丛中，又以大红袍、铁罗汉、白鸡冠、水金龟四大名丛最为珍贵。

1）大红袍

大红袍在武夷名丛中享有最高的声誉。它既是茶树名，又是茶叶名。大红袍产于天心岩九龙窠的高岩峭壁之上。古时，采制大红袍需焚香礼拜，设坛诵经，使用特制器具，由资深茶师专门制作。大红袍的品质很有特色，冲泡7~8次，尚不失原茶真味和桂花香。

品质特征
形状：条索紧结，匀整壮实
色泽：绿褐鲜润
汤色：橙黄明亮
香气：香气馥郁持久，有岩韵
滋味：甘泽清醇
叶底：软亮，绿叶红镶边

品质鉴别：

正宗的大红袍茶通常为八泡左右，超过八泡以上者更优。好的茶有"七泡八泡有余香，九泡十泡余味存"的说法。据业内专家评定，大红袍茶冲至第九次，尚不脱原茶之真味桂花香，而其他名茶，冲致第七次，味就极淡了。

知识拓展

大红袍的传说

古时候，有一秀才上京赶考时病倒在路上，被武夷山天心庙的老方丈看见，方丈沏了一碗热茶给他喝，竟然把他的病治好了。后来秀才金榜题名，中了状元。还被招为东床驸马，一个春日，状元来到武夷山谢恩，在老方丈的陪同下，前呼后拥，到了九龙窠。但见峭壁上长着三株高大的茶树，枝叶繁茂，吐着一簇簇嫩芽，在阳光下闪着紫色的光泽，煞是可爱。老方丈告诉状元郎说，你去年的病就是喝这种茶的茶水治好的。这种茶树的叶子炒制后收藏，可以治百病，状元听后要求采制一盒茶进贡皇上。第二天，庙内烧香点烛，击鼓鸣钟，招来大小和尚向山上出发。众人来到树下焚香礼拜，齐声高喊"茶发芽"，然后采下芽叶，精工制作，装入锡盒。状元带茶进京后，正遇皇后肚疼鼓胀，卧床不起。状元立即献茶让皇后服下，果然茶到病祛。皇上大喜，将一件大红袍交给状元，让他代表自己去武夷山封赏。一路上礼炮轰响，火烛通明，到了九龙窠，状元命一樵夫爬上半山腰，将皇上赐的大红袍披在茶树上，以示皇恩。说来也奇怪，等掀开大红袍时，三株茶树的芽叶在阳光下闪出红光，众人说这是大红袍染红的。后来，人们就把这三株茶树叫作"大红袍"了，有人还在石壁上刻了"大红袍"三个大字。此后大红袍就成了年年岁岁的贡茶（见图3-6）。

图 3-6　大红袍的传说

2）铁罗汉

铁罗汉是武夷山最早的名丛，茶树生长在慧苑岩的鬼洞，即蜂窠坑。此树生长茂盛，叶大而长，叶色细嫩有光。采制而成的铁罗汉茶极为名贵。

品质特征
形状：条索匀整，紧结粗壮
色泽：乌褐，红斑显
汤色：橙红明亮
香气：馥郁持久，略带花香
滋味：浓醇，有岩韵
叶底：软亮微红

品质鉴别：

从外形看，干茶条索匀整，紧结粗壮，色泽乌褐，红斑显，冲泡后内质香气馥郁，略带花香，汤色橙红明亮，叶底软亮微红。

3）白鸡冠

茶树原生长在武夷山慧苑岩的外鬼洞。相传明代时，白鸡冠茶，曾以"赐银百两，粟四十石，每年封制以进，遂充贡茶"，直至清代止。

品质特征
形状：条索卷曲，芽叶薄软
色泽：浅黄褐色
汤色：橙黄，清透明亮
香气：清锐
滋味：醇厚，回甘
叶底：叶张薄软亮，红边显现

品质鉴别：

一般的武夷岩茶是深绿褐色或者乌褐色，而白鸡冠则是黄褐色。白鸡冠的茶汤入口清淡，但回韵与回甘很丰富，汤色是透明，亮晶晶的，清香扑鼻，连那茶梗嚼起来也有一股香甜味。正因其品质特点鲜明，很难作假，故而非常名贵。

4）水金龟

水金龟茶扬名于清末，有铁观音之甘醇，又有绿茶之清香，具鲜活，甘醇等特色，为武夷岩茶"四大名丛"之一，产量不多，是茶中珍品

> **品质特征**
> 形状：紧结弯曲，匀整，稍显瘦弱
> 色泽：褐绿润亮呈"宝光"
> 汤色：橙红明亮
> 香气：高爽，似蜡梅花香
> 滋味：醇厚，"岩韵"显
> 叶底：绿润软亮，红边带朱砂色

品质鉴别：

从外形上看，干茶紧结弯曲，匀整，稍显瘦弱，色泽褐绿润亮，冲泡后内质香气高爽，汤色橙红明亮，滋味醇厚，"岩韵"显。

2. 武夷肉桂

武夷肉桂产于福建省武夷山的水帘洞，三养蜂，马头岩，天游岩，仙掌岩，碧石，九龙等地。为武夷名丛之一，清代就已负盛名。

> **品质特征**
> 形状：条索匀整，紧结壮实
> 色泽：乌褐油亮或蛙皮青
> 汤色：橙红明亮
> 香气：具有奶油、花果、桂皮香
> 滋味：醇厚回甘
> 叶底：黄绿色红边

品质鉴别：

从外形看，干茶条索紧结壮实，色泽乌褐油亮，冲泡后内质香气具有奶油香、花果香、桂皮香，汤色橙红明亮，滋味醇厚回甘。

3. 武夷水仙

武夷水仙主要产于福建省武夷山市武夷山天心岩茶村。

> **品质特征**
> 形状：肥壮较紧结匀整，叶端折皱扭曲
> 色泽：乌褐油润
> 汤色：呈琥珀色，清澈
> 香气：浓郁，具兰花清香
> 滋味：醇浓，甘爽
> 叶底：肥软黄亮，绿叶红镶边

品质鉴别：

正岩水仙茶三、四炮韵味最佳，七泡犹觉甘醇，八泡有余味，九泡不失茶真味；外山水仙虽醇但无岩韵，往往三泡以后茶味明显淡薄。

闽北水仙条索较紧结匀整，叶端稍扭曲，色泽较油润，间带砂绿蜜黄；正岩水仙条索肥壮、较紧结匀整，叶端折皱扭曲，色泽乌润带宝光色，匀整度、净度好。

老丛水仙条索紧卷，叶片较大，色泽乌褐，冲泡后汤色呈琥珀色，油亮清透，老丛韵浓郁，青苔味明显，回甘持久而强劲，叶底叶片大而厚，韧性很好。

4. 安溪铁观音

安溪铁观音原产于福建安溪，当地茶树良种很多，其中以铁观音茶树制成的铁观音茶品质最优。而在台湾，铁观音是一种用特定制法制成的乌龙茶，并非一定得用铁观音茶树上采来的新梢制成，这与安溪铁观音的概念不同。安溪铁观音，以春茶品质最好，秋茶次之，夏茶较差。自问世以来，一直受到闽、粤、台茶人及东南亚、日本人的珍爱。铁观音成为乌龙茶的代名词。

品质特征
形状：条索肥壮圆结，如"蜻蜓头"
色泽：砂绿油润，红点鲜艳
汤色：金黄明亮，浓稠
香气：馥郁持久，带兰花香
滋味：醇厚甘甜，回甘带蜜味
叶底：肥厚软亮，匀整

品质鉴别：

干茶颜色鲜活，春茶颜色应为墨绿，最好有砂绿白霜；冬茶为翠绿，如果茶色灰暗枯黄则为劣品。同时注意是否有红边，有红边表明发酵适度。

鼻头贴紧干茶，吸三口气，如果香气持久甚至越来越强，说明品质佳；香气不足则说明品质较次；而有青气或杂味者则品质最次。

好茶拿在手上掂量会觉得有分量，太重则滋味易苦涩，太轻则滋味显得淡薄。

冲泡后，品质佳者汤色明亮浓稠，依品种及制法不同，分淡黄、蜜黄到金黄。汤色如果浑浊或者淡薄，则说明品质较次。

知识拓展

铁观音的传说

清雍正三年（1725 年）前后，安溪尧阳松岩村有个老茶农叫魏荫。魏荫勤于种茶，又笃信佛教，每天早晚一定要在观音佛像前敬献清茶一杯，几十年如一日从未间断。一天晚上，他在熟睡中梦见自己跟随观音的指引扛着锄头走出家门，来到一条溪涧旁边，在石缝中发现了一株茶树，茶树枝壮叶茂，芳香诱人，跟自己所见过的茶树不同，正想采摘时，一阵狗吠声把好梦惊醒……第二天早晨，他顺着昨晚梦中的道路寻找，果然在一石隙间找到了梦中的茶树。仔细观看，只见茶叶椭圆，叶肉肥厚，嫩芽青翠欲滴。魏荫十分高兴，忙采下一些回去制成茶叶，果然茶香诱人，口感独特，甘醇鲜爽。魏荫认为观音托梦，此茶树肯定非同寻常，于是便将这株茶树挖回家去，种在一口铁鼎里，悉心培育，茶树便生长起来。由于茶树种在铁鼎内，又是观音托梦而得，因此魏荫将其命名为"铁观音"（见图3-7）。

图3-7 铁观音的传说

5. 永春佛手

永春佛手产于福建永春。佛手茶系用佛手茶树嫩梢制成。该品种茶树的叶片，形如香橼柑树叶片，所以，有人认为将这种茶树命名香橼比佛手更加贴切。佛手品种有红芽佛手和绿芽佛手两种，其中以红芽佛手制成的佛手茶品质最优。

品质特征
形状：条索卷曲圆结，肥壮重实
色泽：乌润砂绿
汤色：金黄明亮
香气：馥郁悠长而近似香橼香
滋味：甘厚鲜醇
叶底：肥厚绿软亮，红边明显

品质鉴别：

特级永春佛手：条索壮结重实，色泽乌油润，香气浓郁悠长，滋味醇厚甘爽，汤色金黄、清澈明亮，叶底肥厚软亮、匀整、红边明显。

一级永春佛手：条索较壮结，色泽尚油润，香气清高，滋味醇厚，汤色金黄清澈，叶底肥厚软亮、匀整、红边明显。

二级永春佛手：条索尚壮结，色泽稍带褐色，香气清醇，滋味尚醇厚，汤色尚金黄清澈，叶底尚软亮。

三级永春佛手：条索稍粗松，色泽为褐色，香气纯正，滋味纯和，汤色橙黄，叶底稍花杂粗硬。

6. 黄金桂

黄金桂产于福建安溪，由黄旦（也称黄炎）品种茶树嫩梢制成，又因其有奇香似桂花，加之汤色金黄，故称为黄金桂。为此，早年销往东南亚的黄金桂曾以其谐音"黄金费"为商标出口。20世纪80年代以来，黄金桂多次被评为全国名茶。

品质特征

形状：条索紧结卷曲，细秀匀整

色泽：黄绿油润

汤色：金黄明亮

香气：香高清长，略带桂花香

滋味：清醇鲜爽

叶底：黄绿明亮，柔软

品质鉴别：

在茶叶市场上，黄金桂都被商家们称为"浓香型铁观音"，而不言明是黄金桂，在品鉴黄金桂时可以从以下几个方面入手：黄金桂最核心的特征是干茶比较轻，色泽呈黄绿色，有光泽。此外，其茶汤金黄透明，鲜爽有回甘，香型优雅，未揭杯盖即香气扑鼻，有"露在其外"之感，俗称"透天香"。

7. 凤凰水仙

凤凰水仙产于广东潮州。传说南宋末年，帝昺（赵昺，1272—1279）南下潮汕，路经凤凰山的乌崇山时，曾用茶树叶止渴生津，效果甚佳，从此广为栽种，称为"宋种"。至今乌崇村还留有宋、元、明、清各代树龄达 200~700 年的茶树 3 700 余棵。据说此为制造凤凰水仙的茶树原种。

凤凰水仙由于选用原料和制作工艺的不同，按品质优劣，依次可分为单丛级、浪菜级和水仙级 3 个品级。凤凰水仙内销闽、粤一带，外销东南亚各国。

品质特征

形状：条索卷曲，紧结肥壮

色泽：青褐乌润，隐镶红边

汤色：清澈黄亮

香气：花香高

滋味：浓厚甘醇，显"山韵"

叶底：青色红镶边

品质鉴别：

从外形看，干茶条索卷曲，紧结肥壮，色泽青褐乌润，隐镶红边，冲泡后内质显花香，汤色清澈黄亮，滋味浓厚甘醇，显"山韵"。

8. 凤凰单丛

凤凰单丛主要产于广东省潮州市潮安区凤凰镇凤凰山。

品质特征

形状：条索粗壮，匀整挺直

色泽：乌润略带红边，油润有光

汤色：橙黄，清澈明亮

香气：浓郁持久，有天然花香

> 滋味：浓醇甘爽
> 叶底：青蒂绿腹红镶边

品质鉴别：

从外形看，凤凰单丛茶挺直肥硕，色泽乌褐（或灰褐）油润，并略带红边。

单丛茶一颗茶一个味，各有独特的天然香气，重在体验口舌间经久不减的茶味和回甘及品味经过浸泡、充分渗透之后清甜柔滑的茶汤。以二泡、三泡香气为最佳；又以五泡、六泡口感为最好。上品有特殊山韵蜜味，爽口回甘。

叶底边缘朱红，叶腹黄亮，素有"绿腹红镶边"之称。

9. 台湾高山茶

台湾高山茶主要产于台湾五大山脉，即中央山脉、玉山山脉、阿里山山脉、雪山山脉、海岸山山脉。

> 品质特征
> 形状：条索紧结重实，呈半球形
> 色泽：砂绿，有光泽
> 汤色：蜜绿清澈
> 香气：清香优雅
> 滋味：甘醇鲜美
> 叶底：绿色微红边

品质鉴别：

从外形上看，台湾高山茶紧结重实，半球形，色泽砂绿油润，冲泡后内质香气清香优雅，汤色蜜绿清澈，叶底绿底微红边。

10. 杉林溪乌龙茶

杉林溪乌龙茶主要产于台湾南投县竹山镇大鞍里溪头森林游乐区之上的杉林溪。

> 品质特征
> 形状：条索匀整紧结，呈半球形粒状
> 色泽：墨绿有光泽
> 汤色：蜜绿透明
> 香气：清香淡雅，有天然果香
> 滋味：浓醇鲜美
> 叶底：绿色微红边

品质鉴别：

从外形上看，干茶条索匀整紧结，呈半球形粒状，色泽墨绿油亮，冲泡后内质香气清香淡雅，有天然果香，汤色蜜绿透明。

11. 金萱乌龙

金萱乌龙主要产于台湾南投县竹山镇。

74

品质特征

形状：条索圆整紧结，呈半球状

色泽：砂绿或墨绿

汤色：蜜黄明亮

香气：淡雅，有奶香

滋味：浓醇爽口

叶底：绿色微红边

品质鉴别：

从外形上看，金萱乌龙茶圆整紧结，色泽砂绿或墨绿，冲泡后内质香气淡雅，有奶香，汤色蜜黄明亮，叶底绿色微红边。

12. 安溪色种

安溪色种产于福建安溪。20 世纪 50 年代以来，为便于分类列等，将安溪乌龙茶分为铁观音、色种和黄金桂 3 个品级。据 20 世纪 80 年代初统计，色种占了安溪乌龙茶的 80% 以上，主要由本山、毛蟹、梅占、奇兰、乌龙等茶树品种制成。色种茶中的各种乌龙茶品目名称，则与上述茶树品种名称一致。它们的色、香、味、形各具特色。

1）本山

本山条索壮实，梗如"竹子节"；色泽鲜艳，呈熟香蕉色。冲泡后，香气似铁观音，但较清淡；滋味清纯，略浓厚；汤色橙黄，叶底黄绿。

2）毛蟹

毛蟹产于福建省安溪县大坪乡福美村大丘伦。

品质特征

形状：条索肥壮紧结，头大尾尖

色泽：褐黄色，尚鲜润

汤色：青黄明亮或金黄明亮

香气：浓郁锐鲜

滋味：清醇略厚

叶底：黄绿柔软

品质鉴别：

从外形看，毛蟹茶肥壮紧结，头大尾尖，色泽褐黄绿色相间，冲泡后内质香气浓郁锐鲜，汤色青黄明亮或金黄明亮，滋味清醇略厚。

13. 台湾乌龙茶

台湾乌龙主产于台湾台北的文山一带。台湾乌龙的产制技术和茶树品种均来自福建武夷山，已有近百年历史。它是乌龙茶中发酵程度最重的一种，近人称它为"东方美人"。如果在茶汤中加入白兰地酒，滋味更佳，目前，是台湾外销茶的主要产品。

台湾乌龙茶的品质特点是：条索肥壮，显白毫，茶条较短，含红、黄、白三色，鲜艳绚丽；冲泡后，有熟果香，滋味醇厚，汤色橙红，叶底淡褐有红边。

1）文山包种茶

文山茶园包括台北县的新店、坪林、石碇、深坑、汐止、平溪等茶区，约 2 300 公顷。文山包种茶的茶叶外观翠绿，条索紧结且自然弯曲，冲泡后茶汤水色蜜绿鲜活，香气扑鼻，滋味甘醇，入口生津，是茶中极品。

2）台湾包种茶

台湾包种茶是目前台湾乌龙茶中数量最多的一种。按照发酵程度由轻到重，分为文山包种、冻顶乌龙和铁观音等几种。其中，文山包种、冻顶乌龙发酵较轻，接近于绿茶；铁观音发酵较重，接近于红茶。据载，台湾包种茶于 150 年前创造，成茶用方纸包成长方形包，故而得名。冻顶乌龙为清代咸丰年间（1850—1861）从福建引种青心乌龙茶树品种，种植经采制而成；铁观音为清代光绪年间（1875—1908）从福建引纯种铁观音茶树品种，种植于木栅漳湖区。

品质特征

形状：条索紧结匀整，叶尖自然弯曲

色泽：乌褐或深绿，带有青蛙皮般的灰白点

汤色：橙红明亮

香气：幽雅清香，似兰花香

滋味：甘醇有花香味

叶底：红褐油亮或青绿红边

品质鉴别：

优质文山包种茶看起来颜色比较鲜活，不掺杂，幼枝心芽连理，带有青蛙皮般的灰白点，条索紧结，并呈自然弯状，干茶有如素兰花香。

好的文山包种茶茶汤颜色明亮而不混浊，呈金黄色或蜜绿鲜艳，闻起来没有草青味，而是清幽的花果香中带有甜香，即使是茶汤冷却后，香气依然存在。

上品文山包种茶冲泡后叶底叶片完整，枝叶连理；次品叶底断裂有碎叶，色泽暗。

台湾包种茶如图 3-8 所示。

图 3-8　台湾包种茶

3）东方美人

东方美人主要产地在台湾新竹县的峨眉、北埔地区和苗栗县的头尾、头份、三湾一带。

品质特征

形状：条索芽叶肥大，白毫显露

色泽：白、绿、黄、红、褐五色相间

汤色：橙红明亮，呈琥珀色

香气：熟果香和蜂蜜香

滋味：甘甜醇厚

叶底：红亮透明

品质鉴别：

东方美人茶是自然生态茶，没有上农药。天然的蜂蜜香味是其一大特色，茶芽肥大，色泽鲜艳，五色俱全。冲泡后的东方美人茶甘甜香醇，叶底完整，口齿留香，且耐冲泡。

4）冻顶乌龙茶

冻顶茶一般称为冻顶乌龙茶，其产地在南投县鹿谷乡茶区，栽培面积达2 000公顷，主要品种为青心乌龙。

据传南投县鹿谷乡人士林凤池，于清朝咸丰五年（1855）赴福建省考中举人返乡，从武夷山带回36株青心乌龙茶苗，据说其中12株种植于鹿谷乡麒麟潭边的山麓上，是为冻顶茶的开端。经过百余年的发展，冻顶茶已发展为家喻户晓、驰名中外的台湾特产。

冻顶茶属于部分发酵青茶类，为介于包种茶与乌龙茶之间的一种轻发酵茶，发酵程度15%～25%；在制茶过程中，团揉是制造冻顶茶独特的中国功夫技艺，非亲临现场观摩，难以用笔墨形容。好的冻顶茶的茶叶形状条索紧结整齐，叶片卷曲呈半球形，茶汤水色呈蜜黄且澄清明亮，香气清香扑鼻，茶汤入口生津富活性，落喉韵味强且经久耐泡。

品质特征

形状：条索颗粒紧结，卷曲呈半球形

色泽：墨绿油润，边缘隐现金黄色

汤色：蜜黄，澄清，明亮

香气：清香持久，带花香、果香

滋味：浓醇甘爽，高山韵浓

叶底：软亮，绿色红边

品质鉴别：

上品冻顶乌龙茶不同于全球形的铁观音，而是半球形，并且越紧结越好，茶梗与茶叶越干燥越佳，色泽呈鲜艳的墨绿色（颜色较铁观音深、绿，更油润），并带有灰白点，干茶芳香浓烈。

上品冻顶乌龙茶冲泡后汤色为蜜黄，澄清明亮水底光，清香扑鼻而不腻，似花香，滋味浓醇甘爽，高山韵浓，叶底软亮，叶中部分呈淡绿色。

知识拓展

冷冻茶的发现经过

在制造半球形冻顶乌龙茶的过程中，从茶菁原料入厂，经过日光萎凋、室内萎凋、炒菁、揉捻至初干为止，通常已是深夜或凌晨 2~3 点，如再进行制造半球形冻顶乌龙茶最重要的团揉步骤，就必须到第二天的上午 10 点以后，才能全部完成制茶过程，于是有些制茶师傅，就将进行到初揉及初干后的半球形冻顶乌龙茶的半成品茶冷冻起来，阻止茶叶继续发酵，到第二天睡醒恢复体力后，再进行团揉工作。第二天，适巧制茶师傅因好奇心而将冷冻后的半成品茶叶，拿来冲泡饮用，结果发现茶汤有另一种强烈的"青香"与"甘醇"滋味，而将此冷冻半成品茶叶，拿来当商品出售，称之为"冷冻茶"，此种茶名副其实，须冷冻储藏，否则极易劣变发霉。

5）阿里山茶

阿里山茶茶园主要分布于梅山乡山区之太平、龙眼（龙眼林尾）、店仔、樟树湖、碧湖、太兴、瑞里、瑞峰、太和及太兴等村落，茶园面积总数约 10 000 公顷，海拔介于 900~1 400 米之间。竹崎乡、番路乡及阿里山乡，产茶的村庄大多位于阿里山公路旁，如濑头、隙顶、龙头、光华、石桌、十字路、达邦、里佳及丰山等地。而这些村落所产制的茶品，对外通称阿里山茶。

品质特征
形状：条索紧结重实，呈半球形
色泽：砂绿，有光泽
汤色：蜜绿清澈
香气：清香优雅
滋味：甘醇鲜美
叶底：绿色微红边

品质鉴别：

从外形上看，条索紧结重实，呈半球形，色泽砂绿油润，冲泡后内质香气清香优雅，汤色蜜绿透明，叶底绿色微红边。

6）杉林溪乌龙茶

杉林溪乌龙茶主要产地在台湾南投县竹山镇大鞍里溪头森林游乐区之上的杉林溪。杉林溪乌龙茶是创新名茶，大约于 1985 年前后由竹山镇鹿谷乡乡长林义雄等人培植而成。

品质特征
形状：条索匀整紧结，呈半球形粒状
色泽：墨绿有光泽
汤色：蜜绿透明
香气：清香淡雅，有天然果香
滋味：浓醇鲜美
叶底：绿色微红边

品质鉴别：

从外形上看，干茶匀整紧结，呈半球形粒状，色泽墨绿油亮，冲泡后内质香气清香淡雅，有天然果香，汤色蜜绿透明。

7）金萱乌龙茶

金萱乌龙茶主要产地台湾南投县竹山镇，金萱乌龙茶是20世纪80年代改良培育的新品种，也是现今台湾茶的特色之一，人们习惯称之为"台茶12号"。该茶因为具有独特的奶香味，故又名"奶香金萱"。

> 品质特征
> 形状：条索圆整紧结，呈半球形
> 色泽：砂绿或墨绿
> 汤色：蜜黄明亮
> 香气：淡雅，有奶香
> 滋味：浓醇爽口
> 叶底：绿色微红边

品质鉴别：

从外形上看，金萱乌龙茶圆整紧结，呈半球形，色泽砂绿或墨绿，冲泡后内质香气淡雅，有奶香，汤色蜜黄明亮，叶底绿色微红边。

五、中国名优白茶和黄茶简介

（一）白茶

1. 银针白毫

银针白毫产于福建福鼎、政和等地，始创制于1889年，距今已有100多年的历史，简称银针，又称白毫，当代则多称银针白毫。但它不同于宋代所称的白茶和现代的凌云白毫（属绿茶类）、君山银针（属黄茶类）等茶。

> 品质特征
> 形状：条索肥壮挺直，白毫满披
> 色泽：毫白似银，银绿有光泽
> 汤色：浅杏黄，晶亮
> 香气：毫香清鲜
> 滋味：醇厚爽口
> 叶底：匀绿完整，肥嫩柔软

品质鉴别：

白毫银针是由未展开的肥嫩芽头制成的，茶芽肥壮挺直、匀整，白毫明显，色泽银灰，熠熠闪光。优质的白毫银针冲泡后芽尖朝上，茶芽徐徐下落于杯中，再慢慢下沉至杯底，条条挺立，上下交错，极其壮观。

2. 白牡丹

白牡丹产于福建政和、建阳、松溪、福鼎等县。它以绿叶夹银色白毫芽，形似花朵，冲泡后，绿叶托着嫩芽，宛若蓓蕾初绽而得名。

品质特征

形状：条索两叶抱一芽，形态自然，叶背茸毛
　　　洁白

色泽：深灰绿或暗青苔色，绿叶夹银白毫心

汤色：橙黄清澈

香气：清鲜纯正，毫香明显

滋味：鲜醇清甜

叶底：叶张肥嫩，柔软成朵，叶脉微红

品质鉴别：

从外形上看，白牡丹形态自然，叶背茸毛洁白，色泽深灰绿或暗青苔色，绿叶夹银白毫心，冲泡后内质香气清鲜纯正，毫香明显。

3. 寿眉

寿眉主产于福建建阳、建瓯、浦城等地，是以茶树的嫩梢或叶片为原料制成的白茶产品。

品质特征

形状：条索叶缘略带垂卷形

色泽：灰绿

汤色：橙黄（或深黄）清澈

香气：清鲜纯正

滋味：醇厚且爽

叶底：叶张软且亮

品质鉴别：

优质寿眉色泽灰绿，茸毫多；芽叶连枝，匀整，破张少，两边缘略带垂卷形，叶面有明显的波纹，嗅之没有浓厚的"青气"，而是有一种令人欣喜的清香气味。

（二）黄茶

1. 君山银针

君山银针产于湖南岳阳的洞庭山。洞庭山又称君山。当地所产之茶，形似针，满披白毫，故称君山银针。一般认为此茶始于清代。因其品质优良，曾在 1956 年国际莱比锡博览会上获得金质奖章。

品质特征

形状：条索芽头苗壮，紧实挺直

色泽：黄绿，白毫鲜亮，芽头金黄

汤色：杏黄明净

香气：清鲜，毫香鲜嫩

> 滋味：醇和甜爽
> 叶底：黄亮匀齐，肥厚

品质鉴别：

正宗的君山银针是经过发酵的，芽头呈金黄色，享有"金镶玉"的美称，外层裹一层鲜亮的白毫，市面上很多冒牌的君山银针是不发酵的，属于绿茶类，与正宗的君山银针的风味、口感相差甚远。君山银针的茶芽像一根根的针，长短大小均匀。冲泡时茶芽首先是浮于水面，悬空挂立，片刻后，茶芽迅速吸水，慢慢开始下沉，经过三起三落后直立杯底。

2. 蒙顶黄芽

蒙顶黄芽产于四川名山区的蒙顶山。蒙顶山产茶已有 2 000 余年历史。自唐至清，此茶皆为贡品，是我国历史上最有名的贡茶之一。20 世纪 50 年代初开始生产黄芽，称为"蒙顶黄芽"。

> 品质特征
> 形状：条索扁平挺直，全芽披毫
> 色泽：嫩黄油润
> 汤色：黄亮透碧
> 香气：甜香浓郁
> 滋味：甘醇
> 叶底：嫩黄匀齐

品质鉴别：

一般情况下，芽头多、锋苗多、叶质细嫩、白毫多的蒙顶黄芽为上品，多梗、多叶柄、叶质老、身骨轻者为次品。

闻干茶香气，如果有焦味、霉味、馊味等，则为次品，而香气持久，遇热后更浓，则为正品蒙顶黄芽。上等蒙顶黄芽汤色黄亮中带浅绿，滋味鲜醇甘甜，即使是干茶咀嚼起来也有淡淡的甜味，而不仅仅是苦涩味。

3. 莫干黄芽

莫干黄芽产于浙江德清的莫干山，为当地的特种名茶。莫干黄芽采制于春季，茶品依次有芽茶、毛尖、明前和雨前几种。

> 品质特征
> 形状：芽叶肥壮显毫
> 色泽：墨绿黄润
> 汤色：嫩黄清澈
> 香气：清香幽雅
> 滋味：甘醇鲜爽
> 叶底：嫩黄成朵，明亮

品质鉴别：

外形紧细成条，有如莲心，色泽黄嫩油润。冲泡后，香气清鲜，滋味醇爽，汤色嫩黄清澈，叶底黄明成朵。

4. 霍山黄芽

霍山黄芽产于安徽霍山，为唐代 20 种名茶之一，清代为贡茶。以后失传，现在的霍山黄芽是 20 世纪 70 年代初恢复生产的。主产于佛子岭水库上游的大化坪、姚家畈、太阳河一带，其中以大化坪的金鸡坞、金山头、金竹坪和乌米尖，即"三金一乌"所产的黄芽。

```
品质特征
形状：条索形似雀舌，细嫩多毫
色泽：绿润泛黄
汤色：稍绿，黄而明亮
香气：清高，有熟板栗香
滋味：醇厚回甘
叶底：黄绿明亮，嫩匀厚实
```

品质鉴别：

从外形上看，霍山黄芽形似雀舌，多毫，色泽绿润泛黄，冲泡后内质香气清高，有熟板栗香，汤色黄绿明亮，滋味醇厚回甘。

六、中国名优黑茶简介

（一）六堡茶

六堡茶主要产于广西壮族自治区梧州市苍梧县六堡乡。

```
品质特征
形状：条索粗壮结实
色泽：黑褐光润，色泽光滑
汤色：红浓似琥珀色
香气：陈醇有槟榔香
滋味：浓醇爽滑，回甘
叶底：黑褐均匀
```

品质鉴别：

正宗六堡茶干茶条索结实，色泽黑褐光润而略带棕褐，闻之有新茶干香，无杂味和霉点。而伪六堡茶一般未经过"杀青"处理，毫无柔润感。

正宗六堡茶有槟榔香、果香（类似于罗汉果味）或松烟香，而仿冒品则没有这种香气。

1~2 年的新茶汤色一般都比较浑。但随着时间的推移，汤色会变得澄亮明净，越老的汤色越红越透亮，越体现出六堡茶的"红""浓"特色。而假冒六堡茶冲泡后汤色晦暗或浑浊，呈"酱油汤"。

（二）月白光

月白光主要产于云南省普洱市澜沧拉祜族自治县景迈山及西双版纳州勐海县。

品质特征

形状：条索弯弯如月，茶绒纤纤

色泽：表面绒白，底面素黑

汤色：金黄透亮

香气：馥郁缠绵、脱俗飘逸

滋味：甘醇顺滑

叶底：红褐匀整

品质鉴别：

从外形上看，月光白弯弯如月，茶绒纤纤，表面绒白，底面素黑，冲泡后内质香气馥郁缠绵、脱俗飘逸，汤色金黄透亮，滋味甘醇顺滑，叶底红褐匀整。月光白十分耐泡，连冲四五泡之后，茶汤依然晶莹剔透，茶香犹存。

（三）下关沱茶

下关沱茶主要产于云南省大理市下关的下关茶厂。

品质特征

形状：条索紧结，呈沱状，厚薄适度、均匀

色泽：乌润或绿润，显毫

汤色：橙黄明亮

香气：清纯馥郁

滋味：浓厚醇和

叶底：嫩匀明亮

品质鉴别：

晒青型甲级沱茶：色泽绿润，香气纯浓持久，汤色橙黄明亮，滋味浓厚醇和，叶底嫩匀明亮。

晒青型乙级沱茶：色泽尚绿润，香气稍夹烟气，汤色橙黄尚亮，滋味浓厚尚醇，叶底尚嫩匀。

烘青型沱茶：色泽青绿润，香气清香，汤色黄绿明亮，滋味浓厚，叶底嫩匀明亮。

（四）普洱生茶

普洱生茶主要产于云南省大理市下关、临沧市双江县、普洱市等地。

品质特征

形状：圆饼形，条索紧结，光滑

色泽：青绿或墨绿

汤色：青黄透亮或金黄透亮

香气：清香纯正

滋味：苦涩中带甘甜

叶底：黄绿色或暗绿色，较柔韧

品质鉴别：

普洱茶的生茶和熟茶主要从以下几个方面来鉴别。生饼色泽以青绿、墨绿色为主，有部分转为黄红色，白色为芽头。熟饼色泽为黑色或红褐色，有些芽茶则是暗金黄色，有浓浓的渥堆味，类似于霉味，发酵轻者有类似龙眼的味道，发酵重者有闷湿的草席味。

生饼口感强烈，茶气足，茶汤清香，苦而带涩。熟饼浓稠水甜，几乎不苦涩（半生熟的除外），有渥堆味，略带水味。

生饼呈青黄色或金黄色，较透亮。熟饼呈栗红色或暗红色，微透亮（见图3-9）。

生饼叶底以黄绿色、暗绿色为主，活性高，较柔韧，有弹性，一般以无杂色、有条有形、展开仍保持整叶状的为好茶。熟饼渥堆发酵度轻者叶底是红棕色但不柔韧，重发酵者叶底多呈深褐色或黑色，硬而易碎。

图3-9 普洱茶

知识拓展

普洱茶的传说

普洱茶是历史名茶，它诞生于世界茶乡——思茅这块得天独厚的沃土之中，又经过了上千年的发展演变。普洱茶名称的由来是一个美丽的传说，是一种历史机缘，又是一种必然中的偶然。在广大普洱茶区，关于普洱茶，流传着一个美丽的民间传说。

在巍巍无量山间、滔滔澜沧江畔，有一个美丽的古城普洱。这里山清水秀，云雾缭绕，物产丰饶，人民安居乐业，这个地方出产的茶叶更是以品质优良而闻名遐迩。这里是茶马古道的发源地，每年都有许多茶商赶着马帮来这里买茶。清朝乾隆年间，普洱城内有一大茶庄，庄主姓濮，祖传几代都以制茶、售茶为业。由于濮氏茶庄各色茶品均选用上等原料加工而成，品质优良稳定，加上店主诚实守信、善于经营，所以到濮老庄主这代，茶庄的生意已经做得很大，成为藏族茶商经常光顾的茶庄，而且所产茶品连续几次被指定为朝廷贡品。

这一年岁贡之时，濮氏茶庄的团茶又被普洱府选定为贡品。

清朝时期，制作贡茶可不是一件容易的事情。用料要采用春前最先发出的芽叶，采摘时非常讲究，要"五选八弃"。"五选"即"选日子、选时辰、选茶山、选茶丛、选茶枝"；"八弃"即"弃无芽、弃叶大、弃叶小、弃芽瘦、弃芽曲、弃色淡、弃虫食、弃色紫"。制作前要先祭茶祖，掌锅师傅要沐浴斋戒；炒青完毕，晒成干茶，又要蒸压成型、风干包装，总之，每一道工序都十分繁复。按照惯例，制成饼茶后，是由濮老庄主和当地官员一起护送贡茶入京。但这一年，濮老庄主病倒了，只好让少庄主与普洱府罗千总一起进京纳贡。

此时的濮少庄主正值青年，大约二十三四岁，犹如清明头遍雨后新发的茶芽般挺拔俊秀、英姿勃发。他与20里外盐商的千金白小姐相好。白家是盐商世家，白小姐亦是方圆几十里出名的美人，正所谓郎才女貌、门当户对。两家喝了订亲酒，聘礼过了，过几天就打算迎亲，眼下正在筹办婚礼。然而皇命难违，濮少庄主只好挥泪告别老父和白小姐，临行前，众人叮嘱他送完贡茶就赶快回乡。

由于濮少庄主心事重重，经验不足，又加上时间紧迫，这年的春雨淅淅沥沥，时断时续。平常老庄主晒得很干的毛茶，这一次却没完全晒干，就急急忙忙压饼、装驮，为后来发生的事埋下了一大祸根。

濮少庄主随同押解官罗千总一道赶着马帮，一路上昼行夜宿，风雨兼程赶往京城。当时从普洱到昆明的官马大道要走十七八天，从昆明到北京足足要走三个多月。其间跋山涉水、日晒雨淋的艰苦都不说了，更要提防的是土匪、猛兽和疾病的袭击。好在这一路上没遇上大的麻烦，只是正逢雨季，天气又炎热，大部分路程都在山间石板路上行走，骡马不能走得太快，经过一百多天的行程，从春天走到夏天，总算在限定的日期前赶到了京城。

濮少庄主一行在京城的客栈住下之后，其他人因为是第一次到京城，不顾鞍马劳顿，兴冲冲地逛街喝酒去了。只剩下濮少庄主一人没有心思去玩，留在客栈，一心挂念着在家中的老父及未过门的白小姐。他想明天就要上殿贡茶了，贡了茶，就可昼夜兼程赶回去，只是不知贡茶怎样了。想到这里，他跑到存放贡茶的客房把贡茶从马驮子上解下来，打开麻袋，小心地拎出竹箬茶包，解开竹绳，剥开一个竹箬包裹一看，糟了，茶饼变色了，原本绿中泛白的青茶饼变成褐色的了。他连忙打开第二驮，也变色了，再打开第三驮、第四驮……结果，所有的茶饼都变色了。濮少庄主一下子瘫坐在地上，他知道自己闯了大祸，把贡茶弄坏了，那可是犯了欺君之罪，要杀头的，说不定还要株连九族。

濮少庄主在地上坐了半天，慢慢站起来，恍恍惚惚像梦游一般回到自己房中。关上房门，躺倒在床上，眼泪止不住地流下来。他想到临行前卧病在床老父的谆谆教导，想到白小姐涕泪涟涟的娇容和依依不舍的惜别，想到府县官员郑重的叮嘱和全城父老乡亲沿街欢送的情景，想到沿途上的种种艰辛。普洱府那翠绿的茶山、繁忙的茶坊、络绎不绝的马帮、车水马龙的街道，一幕一幕在脑际闪现。这熟悉的一切都将成为过眼云烟，祖上几代苦心经营的茶庄也要毁在自己的手上了。

再说店中有一小二听说客栈里住进了一队从云南来贡茶的马帮，心里十分好奇，想这贡茶是什么东西，我倒要见识见识，就悄悄一人摸进客房，他看到濮少庄主解开的马驮子，拿过一饼茶，用小刀撬了一坨。掰了一小块放进碗里，冲上开水，一看汤色，红浓明亮，拿起一喝，味道又香又甜、苦中回甘。心想：到底是皇帝喝的东西，果然不同一般。就搬了个凳子坐在桌边跷着二郎腿慢慢品起来。

濮少庄主在床上辗转反侧，思绪万千，泪水把枕头都浸湿了。这样不知过了多长时间，最后心想："罢了，罢了，与其明天殿前身首异处，不如今天就自我了断，免得丢人现眼。"解下腰带拴在梁上，就往脖子上套去。

那边罗千总一伙酒足饭饱，哼着小调，买了些北京小吃带回来给少庄主品尝，一进客栈门，就大声叫嚷"少庄主，少庄主，快来尝尝京都小吃"，东寻西找，不见濮少庄主。小二听见罗千总的叫声，忙从房中跑出来说："前晌还在，后来好像回客房去了。"罗千总提着东西向少庄主住处走去，刚上楼梯，就听见"哐"的一声响，忙推门进屋一看，发现公子已经吊在梁上，手脚还微微地动着。罗千总大惊，叫道"不好了，少庄主上吊了"，急忙抽出腰刀，砍断腰带，放下少庄主。小二等人听到叫声，忙从房中跑出来，只见少庄主两眼翻白，气息奄奄，几个人又是喊又是叫，又是按又是揉，经过一番努力，少庄主醒了过来。

少庄主醒后就只知道流泪，什么话也不说。罗千总觉得十分蹊跷，走进装茶的房间，见一驮一驮的茶全部被打开，细细一看，明白了少庄主自杀的原因。心想：完了完了，自己身负贡品押运的重任，贡茶出了问题我也难逃干系，还是先他一步走吧，也好有人收尸。想着想着，就拔出腰刀往脖子上抹去。店小二一看这阵势，忙跑过来一把抱住他说："怪了，怪了，你们云南人千里迢迢来送贡茶，贡茶没有送上去，就上吊的上吊，抹脖子的抹脖子，何苦来呢？"罗千总边哭边说："你不要拦着我，贡茶弄成这个样子，我们是犯了欺君之罪，早一天是死，晚一天也是死，让我死了算了。"小二问道："你这贡茶好得很嘛，又香又甜，怎么会说要不得了呢？"罗千总说："小二哥，你莫开我的玩笑了，"小二说："真的是好茶，你咋个不信，自己瞧瞧。"罗千总这才半信半疑地接过小二端来的茶碗，一看汤色红浓明亮，喝上一口，甘醇爽滑，的确赛过自己平常喝的茶百倍。罗千总一下子来了精神，心想为什么会变成这样呢？他拿着小二撬下的茶端详起来，百思不得其解，想了半天，心里打定主意：管他呢，大不了是死，明天将茶贡上再说。

乾隆是一个喜欢品茶、鉴茶的皇帝，他几下江南都到了江浙茶山，鼓励茶农种茶制茶，他还有一个特制的银斗，专门用来称水的轻重，以评定泡茶名泉的优劣。清朝时，中国的大宗出口产品主要是丝绸、茶叶和陶瓷，茶叶是换取外汇的重要贸易物品，作为治国明君的乾隆深知茶叶的重要性。在宫廷中定期设置品茶斗茶大赛，聚集文武百官当众品鉴，取其优胜者而褒奖之，以此刺激和激励民间种茶的积极性，促进茶业生产的发展（见图3-10）。

图3-10 普洱茶传说

这天，正是各地贡茶齐聚、斗茶赛茶的吉日，一大早，乾隆便召集文武百官一起观茶品茶，各地进献的贡茶一字排开，左边是样茶，右边是泡好的茶汤。古时品茶斗茶都是要先观其形、闻其香、品其味，最后才来评定优劣，乾隆亲自来评茶可是茶学界的最高赛事了。只见全国各地送来的贡茶琳琅满目，品种花色各式各样，西湖龙井、洞庭碧螺春、四川蒙顶、黄山毛峰、六安瓜片、武夷岩茶等都是茶中精品，一时还真不能判定优劣。突然间，他眼前一亮，发现有一种茶饼圆如三秋之月，汤色红浓明亮，犹如红宝石一般，显得十分特别。叫人端上来一闻，一股醇厚的香味直沁心脾，喝上一口，绵甜爽滑，好像绸缎被轻风拂过一样，直落腹中。乾隆大悦道："此茶何名？圆如三秋皓月，香如九畹之兰，滋味这般的好。"太监推了推旁边的罗千总说："皇上问你呢，赶快回答。"罗千总何曾见过这样的场面，"扑通"一声跪在地上，半天才结结巴巴说出一两句话，讲的又是云南方言。乾隆听了半天也不明白，又问道："何府所贡？"太监忙答道："此茶为云南普洱府所贡。""普洱府，普洱府……此等好茶居然无名，那就叫普洱茶吧。"乾隆大声说道。这一句话罗千总可是听得实实在在的，这可是皇上御封的茶名啊，他忙不迭地叩谢。乾隆又接连品尝了三碗"普洱茶"，拿着红褐油亮的茶饼不住地抚摸，连口赞道"好茶，好茶"。传令太监冲泡赏赐给文武百官一同品鉴。于是，朝堂上每人端着一碗红浓明亮的普洱茶，醇香顿时溢满朝堂，赞赏之声不绝于耳。

乾隆十分高兴，重重赏赐了罗千总一行，并下旨要求普洱府从今以后每年都要进贡这种醇香无比的普洱茶。罗千总不由得由悲转喜，百感交集，仿佛一天之中从地狱回到天堂。回到店中，他把这个好消息告诉了濮少庄主，少庄主自是喜不自胜，他们重谢了小二，要回了那饼撬了一个角的普洱茶，赶回了普洱府。

濮老庄主一家领受到了皇上的赏赐，普洱府也是阖府同庆，犹如过节一般热闹了三天。后来，濮老庄主同普洱府的茶人们根据带回的饼茶研究出了普洱茶的加工工艺，其他普洱茶庄也纷纷效仿，普洱茶的制作工艺在普洱府各茶庄的茶人中代代相传，并不断发扬光大。从此，普洱茶岁岁入贡清廷，历经两百年而不衰，皇宫中"夏喝龙井，冬饮普洱"也成了一种时尚和传统。

（五）七子饼茶

七子饼茶主要产于云南省西双版纳傣族自治州勐腊县易武乡、勐海县和普洱市景东彝族自治县及大理下关镇等。

品质特征
形状：条索紧结、圆整、显毫
色泽：褐红
汤色：深红褐色
香气：纯正，陈香
滋味：醇浓
叶底：深猪肝色

品质鉴别：

闻其味：味道要清，不能有霉味。

辨其色：茶色如红枣，不能黑如漆。

品其汤：回味温和，五味杂陈。

（六）茯砖茶

茯砖茶主要产于湖南省益阳市安化县等地。

品质特征
形状：条索长方砖形，棱角分明，厚薄一致
色泽：黄褐
汤色：红黄明亮
香气：纯正，有菌花香
滋味：醇厚甘爽
叶底：黑褐粗老

品质鉴别：

从外形上看，黑砖茶为长方砖形，厚薄一致，紧度适合，色泽黑褐，冲泡后内质香气纯正，汤色红黄明亮，叶底黑褐。

（七）康砖

康砖主要产于四川省雅安市荥经县、名山县、天全县等地。

品质特征
形状：条索圆角枕形，砖面平整，紧度适合
色泽：棕褐
汤色：红褐尚明
香气：纯正
滋味：醇和尚浓
叶底：棕褐花杂较粗

品质鉴别：

从外形上看，康砖呈圆角枕形，砖面平整，紧度适合，色泽棕褐，冲泡后内质香气纯正，汤色红褐尚明，叶底棕褐花杂较粗。

七、名优茶分类简介——再加工茶

花茶是一种再加工茶。所谓再加工茶，即以成品茶为原料进一步深加工为新的品种，如花茶、速溶茶、紧压茶等。有的成品茶在再加工的过程中，品质变化不大，如花茶，黑砖茶。有的则内质变化很大，如云南的紧压茶、大圆饼茶是用晒青绿茶加工的，但经过堆积变色等工序，已成为黑茶。

（一）花茶制作方法

花茶是中国特有的茶类，它以经过精制的烘青绿茶为原料，用清高芬芳或馥郁甜香的香花窨制而成。经过窨制，花茶是形香兼备，别具风韵。

花茶也称熏花茶、香花茶、香片。花茶命名有的依窨制的花类而定，如茉莉花茶、珠兰花茶、玉兰花茶、柚子花茶、玳玳花茶和玫瑰花茶等；也有的是把花名和茶名连在一起的，如珠兰大方、茉莉烘青等；还有的在花名前加上窨花次数为名，如双窨茉莉花茶等。

花茶的窨制是将鲜花与茶叶拌和，在静置状态下，茶叶缓慢吸收花香，然后除去花朵，将茶叶烘干而成花茶。花茶加工是利用鲜花吐香和茶叶吸香两个特性，一吐一吸，使茶味花香水乳交融，这是花茶窨制工艺的基本原理。由于鲜花的吐香和茶叶的吸香是缓慢进行的，所以花茶窨制过程的时间较长。

花茶窨制工艺分为茶坯处理、鲜花维护、拌和窨制、通花散热、收堆续窨、起花、复火、转窨或提花等工序。

1. 茶坯处理

茶坯的干燥程度是影响吸收花香多少的主要因素，因此，在窨花前如果茶叶水分超过7%，一般要先进行复火干燥，使茶叶含水率降到4%左右，复火后的茶坯需要冷却，待叶温下降到略高于室温时方可窨花。

2. 鲜花维护

各类鲜花在采收、运输过程中，为了防止鲜花凋萎、失香和变质，必须做到鲜花不损伤，不发热。进厂后要在阴凉洁净的地方及时摊凉和处理，这个过程既要保持一定的温度、湿度以促进花朵开放吐香，但又不能使温度过高，致使鲜花"热死"而失去其新鲜度和香气。

3. 拌和窨制

拌和前首先要确定配花量，即每100千克茶坯用多少千克鲜花。配花量根据香花特性、茶坯级别以及市场的需要而定。一般100千克茶坯用100千克茉莉鲜花，分次窨花，每次用花量不超过40千克。

茶、花拌和按要求混合均匀，动作要轻且快，茶叶吸收花香靠接触吸收，茶与花之间接触面越大、距离越近，对茶坯吸收花香越有利。

4. 通花散热

窨花拼合后，由于鲜花的呼吸作用，产生热量，堆温会上升，如不及时通花散热，一方面会使鲜花黄熟，另一方面还会使茶坯色、香、味受损，所吸收的花香也不鲜灵浓纯。因此，掌握通花时间，是提高花茶品质的关键之一。要根据鲜花萎蔫状态及堆窨上升温度，及时散堆薄摊，翻动散热，让茶坯温度下降。

5. 收堆续窨

待茶坯温度下降到略高于室温时，即收堆续窨。收堆温度应掌握适度：过高则散热不透，易引起茶香气不纯爽；过低则不利于茶坯对花香的吸收。收堆的温度应略低于通花前的温度。

6. 起花

通花后续窨，堆温又继续上升，鲜花呈现萎缩枯黄，且嗅不到鲜香，需适时起花。用抖筛机将茶坯和花渣分离，起花后的茶坯，需均匀薄摊散热并及时复火干燥。

7. 复火

起花后的茶坯水分含量一般可达12%~16%，采用100~110℃薄摊快速干燥方法进行复火干燥。但复火干燥与保持花香之间有矛盾，因为复火中温度越高，花香损失就越大。为了减少花香损失，技术上要注意高温、快速、安全。对多窨次茶坯复火，温度掌握要逐窨降低。烘干后的茶叶含水量约为8.5%。

8. 转窨或提花

高级茶需经多次窨花，复火后应转窨复制。提花的目的在于提高花茶香气的鲜灵度，要选用朵大、洁白、质量好的鲜花，并要充分开放。提花过程中不进行通花，提花时间较窨花时间短，起花后不复火。经起花产品检验合格，即可匀堆装箱打包出厂。

茉莉银毫属花茶中名优品种，花茶集茶叶与花香于一体，茶中花香，花增茶味，相得益彰。花茶既保持了浓郁爽口的茶味，又有鲜亮芬芳的花香，令人心旷神怡。而银毫则是花茶中的高档名品。

（二）主要名茶

1. 福州茉莉花茶

福州茉莉花茶主要产于福建省福州市和宁德市境内。

品质特征
形状：条索紧细显毫，匀整
色泽：嫩黄
汤色：黄绿明亮
香气：纯正浓郁，鲜灵持久
滋味：醇厚鲜爽
叶底：黄绿柔软，匀嫩

品质鉴别：

优质茉莉花茶外形完整，色泽嫩黄，不存在其他夹杂物或碎茶。上品茉莉花茶香气浓郁，鲜灵持久，且耐泡，至少能泡两泡，而个别稍差的花茶香气薄、不持久，一泡有香，二泡便无香了。优质茉莉花茶的茶汤清新爽口，不会有其他异味，饮后口中留有花的芬芳和茶香的香醇。

茉莉花茶的汤色应以黄绿明亮为佳，若深暗泛红，品质往往较差。

2. 玫瑰花茶

玫瑰花茶主要产于广东省广州市。

品质特征
形状：条索紧细，夹杂玫瑰干花瓣
色泽：乌润泛褐
汤色：红亮鲜艳
香气：浓郁玫瑰花香
滋味：醇和甘美
叶底：红亮柔嫩

品质鉴别：

从外形上看，干茶条索紧细，夹杂玫瑰干花瓣，色泽乌润泛褐，冲泡后具浓郁玫瑰花香，汤色红亮鲜艳，滋味醇和甘美。

3. 橘普茶

橘普茶主要产于云南省西双版纳勐海县及临沧市凤庆县等地。

品质特征

形状：条索呈球形

色泽：红褐光润

汤色：深红褐色

香气：带有果香和普洱茶的香韵

滋味：醇厚微甜

叶底：黑褐均匀

品质鉴别：

橘普茶一般以陈皮薄而无焦味者为佳。里面普洱茶叶的品质和等级也会影响橘普茶的口感。另外，陈年橘普茶的年份也很重要，存放时间越久，口感越佳，两年的陈年橘普茶肯定好过一年的陈年橘普茶。

第四章

茶具通论 ●●●●

中国茶具历史悠久，工艺精湛，品类繁多，其发展过程主要表现为由粗趋精、由大趋小、由简趋繁、复又返璞归真从简行事。茶具因茶而生，是"茶之为饮"的结果。茶具以陶瓷材料为最佳，既不夺香又无熟汤气。茶具又因茶人的参与，成为茶文化的载体。茶具之变化，为茶文化的发展史勾勒出一幅美丽的图卷。

第一节　茶具的历史演变

一、茶具与饮食具通用时代

数千年前，人们虽然已经发现了茶叶，最初只是嚼食、蔬食、煮羹，被当作一种可食用或食疗的食物。在相当长的时期里，茶尚未成为人们专门的饮料，当然也就没有专门茗具出现，而是以食器、酒具兼用之。

西晋左思《娇女诗》中说："止为茶荈据，吹嘘对鼎立。"文中已有饮荈（茗）之句，但使用的是一种叫"鼎"的食具。晋代卢琳著有《四王起事》，记述晋惠王遇难逃亡后返洛阳时有侍从"持瓦盂承茶，夜暮上之，至尊饮以为佳"。文中所述"瓦盂"为食碗。

这一时期定为食器与茶具通用时代的主要根据有两点。

第一，当人们生活中尚以食物为最重要需求即生理需求时，茶叶在人们饮食生活中尚不占重要地位，还未到后来那样非有专用茶具不可。现今专用茶具已形制多样，十分先进时，也不难见到普通人家用食碗喝茶，何况2 000多年之前。

第二，人们对茶的饮用功能尚缺乏认识，茶饮方式尚在初始状态。专门化的茶具只有在茶被赋予更多的文化、意识理念时，在茶成为一种独立饮料并讲究烹制方法（茶艺）时，专用茶具的出现才成为可能。

汉晋时代是茶具走向专用的转折时期，其中有几方面原因：①西汉时期佛教传入我国，寺庙渐兴，因"茶禅一味"之缘，茶饮渐渐普遍化；②社会上茶已渐渐被当作饮料，特别是晋代，在上层社会饮茶已逐渐成为时尚；③茶饮方式的进化需要与之相配合的器具生产技术，由于这一时期陶瓷生产技术日趋成熟，从而使创造精美茶器成为可能。

晋代之后，经隋唐，茶器具从理论上、实践上、物质上终于成熟、完备，为中国茶道艺术体系的完整诞生，融入了不可或缺的茶器具部分。

二、茶器专用时代

随着茶成为一种专门饮料，饮茶方式不断改进，人们对器具产生了特殊的需求，从而促进了茶器具的专用化、细分化。推进茶器具专用化、细分化的主要因素如下：

第一，茶叶广泛种植，茶叶的采制工艺成熟、定型；

第二，茶成为专门饮料，人们对饮茶方法有了较明确的认识；

第三，宫廷、王公贵族上层社会及文人雅士崇尚茶饮，使文化艺术与茶事相融，茶饮进一步得到"雅化"；

第四，对器具功能要求基本明确；

第五，有了相适应的器具生产、工艺条件。

从晋代到唐代上述几项条件不断走向成熟，使煎煮茶的茶器具焕然新生。

茶从煮食、烹饮中走了出来，进入"煎茶"时期，这标志着人们已经从以茶为药，以茶为食进步到以茶为饮。特别是上层社会、富庶人家开始以饮茶为时尚，迎宾待客、日常生活皆要饮茶。同时，茶叶的种植地域，已不再局限于云贵川一隅，而是向东南部地区扩展。士大夫等人物，崇尚品茗清淡，品茶赋诗，推动了茶饮的"雅化"。邢窑、越瓷、德化瓷工业技术日臻发达。当这些因素日益积累之后，人们已不满足于以食器酒具来饮茶了，进而创造了形制完备的茶器具，并在茶中融入了华夏民族之"道"。

西晋杜育写过一篇《荈赋》向我们传递了专用茶器具"呼之欲出"的信息。文中写道："灵山惟岳，奇产所钟，厥生荈草，弥谷被岗，承丰壤之滋润，受甘露之霄降。月惟初秋，农功少休；结偶同旅，是采是求。水则岷方之注，挹彼清流。器择陶简，出自东隅。酌之以匏，取式公刘。惟兹初成，沫沉华浮，焕如积雪，晔若春敷。"

《荈赋》描写了农闲秋日，好友结伴同游，在山冈采制荈茗，取岷江之水，煎茶品饮的过程，生动地表达了闲游品茗的乐趣。其中"器择陶简，出自东隅"，明确地表达了他们事先带了陶瓷茶具，且茶具出自东隅，即指浙江"越窑"。文中说"酌之以匏，取式公刘"（匏是一种酒具），从中可以看出，在专用茶具尚未出现之时，人们以酒具饮茶，又"取式公刘"从酒宴的礼仪方式中寻求品茗的方式。专用茶器具已经到了呼之欲出的地步，因为饮茶已从"粗放"煎煮，走向融入情趣、讲究规范技艺，成为一种专门需求。在"落日平台上，春风啜茗时""素瓷传静夜，芳气满闲轩"这种兴味盎然、意境高雅的饮茶追求下，为了与煎茶的过程相适应，终于诞生了专用的、功能细化的茶器茶具，在陆羽的《茶经》中归纳为24件。

唐代茶具形制完备，既有历史的文字记载，在近世出土文物中也屡见不鲜。1987年陕西扶风县法门寺地宫出土一批唐代文物，其中有茶槽、茶碾、茶罗、茶盆、银制茶则、银制盐台、银风炉等专用茶器具。在西安出土的唐大和三年王明哲墓中有茶瓶一件，底部写有"七月一日买，壹"的字样，其瓶腹部鼓圆，盘口，肩上出短流，施墨绿色釉，与《十六汤品》中所述茶瓶形制基本符合。河北唐县曾出土一组五代邢窑的白釉瓷茶具，其中有风炉、茶镬、茶臼、茶瓶、渣斗，皆与陆羽《茶经》中所述茶器具要求相符。

在器具的材质上，除了最基本的铜、铁、竹、木之类外，上流社会则讲究符合蒸青饼茶的煎煮品饮要求。如茶碗，皆以陆羽推崇的越瓷为上，"邢瓷白而色丹，越瓷青而色绿"，由于越瓷是古瓯越的缥瓷，釉色以青和青绿为主，可以较好地衬映出茶的汤色。"九秋风露越窑开，夺得千峰翠色来"（陆龟蒙）；"蒙茗玉花尽，越瓯荷叶空"（孟郊），唐代文人墨客对越瓷倍加赞颂，留下了许多名篇佳句。

宋代斗茶，推动了茶器具的改进。虽然宋代的茶类及制法基本上与唐代相似，但在继承的基础上，仍有不少改进与提高，主要表现在制茶工艺要求更加精细，品质更追求精良，外形也越发小巧玲珑。在宋元时期，虽然沿袭团饼茶的制作方法，但已有散茶出现。这一时期茶事最大的变化，莫过于从皇室到文人雅士，以"斗茶"为乐，并由此带来了茶器具的一些变化。

首先，煎水用具发生变化。唐时的那种形制，不适应斗茶活动，于是大锅似的釜被改成了铫、瓶。"铫"俗称吊子、茶吊，作煎水壶。茶瓶鼓腹，有嘴有柄，在瓶内调制茶膏，然后再以沸水"点茶"。宋蔡襄在《茶录》中说："瓶要小者易候汤，又点茶注汤有准。黄金为上，人间以银、铁或瓷、石为之。"茶铫、茶瓶的出现使茶事活动更加方便，以至宋代出现了专事提茶瓶在邻里街场内送茶的"提瓶人"。在饮茶用具上改"碗"为"盏"，形制更为美观。唐时茶碗喜择青色，因团饼茶煎煮后基本上呈淡褐红色，以青瓷相衬，茶汤明亮。宋代茶盏崇尚黑色，并以通体黑釉的"建盏"为上品，原因在于斗茶时侧重于汤色，均以白为胜，要求茶叶汤色泛白，并以形成鲜白的"冷粥面"为佳，而以青白、灰白、白为次。同时盏壁无水痕（不"咬盏"）。这些要求使黑釉盏因最能衬托茶色，而顿受青睐，并以釉面结晶出现精妙花纹的兔毫斑、鹧鸪斑为珍贵。为了适应宋时烹煮茶点方法的需要，又出现了茶筅（竹帚）。

明清时代因茶饮方式的飞跃、茶道理念的升华、审美情趣的归真、景瓷宜陶的精妙，使茶器茶具在形制上、组合上、功能上均达到了前所未有的高峰。

明太祖朱元璋下诏罢造龙团，倡导散茶。人们从唐时的炙碾煎煮，宋时的茶瓶中调制茶膏、煎水烹茶的烦琐方式中得以解放，获得了清饮所带来的真味；从捧起大锅（釜），架上交床，放在风炉上煎茶的粗放形式，发展为以沸水"瀹"茶的方便、快捷。这既是力戒奢华、重归自然纯朴的民风和情趣的进步，又是景瓷宜陶茶具得以风靡的动力。

明清两代以紫砂壶、瓷壶、瓷杯泡饮茶，形成规制。紫砂壶泡茶汤色清澄、香味纯正、茶汤甘醇，加上大小高低外形各异，方非一式，圆非一相，十分适合各类茶品的泡法要求。同时，紫砂茶具造型上极富艺术性，有益于鉴赏把玩，流行数百年，至今不衰。可以说，紫砂壶所独具的"魂"与中国茶独具的"韵"，经过漫长历史时期的寻觅终于得到了融合。从明代起，对品茗容器人们已不再尚青崇黑了，而是回归清淡，以白为宜。明代茶艺大家许次纾在《茶疏》中言"其在今日，纯白为佳"。瓷质茶具洁白光亮、使用方便、洁净美观，泡茶时，芽叶舒展，赏心悦目，从明代起异军突起，终于走进千家万户。

在煎水用具上，明清两代，多以锡质"茶铫"煎水，认为锡是"五金之母"，纯锡茶铫，"能益水德、沸亦声清"。从明代起，人们主要饮用散条形茶叶。为了防止茶叶变色、泄香、走味，开始注重贮茶容器，主要选用瓷质茶叶罐或宜兴砂陶质的"茶罂"，另外，还有竹叶篓制作的茶篓等。

明清两代是中国古代茶具的变革时期，这种变革源于饮茶风习方法的变革。尽管当时仍有不少人仍沿袭前朝古风，煎团饼、点末茶，但总体是向泡茶发展，从而使茶器具日趋简约，在茶器具工艺上更加讲究，特别是到清代，茶器具艺术有飞跃性的进步。

近代和现代，茶器具也呈现出多彩、多元的崭新的格局。这种格局源于现代社会人们生活的多彩性和取向的多元性，源于科技文化的发展，中外文化的交流融合。加之器具生产技术工艺日益精进，为人们广泛地选择多样化茶具提供了条件。

在器具的组合上，可以简化到一个贮水暖瓶、一个茶杯、一个茶叶罐，但也可以博采古今形成数十件的庞大组合，在形制材质上也多彩多样。暖水瓶、电暖水瓶的广泛使用，使沏茶更为方便，可以省去风炉、煎水壶、备水器等既笨大又需细心摆弄的茶器。玻璃及金属在茶器具中的应用，使茶器具更为精巧、洁净、方便，在功能上为茶的泡饮平添情趣。景瓷宜陶仍然是现代茶具中的主角，瓷器茶具既有单件的杯、盏、壶，也有成套的茶具组合。由于现代人崇尚汤清叶美，因此，无论外表如何，饰彩铭花及内壁一般总是以纯白为主。江西景德镇等地生产的瓷器广受人们喜爱。紫砂器具以壶、杯、盏为主，并有成套的乌龙茶具组合，以及茶则、茶海等单件茶具制作。塑料是现代社会发明的化学材料，曾流行一时，但因塑料茶具易老化且有异味而不受欢迎，最终基本上从茶具家族中被淘汰。在辅助泡茶的小器具中，竹、红木、石材、脱胎漆器均各呈异彩，还有各地因地制宜、就地取材的如竹杯、椰碗等茶具也别具情趣。

第二节　茶具的种类及产地

一、茶具分类原则

中国茶器具是随中华民族的饮茶实践、社会发展而不断创新、变革、完善起来的。茶器具的组合方式、内容是动态的。一方面它随饮茶的习俗、茶道艺术的演变而变化；另一方面茶器具的组合方式和内容具有一定的自由空间，即使在同一时期，泡饮同类茶品，人们仍然可以依照泡茶饮茶的功能需求及个人喜好做个性化的选择。

茶器具有广义和狭义之分。狭义上的茶器具是指泡饮茶时直接在手中运用的器物，具有必备性、专用性的特征；而广义上的茶器具则可包括茶几、茶桌、座椅及饮茶空间的有关陈设物。这些器物虽冠有茶字，但在一般情况下具有多用性，既可用来事茶，也可有其他用途。只有在举行专门茶会，在专门的茶楼、茶室中时，这些物品才成为与茶关联的必备物。

依照历史与传统，我们所谈的茶器具，一般均指泡饮茶用的狭义上的茶器具。它包括泡饮茶的主器具组合和辅助性的工具。这两部分的茶具内容繁多，现择其主要列为十个方面。

(1) 生火工具——如风炉、火夹等。
(2) 煮茶器具——如釜、茶铫等煮水容器。
(3) 制茶用具——如茶碾、罗合等。
(4) 量茶工具——如茶则等。
(5) 水具——如水方、漉水囊等。
(6) 调味器具——如盛水、盐或其他配料的容器。
(7) 泡茶用器——如壶、杯、盏等。
(8) 饮茶用具——如碗、杯、盅等。
(9) 清洁用具——如涤方、滓方、茶巾等。
(10) 贮物用具——如古之"具列"，今之包箱等。

在上述十个方面的茶器具中，"水具""调味器具""清洁用具""贮物用具"属于辅助性器具。因为这部分器具功能上属辅助地位，并具有一定的可替代性，不如另外六个部分茶具那样必备、专用，较难替代。

茶器具分类可以有多种方法。从茶器具所采用的材料特质进行分类，可以分出陶瓷器具、竹木具、玻璃具、金属器具等多类；从茶具所具备的功能方面，又可分为燃具、贮水具、煮水器、置茶器、洗涤具等类别。

二、茶具用途分类

茶器具在中华民族的茶饮历史中，是不断变化、创新的，茶器具的组合走过了由"简"—"繁"—"简"的循环发展过程。不少古茶具已因茶事变革而被后人摒弃，如风炉、茶碾等。

从现代茶饮生活和茶事活动的实际出发，我们将茶器具划分为以下四个部分。

（一）备水器具

凡为泡茶而贮水、烧水，即与清水（泡茶用水）接触的用具列为备水器具。今天的备水器具主要为煮水器和开水壶两种。煮水器是"有源"的烧水器，其有电加热和酒精加热等类别。"开水壶"是在无须现场煮沸水时使用的，一般同时备有热水瓶贮备沸水。

（二）泡茶器具

凡在茶事过程中与茶叶、茶汤直接接触的器物，均列为泡茶用具。

（1）泡茶容器。如茶壶、茶杯、盖碗、泡茶器等。

（2）茶则。用来衡量茶叶用量，确保投茶量准确。

（3）茶叶罐。用来贮放泡茶需用的茶叶。

（4）茶匙。舀取茶叶，兼有置茶入壶的功能。

这部分器具为必备性较强的用具，一般不应简化，可替代性也甚小。

（三）品茶器具

盛放茶汤并方便品饮的用具，均列入品茶器具。

（1）茶海（公道杯）。用于放茶汤。

（2）品茗杯。因茶而宜选定的品尝茶汤的杯子，当用玻璃杯时，往往泡、品合一。

（3）闻香杯。嗅闻茶汤在杯底留香用。

品茗器具专用性强，较难替代和省略。

（四）辅助用具

指方便煮水、备茶、泡饮过程及清洁用的器具。

（1）茶荷、茶碟。用来放置已量定的备泡茶叶，兼可放置观赏用茶样。

（2）茶针。清理茶壶嘴堵塞时用，一般在泡工夫茶时，因壶小易塞而备。

（3）漏斗。方便将茶叶放入小壶。

（4）茶盘。放置茶具，端捧茗杯用。

（5）壶盘。放置冲茶的开水壶，以防开水壶烫坏桌面。

（6）茶巾。清洁用具，擦拭积水。

（7）茶池。不备水盂且弃水较多时用。

（8）水盂。弃水用。

（9）汤滤。过滤茶汤用。

（10）承托。用于放置汤滤等。

目前常见的四部分器具，接近 20 件，因茶品的开发、创新和时代精神的融入及生活需要的推动，这些茶具会不断变化，不断推陈出新。

第三节　茶具材质分类

茶具主要指茶杯、茶碗、茶壶、茶盏、茶碟、托盘等饮茶用具。有学者认为西汉王褒《僮约》为中国最早的茶具史料，其中"烹茶尽具"释为煮茶和清洁茶具。系统和完整记述茶具的为唐代陆羽《茶经》，将饮茶器具统称为茶器，并将其分为八大类 24 种共 29 件。宋朝前期，饮用茶类和饮茶方法基本与唐代相同，茶具相差无几，中后期茶具造型别致，做工精美。元代基本沿袭宋制，但制作精致，装饰华丽。从明代开始，条形散茶在全国兴起，烹茶用沸水直接冲泡，茶具开始简化。清代沿用明代茶具，其品种门类更全。近代，茶具的品种、花色更多、造型艺术上比过去精巧美观，材料和工艺均有新的发展。当今我国茶具，种类繁多，质地迥异，形式复杂，花色丰富。一般分为陶土茶具、瓷质茶具、漆器茶具、玻璃茶具、金属茶具和竹木茶具等。

一、陶土茶具

陶土器具是新石器时代的重要发明。最初是粗糙的土陶，以后逐步演变为比较坚实的硬陶，再发展为表面敷釉的釉陶。在商周时期，就出现了几何印纹硬陶。秦汉时期，已有釉陶的烧制。晋代杜育《荈赋》"器择陶简，出自东隅"，首次记载了陶茶具。

北宋时，江苏宜兴开始采用紫泥烧制成紫砂陶器，开启紫砂茶具工艺雏形。紫砂是一种特殊陶土，明清时代紫砂茶具大为流行，至今成为中国茶具最主要品种之一。紫砂壶和一般陶器不同，其里外都不敷釉，采用当地的紫泥、红泥、团山泥抟制焙烧而成。内部的双重气孔使紫砂茶具具有良好的透气性能，泡茶不走味，贮茶不变色，盛暑不易馊，经久使用，还能汲附茶汁，蕴蓄茶味。紫砂茶具造型简练大方，色调淳朴古雅，外形有圆有方有似竹节、莲藕、松段和仿商周古铜器形状的。《桃溪客语》说："阳羡（即宜兴）瓷壶自明季始盛，上者与金玉等价。"可见其名贵。

明清时期为紫砂茶具制作的兴旺期。

宜兴紫砂壶名家始于明代供春，供春的制品被称为"供春壶"，造型新颖精巧，质地薄而坚实，被誉为"供春之壶，胜如金玉"。同时代李茂林用"匣钵"法，即将壶坯放入匣钵再行烧制，不染灰泪，烧出的表面洁净，色泽均匀一致，至今沿用。清代名匠辈出，陈鸣远、杨彭年等形成不同的流派和风格，工艺渐趋精细。近代、现代有程寿珍、顾景舟、蒋蓉等承前启后，使紫砂壶的制作又有新发展。紫砂茶具已成为人们的日常用品和珍贵的收藏品。因紫砂陶茶具是一种特殊陶土茶具，故在后节详述。

二、瓷质茶具

自古以来，瓷器就以其独特的魅力在中国艺术品中占有不可替代的位置。素雅清新的青花瓷、柔和灵逸的粉彩瓷、透明如水的薄胎瓷、鲜亮可爱的斗彩瓷、艳丽华贵的珐琅瓷，穿越历史而来，精美绝伦，举世瞩目。

瓷器系中国发明，滥觞于商周，成熟于东汉，发展于唐代，辉煌于宋代，精湛技艺传承至今。瓷脱胎于陶，初期称"原始瓷"，至东汉才烧制成真正的瓷器。瓷器茶具的品种很多，其中主要有：青瓷茶具、白瓷茶具、黑瓷茶具等。这些茶具在中国茶文化发展史上，都曾有过辉煌的一页。其中"官、哥、汝、定、钧"五大名窑更是享誉海内外。

（一）青瓷茶具

青瓷以瓷质细腻，线条明快流畅、造型端庄浑朴、色泽纯洁而斑斓著称于世。青瓷茶具晋代开始发展，主要产地在浙江，最流行的是一种叫"鸡头流子"的有嘴茶壶。唐朝烧制茶具最出名的有越窑、邢窑，有着"南青北白"的美誉，越州青瓷在唐朝，极为世人所推崇，唐代顾况《茶赋》云"舒铁如金之鼎，越泥似玉之瓯"。唐代的茶壶称"茶注"，壶嘴称"流子"，形式短小。宋代饮茶之风比唐代更为盛行，饮茶多使用茶盏，盏托也更为普遍。

陶瓷工艺在宋朝有了划时代的重大发展，历史上的官、哥、汝、定、钧五大名窑〔官窑在杭州；哥窑在浙江龙泉；汝窑在河南临汝；定窑在河北曲阳；钧窑在河南禹县（古名钧州）〕，在那时都已形成规模，陶瓷工艺空前繁荣，"哥窑""弟窑"生产的各类青瓷茶具，包括茶壶、茶碗、茶盏、茶杯、茶盘等，已达到鼎盛时期，远销各地。哥窑瓷，胎薄质坚，釉层饱满，色泽静穆，有粉青、灰青、翠青、蟹壳青等颜色。以粉青最为名贵。弟窑瓷，造型优美，胎骨厚实，光润纯洁，有梅子青、豆青、粉青、蟹壳青等颜色，以梅子青、粉青最佳。明代，青瓷茶具更以其质地细腻、造型端庄、釉色青莹、纹样雅丽而蜚声中外。16 世纪末，龙泉青瓷出口法国，轰动整个法兰西，人们用当时风靡欧洲的名剧《牧羊女》中的女主角雪拉同的美丽青袍与之相比，称龙泉青瓷为"雪拉同"，至今法国人对龙泉青瓷仍用这一美称。

青瓷茶具质地细润，釉色晶莹，青中泛蓝，如冰似玉，有的宛若碧峰翠色，有的犹如一壶春水。唐代诗人陆龟蒙以"九秋风露越窑开，夺得千峰翠色来"的名句赞美青瓷。青瓷因色泽青翠，用来冲泡绿茶，更有益汤色之美。

知识拓展

韩琴汝瓷

在陶瓷业界，汝瓷向来是神话般的存在。正因它"青如天、面如玉、蝉翼纹、晨星稀、芝麻支钉釉满足"等特点，备受皇帝追捧，是当时的镇宫之宝。由于北宋末年，金兵入侵，长期兵灾战祸，大量汝瓷尽毁，烧瓷技艺失传近千年。虽然后世不断有人进行汝瓷复烧的尝试，但都以失败告终。

尽管复烧之路如此之难，但总有人为挖掘。多年来，汝瓷发源地的河南许多能工巧匠为重现"天青"之美，呕心沥血，潜心钻研，而韩琴大师当之无愧就是心系汝瓷，痴心不改的汝瓷开拓者、继承者和演绎者。她经历了 30 多年汝瓷烧制实验，迎难而上，跨越了无数障碍，在继承汝瓷传统技艺的基础上不断创新，精益求精，改写了"汝不盈尺"的历史，更是完成了汝瓷内在美与外在美的颠覆。

其作品，包括酒具、茶具、餐具和现代工艺品等，因"盛饭三日不馊"和"改变口感"的神奇功效，备受众多消费者的信赖，被视为当世难得的艺术瓷珍而声名远扬，畅销海内外（见图 4-1 和图 4-2）。

图 4-1　韩琴汝窑杯

图 4-2　韩琴如意汝窑套壶

（二）白瓷茶具

我国白瓷最早出现于北朝，成熟于隋代。唐代盛行饮茶，民间使用的茶器以越窑青瓷和邢窑白瓷为主，形成了陶瓷史上著名的南青北白对峙格局。唐代诗人皮日休《茶瓯》诗有"邢客与越人，皆能造兹器。圆似月魂堕，轻如云魄起。枣花势旋眼，蘋沫香沾齿。松下时一看，支公亦如此"之说。白瓷，早在唐朝就有"假白玉"之称，并"天下无贵贱通用之"。唐朝还出现茶托子，既有实用价值，能避免烫手，又增加了茶碗的装饰性，给人以庄重感。越窑所出的荷叶边盏托，造型端庄秀丽，风姿绰约，是茶具中的精品。在宋代河北定窑生产的瓷器，质薄光润，白里泛青，雅致悦目。到了元代，江西景德镇出品的白瓷茶具以其"白如玉、明如镜、薄如纸、声如磬"的优异品质而蜚声海内外。景德镇的白瓷彩绘茶具，造型新颖、清丽多姿；釉色娇嫩，白里泛青；质地莹澈，冰清玉洁。其外壁多绘有山川河流，四季花草，飞禽走兽，人物故事，或缀以名人书法，又颇具艺术欣赏价值，所以，使用最为普遍。

白瓷以江西景德镇和河北曲阳定窑最为著名，其次如湖南醴陵、福建德化、河北唐山等地的白瓷茶具也各具特色（见图 4-3 至图 4-4）。

 知识拓展

定瓷

定瓷——定州窑陶瓷，产地在今河北曲阳，因宋代曲阳属定州管辖故名定瓷。定瓷烧制始于唐，兴于北宋，失于元，是我国北方大地上繁衍几代而影响深远的一个著名窑系。同当时的汝、钧、官、哥窑一起，号称我国宋代五大名窑。

定瓷胎质坚密、细腻，釉色透明，柔润媲玉。以白瓷为主，有"白如玉、薄如纸、声如磬"之称。元·刘祁《归潜志》有联语："定州花瓷瓯，颜色天下白。"之外有红、黑、紫诸色。白定名贵，色定尤为名贵。五大名窑中，唯定窑以装饰见长。其刻花奔逸、潇洒，印花精细典雅，间辅以剔花、堆花、贴花等。

历史上的金宋之战，使兴旺发达的定瓷业惨遭劫祸，定瓷工匠随时局南流，20世纪70年代以来，在周总理的亲自关怀下，定瓷开始恢复。河北省曲阳定瓷有限公司在以中国工艺美术大师、国家级非遗传承人陈文增为核心的领导班子带领下，发扬"定瓷三杰"的艰苦创业精神，恢复发展了失传800余年的定窑绝技，以陈文增大师提出的"定窑文化新概念"为指导原则，定窑传统工艺向当代艺术瓷、日用瓷成功转轨。河北省曲阳定瓷有限公司成立于1992年，前身为保定地区工艺美术定瓷厂、河北省工艺美术定瓷厂，迄今已有近40年恢复与生产的历史，是目前国内初具规模的定瓷研制生产厂家，国家博物馆指定生产厂，"定瓷烧制技艺"国家级非物质文化遗产保护单位，河北省科技企业，河北省文化产业示范基地，河北省工业旅游示范点。

陈文增先生是中国工艺美术大师，中国陶瓷艺术大师、国家级非物质文化遗产代表性传承人，全国劳动模范，享受国务院特殊津贴专家，是定窑恢复的首位功臣，他破译了定窑刻花装饰密码，发明了刻花工具，总结出"刀行形外，以线托形"的刻花理论，并创立了瓷、诗、书三联艺术，使定瓷、诗词、书法三位一体，被收入吉尼斯世界纪录，还出版有《定窑研究》《定窑陶瓷文化及其造型装饰艺术研究》专著，填补了定窑历史上无理论的空白。

图4-3 白瓷素瓷雪色（设计者 孙晨旸）

图4-4 庞永辉 梅瓶

（三）黑瓷茶具

黑瓷茶具，始于晚唐，鼎盛于宋，延续于元，衰微于明、清，这是因为自宋代开始，饮茶方法已由唐时煎茶法逐渐改变为点茶法，而宋代流行的斗茶，又为黑瓷茶具的崛起创造了条件。宋代最受文人欢迎的茶具，并不是产在五大名窑，大多是来自福建建州窑的黑瓷。这是因为宋人斗茶之风盛行，茶汤呈白色，而"斗茶"茶面泛出的茶汤更是纯白色，建盏的黑釉与雪白的汤色，相互映衬，黑白分明，斗茶效果更为明显（见图4-5）。建盏在宋元时流入日本，被称为天目碗，至今仍可以在日本茶道中见到踪迹。宋蔡襄《茶录》说："茶色白，宜黑盏，建安所造者绀黑，纹如兔毫，其坯微厚，熁之久热难冷，最为要用。出他处者，或薄或色紫，皆不及也。其青白盏，斗试家自不用。"这种黑瓷兔毫茶盏，风格独特，古朴雅致，而且瓷质厚重，保温性能较好，故为斗茶家所珍爱。

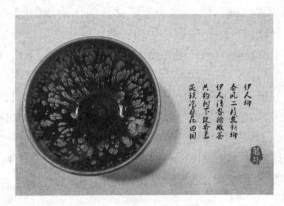

图4-5　建盏—伊人柳

三、竹木茶具

用竹或木制成的茶具。采用车、雕、琢、削等工艺，将竹木制成茶具。竹茶具大多为用具，如竹夹、竹瓢、茶盒、茶筛、竹灶等；木茶具多用于盛器，如碗、涤方等。竹木茶具，古代有之。竹木茶具形成于中唐，陆羽在《茶经·四之器》中开列的29件茶具，多数是用竹木制作的。宋代沿用并发展为用木盒贮茶。明清两代饮用散茶，竹木茶具种类减少，但工艺精湛，明代竹茶炉、竹架、竹茶笼以及清代的檀木锡胆贮茶盒等传世精品均为例证。近代和现代的竹木茶具趋向于工艺和保健。当今，在少数民族地区，竹木茶具仍占有一定位置，云南哈尼族、傣族的竹茶筒、竹茶杯，布朗族的鲜粗毛竹煮水茶筒均是竹茶具。

竹木茶具轻便实用，取材容易，制作方便，对茶无污染，对人体又无害，因此，自古至今，一直受到茶人的欢迎。其产品出自竹木之乡，遍布全国。

四、玻璃茶具

玻璃，古人称之为流璃或琉璃，实是一种有色半透明的矿物质。用这种材料制成的茶具，能给人以色泽鲜艳，光彩照人之感。因此，用它制成的茶具，形态各异，用途广泛，加之价格低廉，购买方便，受到茶人好评。在众多的玻璃茶具中，以玻璃茶杯最为常见，用它泡茶，茶汤的色泽，茶叶的姿色，以及茶叶在冲泡过程中的沉浮移动，都尽收眼底，观之赏心悦目，别有风趣。因此，用来冲泡各种细嫩名优茶，最富品赏价值，家居待客，不失为一种好的饮茶器皿。但玻璃茶杯质脆，易破碎，比陶瓷烫手，是美中不足之处。

五、漆器茶具

漆器茶具始于清代，主要产于福建福州一带。漆器茶具较有名的有北京雕漆茶具，福州脱胎茶具，江西鄱阳等地生产的脱胎漆器等，均具有独特的艺术魅力。其中，福建生产的漆器茶具多姿多彩，有"宝砂闪光""金丝玛瑙""仿古瓷""雕填"等品种，特别是创造了红如宝石的"赤金砂"和"暗花"等新工艺以后，更加鲜丽夺目，逗人喜爱。

漆器茶具具有轻巧美观，色泽光亮，耐温、耐酸的特点。

六、金属茶具

金属茶具是指由金、银、铜、铁、锡等金属材料制作而成的器具。从出土文物考证得出，茶具从金银器皿中分化出来约在中唐前后，陕西扶风县法门寺塔基地宫出土的大量金银茶具，有银金花茶碾、银金花茶罗子、银茶则、银金花鎏金龟形茶粉盒等可为佐证，唐代金银茶具为帝王富贵之家使用。但从宋代开始，古人对金属茶具褒贬不一。元代以后，特别是从明代开始，随着茶类的创新，饮茶方法的改变，以及陶瓷茶具的兴起，才使包括银质器具在内的金属茶具逐渐消失，尤其是用锡、铁、铅等金属制作的茶具，用它们来煮水泡茶，被认为会使"茶味走样"，以致很少有人使用。但用金属制成贮茶器具，如锡瓶、锡罐等，却屡见不鲜。这是因为金属贮茶器具的密闭性要比纸、竹、木、瓷、陶等好，具有较好的防潮、避光性能，这样更有利于散茶的收藏。

知识拓展

铁壶

铁壶对健康是有益处的。一提到化学反应，人们的第一反应可能是非天然、对身体不好。然而生铁铸造的铁壶偏偏是因其煮水过程中所产生的微妙化学反应，成为茶道中煮水器具的极品选择。一般铁在食物中主要是以三价铁存在，胃酸与铁反应再生成二价铁离子被吸收。用铁壶煮水，铁壶会释放出二价铁离子，直接被人体吸收，补充人体每日所需的铁质。另外，由生铁铸造的铁壶，煮出的水会出现山泉水效应。铁壶煮水过程中，还可以吸附水中的氯离子，令口感更软、更甜。

第五章

经典茶具及选配原则 ●●●

远古时代，人类学会了用火，解决了取暖和熟制食物的问题，就迫切需要制造出一个容器作为蒸、煮或存放食物的器皿。

人们发现黏土与水混合后有很强的可塑性，用它制成各种形状的器物，干燥后用火焙烧，陶制的容器就出现了。

陶器在中国已有八千多年的历史，它不仅代表着中国原始社会所达到的高度艺术成就，也是世界远古文化宝库中璀璨夺目的瑰宝。

陶器是中国最早的饮食器具，红陶、灰陶、黑陶、白陶和彩陶等相继出现。

第一节　宜兴紫砂茶具

紫砂茶具是一种特殊的陶器，始于宋，盛于明清，流传至今。自古以来，宜兴紫砂，冠绝一时，文人墨客，情有独钟。北宋梅尧臣诗云："小石冷泉留早味，紫泥新品泛春华。"欧阳修也有"喜共紫瓯吟且酌，羡君潇洒有余清"的诗句，说明紫砂茶具在北宋刚开始兴起。1976 年 7 月，宜兴市丁蜀镇羊角山的古窑中，考古人员发掘出大量早期紫砂残片。残片复原出的器物大部分为壶，判其年代不早于北宋中期。残片的出土，印证了宜兴紫砂始于北宋的说法。明代中叶以后，逐渐形成了集造型、诗词、书法、绘画、篆刻、雕塑于一体的紫砂艺术。

一、紫砂陶的材质特点

"人间珠玉安足取，岂如阳羡溪头一丸土"，这是王文柏《陶器行赠陈鸣远》诗中的一句。"阳羡"是江苏宜兴的古名，"一丸土"是天下闻名的紫砂壶的原料——紫砂泥，有"泥中泥"之美誉。主要产地在宜兴，从宋代那里就是家家制陶，户户捣泥的陶艺世界。

关于紫砂陶的发现，伴随着一个美丽的传说。相传壶土初用时，先有异僧经行村落，口呼曰"卖富贵"，土人群嫉之。僧曰："贵不要买，买富如何？"因引村叟，指山中产土之穴。去及发之，果备五色，烂若披锦。这种五彩斑斓的泥土，被誉为"五色之土"。这些泥土黏中带砂，分为紫色（砂泥）、橘色（黄泥）、红色（原泥）、奶白色（白泥）、黛色（绿泥）。

紫砂陶之所以能够在宜兴烧出并延续至今，其根本原因就在于有"土"。这"土"并不是一般的"瓷土"，它是宜兴特有的一种深埋于地下黄石岩的含铁量高的团粒结构矿石。

制作紫砂壶的主要原料有紫泥（紫砂泥）、段泥（本山绿泥）和红泥（朱砂泥），统称为"紫砂泥"。丰富的陶土资源深藏在当地的山腹岩层之中，杂于夹泥之层。泥色红而不嫣，紫而不姹，黄而不娇，墨而不黑，质地细腻和顺，可塑性较好，经再三精选，反复锤炼，加工成型，然后放于 1 100~1 200 度高温隧道窑内烧炼成陶。由于紫砂泥中主要成分为氧化硅、铝、铁及少量的钙、锰、镁、钾、钠等多种化学成分，焙烧后的成品呈现出赤似红枫、紫似葡萄、赭似墨菊、黄似柑橙、绿似松柏等色泽，绚丽多彩，变化莫测。

"名壶莫妙于砂，壶之精者又莫过于阳羡"，这是明代文学家李渔对紫砂壶的总评价。

宜兴紫砂由于其特殊的材质，使紫砂壶具备了以下几个特点。

（1）泡茶不走味（宜茶性）。紫砂是一种双重气孔结构的多孔性材质，气孔微细，密度高。用紫砂壶沏茶，不失原味，且香不涣散，得茶之真香真味。明人文震亨说："茶壶以砂者为上，盖既不夺香，又无熟汤气。"

（2）抗馊防腐。紫砂壶透气性能好，使用其泡茶不易变味，暑天越宿不馊。

（3）发味留香。紫砂壶能吸收茶汁，壶内壁不刷，沏茶而绝无异味。紫砂壶经久使用，壶壁积聚"茶锈"，以致空壶注入沸水，也会茶香氤氲，这与紫砂壶胎质具有一定的气孔率有关，是紫砂壶独具的品质。

（4）火的艺术。紫砂陶土经过焙烧成陶，称为"火的艺术"，根据分析鉴定，烧结后的紫砂壶，既有一定的透气性，又有低微的吸水性，还有良好的机械强度，适应冷热急变的性能极佳，即使在百度的高温中烹煮后，再迅速投放到零度以下的冰雪中或冰箱内，也不会爆裂。

（5）变色韬光。紫砂壶使用越久，壶身色泽越发光亮照人，气韵温雅。在《茶笺》中说："摩挲宝爱，不啻掌珠。用之既久，外类紫玉，内如碧云。"《阳羡茗壶录》说："壶经久用，涤拭日加，自发黯然之光，入手可鉴。"

（6）可赏可用。在艺术层面上，紫砂泥色多彩，且多不上釉，透过历代艺人的巧手妙思，便能变幻出种种缤纷斑斓的色泽、纹饰，加深了它的艺术性。成形技法变化万千，造型上的品种之多，堪称举世第一。

（7）艺术传媒。紫砂茶具透过"茶"，与文人雅士结缘，并进而吸引到许多画家、诗人在壶身题诗、作画，寓情写意，此举使得紫砂器的艺术性与人文性，得到进一步提升。

随着实用价值与艺术价值的兼备，自然也提高了紫砂壶的经济价值，使紫砂壶的身价"贵重如珩璜"，甚至超过珠宝。由于上述的心理、物理、艺术、文化、经济等因素作为基础，宜兴紫砂茶具数百年来能受到人们的喜爱与重视，可谓是独领风骚，其来有自。

二、紫砂名壶与名人

金沙泉畔金沙寺，白足禅僧去不还。
此日蜀冈千万穴，别传薪火祀眉山。

——〔清〕吴骞

宜兴妙手数供春，后辈还推时大彬。
一种粗砂无土气，竹炉谏煞斗茶人。

——〔清〕吴冲之

这两首诗，形象地概括了紫砂壶的起源、发展以及相关的人文特征。

根据明人周高起《阳羡茗壶录》的"创始"篇记载，明代宜兴金沙寺一个不知名的寺僧，选择紫砂细泥捏成圆形坯胎，加上嘴、柄、盖，放在窑中烧制而成紫砂壶。"正始篇"又记载，明代嘉靖、万历年间，出现了一位卓越的紫砂工艺大师——龚春（供春）。龚春幼年曾为进士吴颐山的书僮，他在金沙寺伴读时，收集寺僧洗手时洗下的细泥，别出心裁地捏出几把"指螺纹隐起可按"的茗壶，即后来如同拱璧的"供春壶"（见图5-1）。

大约20世纪20年代，储南强先生在苏州地摊"邂逅"供春壶，于是便把它买回。曾有一位英国人出"两万金"要他转让，但被储老拒之门外，表达了中国文物收藏家的大义凛然不可侮的精神。新中国成立后，储老将其珍藏捐献给博物院，现藏于中国国家博物馆。

明代中晚期，宜兴紫砂正式形成较完整的工艺体系，这时紫砂已从日用陶器中独立出来，在工艺上讲究规正精巧，名工辈出，已形成一支专业工艺队伍。所制茗壶进入宫廷，输出国外。"宜兴陶都"声誉日隆。

明代出现紫砂四大家：董翰、赵梁、元畅、时朋。当时陶肆流行一句民谣："壶家妙手称三大。"三大就是时大彬、李仲芳、徐友泉。也有人把时朋算进去，称作"三大一时"。

时大彬是明代制壶大师时朋之子，万历年间宜兴人。制壶严谨，讲究古朴，壶上有"时"或"大彬"印款，备受推崇，人称"时壶"。有诗曰："千奇万状信出手""宫中艳说大彬壶。"始仿供春制大型茶壶，后改制小型茶壶，传世之作有提梁壶、扁壶、僧帽壶等。代表作有"三足圆壶""六方紫砂壶""提梁紫砂壶"（见图5-2）等。

图5-1　树瘿壶（供春制）　　　　　　图5-2　提梁壶（时大彬）

清代是紫砂进一步繁荣的时期，阳羡丁山、蜀山等传统产地空前紫砂繁荣，清人朱琰《陶说》中曾形容过，当时丁山和蜀山两地是"家家做坯，户户业陶"。在选料、配色、造型、烧制、题材、纹饰以及工具等各方面，都比明代精进。尤其在清中期以后，形制、诗词、书画、金石、雕塑融为一体，文化气息更浓郁，地方特色更强烈、声名也更大，涌现出许多名家和珍品。如王友兰、陈鸣远、华凤翔、陈曼生、杨彭年、邵大亨、邵友兰、邵友廷、黄玉麟等。

陈鸣远是时大彬之后的又一代大师。《阳羡名陶录》称"鸣远一技之能，间世特出。自百余年来，诸家传器日少，故其名尤噪。足迹所至，文人学士争相延揽。"顾景舟也赞美陈鸣远曰："集明代紫砂传统之大成，历清代康、雍、乾三朝的砂艺名手。个人风格特点：承袭了明代器物造型朴雅大方的形式，着重发展了精巧的仿生写实技法（见图5-3）。他的实践树立了砂艺史的又一个里程碑。"

陈曼生癖好茶壶，工于诗文、书画、篆刻。在任溧阳知县时，结识了制壶艺人杨彭年、杨凤年兄妹，此后就与紫砂结下了不解之缘。他用文人的审美标准，把绘画的空灵、书法的飘洒、金石的质朴，有机地融入了紫砂壶艺，设计出一大批另辟蹊径的壶型：或肖状造化，或师承万物（一说18种、一说26种、一说38种）。造型简洁、古朴风雅，文人壶风大盛，"名士名工，相得益彰"的韵味，将紫砂创作导入另一境界。陈曼生设计，杨彭年制作，再由陈氏镌刻书画。其作品世称"曼声壶"，一直为鉴赏家们所珍藏（见图5-4）。

图5-3　南瓜壶（陈鸣远制）　　　　　　　图5-4　环钮曼声壶（杨彭年制）

民国初期宜兴陶业一度欣欣向荣，此时期制壶名家有程寿珍、俞国良、李宝珍、范鼎甫、汪宝根、范大生等。但此后战乱对陶都宜兴的摧残极为严重，1937年抗日战争爆发，宜兴沦陷，"大窑户逃往外地，中小窑户无意经营"。陶瓷生产一蹶不振，宜兴陶业几乎到了人亡艺绝的境地。

程寿珍，清咸丰至民国初期宜兴人，擅长制形体简练的壶式。作品粗犷中有韵味，技艺纯熟。所制的"掇球壶"最负盛名，壶由三个大、中、小的圆球重叠而垒成，故称掇球壶。其造型以优美弧线构成主体，线条流畅，整把壶稳健丰润。该壶于1915年在巴拿马国际赛会和芝加哥博览会上获得金奖（见图5-5）。

进入20世纪中期紫砂生产逐步得到发展。在国家政府的组织帮助下，民间艺人裴石民、朱可心和吴云根等人组建紫砂工场，至1958年"宜兴紫砂工艺厂（人们常简称紫砂一厂）"正式成立，当时七位著名的紫砂国手分别是：任淦庭、裴石民、顾景舟、吴云根、王寅春、朱可心、蒋蓉。七位辅导各怀奇技，精心创作，培养了数以百计的青年艺徒。他们之中有众多的优秀人才，许多已经成为大师级的人物。紫砂工艺厂制作的各类壶器运销五十多个国家，市场扩大到欧洲、美洲、大洋洲、东南亚等地，被爱茶人喜爱。1981年，香港"第六届亚洲艺术节"展出的紫砂壶精品，揭开了当代紫砂热潮的序幕。紫砂工艺厂因培养出一大批有杰出艺术特色的紫砂艺术家成为紫砂行业的"黄埔军校"，紫砂工艺厂艺人的作品被盛赞为"中国红色官窑产品"。

当代著名的紫砂艺人当首推荣获"中国工艺美术大师"称号的顾景舟老先生。他与紫砂结缘六十个春秋，在继承传统的基础上形成了自己独特的艺术风格：浑厚而严谨，流畅而规矩，古朴而雅趣，工精而技巧，散发着浓郁的东方艺术特色（见图5-6）。顾景舟对紫砂历史的研究及传器的断代与鉴赏，都有独到的见解，主编《宜兴紫砂珍赏》。他为培养下一代不遗余力，桃李芬芳，是近代紫砂陶艺中最杰出的一位代表，被誉为"壶艺泰斗""一代宗师"。

图5-5　掇球壶（程寿珍制）

图5-6　石瓢（顾景舟制）

张红华，江苏省紫砂艺术大师、研究员级高级工艺美术师、江苏省工艺美术名人。1958年进紫砂工艺厂学艺，师承著名艺人王寅春，后得当代壶艺泰斗顾景舟大师长期悉心指导。1983年曾参加中央工艺学院陶瓷造型设计进修班学习，接受了高级的制陶技艺艺术熏陶，融各派精华，自成一格。从20世纪50年代从艺迄今，在紫砂陶艺的奇园中辛勤耕耘了50多个春秋，前后创制紫砂品种160多件（套）。类别有光素器形、方形、花竹器形、筋纹器形及提梁壶形，形器多变，形成了本人特色代表作（见图5-7）。同时有部分作品与文人墨客及专家教授合作，珠联璧合，这些精品走向社会和国际市场，受到国内外收藏人士及艺术界的青睐。

2006年5月23日，时任联合国秘书长科菲·安南先生在中国驻联合国大使王光亚的陪同下造访北京大学。为了向全世界表达中华民族追求和谐美好的文化理念，校长许智宏将一把"曼声款式提梁石瓢"紫砂壶赠予安南先生以作纪念。此壶的作者是江苏宜兴的紫砂艺术大师张红华女士，是"红色官窑"紫砂厂20世纪80年代历史产品。

宜兴紫砂工艺厂20世纪八九十年代产品全部优先采用本地黄龙山"四号"矿井等矿料精选泥料（注：其他厂商只能选用一厂挑剩下的泥矿），经特殊调配后一次成形，再由当时全国唯一紫砂"官窑"——隧道窑经逐渐加温、逐渐减温一次烧成，因之在"水色""光泽""透气""结晶"等性能上都优异，具有独特的紫矿本色（注：20世纪80至90年代初"四号"等矿井出产的紫砂泥是宜兴紫砂历史上最好的）。因当时缺乏资源保护意识，材料耗费较多，资源几近枯竭。

20世纪八九十年代宜兴黄龙山出品的紫砂原矿泥富含大量对人体有益的矿物元素，泥料中油性充盈，故烧成后油亮滋润，使用后更是浑然圆润，如同珠玉，实为可贵难得。此种紫砂具有改善水质的特异性能，泡茶后香浓清澈，持续长久；摩挲把玩令人爱不释手。经过二十年的存放，因其特有的物理性能和矿物结构，目前此类产品已价值不菲（见图5-8至图5-9）。

图5-7 曼声提梁（张红华制）

图5-8 心经壶（中国宜兴款）

图5-9 螭龙壶（宜兴二厂）

三、紫砂壶的结构与造型

（一）紫砂壶的构成（见图5-10）

紫砂壶的构成有几个基本要素：壶身（体）、壶盖、壶把、壶嘴、壶底。

壶盖：盖在壶身上面起密合作用，有嵌盖、压盖和截盖三种形式。

壶把：壶把是为了便于执壶而设，有端把、横把、提梁三种基本形式。

壶嘴："流"的尖端位置叫作"嘴"，有一弯流嘴、二弯流嘴、三弯流嘴、直嘴、流五种基本式样。

壶底：壶底关系到紫砂壶放置的平稳，分为一捺底、加底和钉足三大类。

图 5-10　紫砂壶各部分名称示意图

（二）紫砂壶造型

紫砂壶造型，形态各异，变化万千，传统中有"方非一式，圆不一相"的说法。圆器打身筒、方器镶身筒、筋纹器或花货搪身筒，独特的泥片成型，众多的加工工具，可规范每一个部件。

五百年来紫砂壶艺的发展，经过众多艺人的努力、吸收及借鉴了大量其他门类的艺术，创造并产生了圆器、方器、自然器、筋纹器、新形器五大类。

1. 圆器

圆器造型主要由各种不同方向和曲度的曲线组成。圆器的造型规则要求是"圆、稳、匀、正"。它的艺术要求必须是珠圆玉润，口、盖、的、嘴、把、肩、腰的配置比例要协调和谐，匀称流畅，达到无懈可击，致使器型上的标准要求为"柔中寓刚，圆中有变，厚而不重，稳而不笨，有骨有肉，骨肉匀挺"。掇球壶、仿鼓壶、汉扁壶是紫砂圆器造型的典型作品（如图 5-11 所示）。

2. 方器

方器造型主要由长短不同的直线组成。如四方、六方、八方及各种比例的长方形等。方器造型规则要求为"线条流畅，轮廓分明，平稳庄重"，以直线、横线为主，曲线、细线为辅，器型的中轴线、平衡线要正确、匀挺、富于变化。方器除口、盖、钮、把、嘴应与壶体相对称外，还要求做到"方中寓圆，方中求变，口盖划一，刚柔相称"，如四方壶、八方壶、传炉壶、觚棱壶、僧帽壶等造型（见图 5-12）。

图 5-11　水平壶（周惠君制）

图 5-12　六方掇球壶（张铭松制）

3. 自然形器

自然形器一般称为"花货"，是对雕塑性器皿及带有浮雕、半圆雕装饰器皿造型的统称。将生活中所见的各种自然形象和各种物象的形态透过艺术手法，设计成器皿造型，如将松竹梅等形象制成各种树桩形造型（见图5-13）。

4. 筋纹器

筋纹器造型是根据日常所见的瓜棱、花瓣、云水纹等创作出来的造型样式（见图5-14）。筋纹器壶艺造型规则是"上下对应，身盖齐同，体形和谐，比例精确，纹理清晰，深浅自如，明暗分明，配置合理"。近代常见的筋纹器造型有合菱壶、半菊壶等。

图5-13　松鼠葡萄（中国宜兴款）

图5-14　十二条纹壶（周惠君制）

5. 新形器

新形器大多以壶为主题，放弃传统实用功能，在当代大美术的背景下，进行陶艺创作，并以此来关注社会发展。（见图5-15）

图5-15　鱼篓壶（毛阿明制）

四、紫砂壶鉴赏、选购与保养

（一）紫砂壶鉴赏

紫砂陶的工艺技术鉴赏，主要着眼于作品的艺术表现。

顾景舟先生在《简谈紫砂陶艺鉴赏》一文中论述："抽象地讲，紫砂陶艺审美可总结为：'形、神、气、态'四个要素。形，即形式之美，是作品的外轮廓，也就是具象的面相；神，即神韵，一种能令人意会体验出精神美的韵味；气，即气质，壶艺所内含的本质的美；态，即形态，作品的高、低、肥、瘦、刚、柔、方、圆的各种姿态。从这几个方面贯通一气才是一件真正完美的好作品。"

紫砂壶一般分为艺术收藏品、高档商品、普通商品三个种类。

1. 艺术收藏品

它必须是合理有趣，形神兼备，制技精湛，引人入胜，雅俗共赏，使人爱不释手的佳器，是高雅的陶艺层次。

2. 高档商品

工艺精致，形式完整，批量复制面向市场的高档商品。

3. 普通商品

即按地方风俗生活习惯，规格大小不一，形式多样，制技一般，广泛流行于民间的日用品。

对于紫砂茶具的鉴赏和选择，包括各种元素，如质地、作者、年代、大小、轻重、厚薄、形式、花色、颜色、光泽、声音、书法、图画等方面，是一种综合性的高深学问。

（二）紫砂壶选购

一把好的紫砂壶应在实用性、工艺性和鉴赏性三方面获得肯定，应具备造型美、材质美、功能美、工艺美和品位美。

首先是纯正的紫砂材料，这是第一要务。再看实用性，容量大小需合己用、口盖设计合理，茶叶进出方便，重心要稳，端拿要顺手，出水要顺畅，断水要快。此点是大部分茶壶不易顾及的。好壶出水刚劲有力，弧线流畅，水束圆润不打麻花。断水时，即倾即止，简洁利落，不流口水，并且倾壶之后，壶内不留残水。

紫砂壶与别的艺术品最大的区别，就在于它是实用性很强的艺术品，它的"艺"全在"用"中"品"，如果失去"用"的意义，"艺"亦不复存在。所以，千万不能忽视壶的功能美。

工艺技巧：嘴、钮、把、三点一线；口盖要严紧密合；壶身线面修饰平整、内壁收拾利落，落款明确端正；胎土要求纯正，火度要求适当。

鉴赏性：紫砂壶已和中国几千年的茶文化联系在一起，成为受人青睐的国粹，在港台和东南亚一带，收藏名壶已成了人们精神享受上的一种乐趣。

《茗壶图录》把紫砂壶比作人："温润如君子者有之，豪迈如丈夫者有之，风流如词客，丽娴如佳人，葆光如隐士，潇洒如少年，短小如侏儒，朴讷如仁人，飘逸如仙子，廉洁如高士，脱俗如衲子者有之。"紫砂壶具有灵性壶格，是真正懂得的人都认同的。所以，饮茶、赏壶不但是生活的享受，同时也是一种生活艺术。

紫砂新壶在使用之前，需要处理，这个过程就叫开壶。开壶也有好多种方法，下面介绍一种水煮开壶方法。

取一干净无杂味的煮锅，将壶盖与壶身分置于锅底，徐注清水使其高过壶身，以文火慢慢加热至沸腾。此步骤应注意壶身和水应同步升温加热，待水沸腾之后，取一把茶叶（通常采用较耐煮的重焙火茶叶）投入熬煮，数分钟后捞起茶渣，紫砂壶和茶汤则继续以小火慢炖。等二三十分钟后，以竹筷小心将茶壶起锅，净置退温（勿冲冷水）。最后再以清水冲洗壶身内外，除尽残留的茶渣，即可正式启用。

这种水煮法的主要功能是让壶身的气孔结构借热胀冷缩来释放出所含的土味及杂质，若施行得宜，将有助于日后泡茶养壶。

（三）紫砂壶的保养

在养壶的过程中要始终保持壶的清洁，尤其不能让紫砂壶接触油污，保证紫砂壶的结构通透；在冲泡的过程中，先用沸水浇壶身外壁，然后再往壶里冲水，也就是常说的"润壶"；常用棉布擦拭壶身，不要将茶汤留在壶面，否则久而久之壶面上会堆满茶垢，影响紫砂壶的品相；紫砂壶泡一段时间要有"休息"的时间，一般要晾干三五天，让整个壶身（中间有气孔结构）彻底干燥。

养壶是茶事过程中的雅趣，其目的虽在于"器"，但主角仍是"人"。养壶即养性也。"养壶"之所以曰"养"，正是因其可"怡情养性"。

第二节 瓷器茶具

商周时期，除了大量烧造灰陶以外，还烧造出精美的刻纹白陶和印纹硬陶。约在商代中期出现了原始瓷，为后来瓷器的发明奠定了基础。

隋代陶瓷生产承前启后。至唐代，陶瓷业获得蓬勃发展。唐代陶瓷堪称中国陶瓷发展史上的一颗明珠，名窑遍布南北各地，器物造型千姿百态，装饰纹样丰富优美。饮茶风俗的普及，进一步刺激了制瓷业的发展。中外经济、文化的交流和发展，更使陶瓷作为物质载体成为友好往来的使者。

宋代陶瓷业蓬勃发展，名窑遍布全国各地，出现了陶瓷史上前所未有的兴盛局面。在民窑发展的基础上，朝廷也在南北各地设窑专门烧造宫廷用瓷，名曰"官窑"。汝、官、哥、定、钧窑等"五大名窑"瓷器备受后人推崇。

一、汝窑

汝窑一向被人们列为宋代五大名窑之首，这早在宋代的一些文人笔记中就有论述。有着"青瓷之首，汝窑为魁"之称的汝窑艺压群芳，脱颖而出，成为皇室专用贡品。宋、元、明、清以来，汝瓷都被视若珍宝，与商彝周鼎比贵，被称之为"纵有家财万贯，不如汝瓷一片"！

宋徽宗赵佶信奉道教，道学崇尚自然含蓄，淡泊质朴的审美观。这一时期的汝窑瓷器正是这种审美情趣的反映，反映出道家清逸、无为的思想境界，成为宋代上流社会的时尚。

汝窑青瓷釉色淡青高雅，造型讲究，不以纹饰为重。传说宋徽宗曾经做过一个梦，梦到雨过天晴后天空的颜色。他非常喜欢，便命汝窑工匠烧制类似颜色瓷器，于是这种介乎于蓝和绿之间的天青色，便成为汝窑的代名词。作为一个艺术家，宋徽宗对汝瓷材质、色彩、纹饰肌理等方面都有极为苛刻的审美要求。

韩琴所制汝瓷菊花杯如图5-16所示。

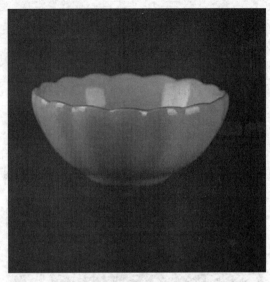

图 5-16 韩琴汝瓷菊花杯

二、钧窑

"入窑一幅元人画，落叶寒林返暮鸦，晚霭微茫潭影静，残阳一抹淡流霞。"这是著名作家姚雪垠作的一首诗，诗中的"元人画"不是由毛笔和着水墨与颜色画在宣纸上，而是在 1 200 度以上的窑炉中，以火为画笔一气呵成。这样的画法全世界仅有一家，它不是工笔画、不是写意画，它是"钧瓷"。

钧窑是宋代著名窑址之一，可分为官钧窑和民钧窑。钧窑在今河南禹县一带，宋代称钧州，宋初于此设窑，故名。钧瓷乃瓷中之王，以独特的窑变艺术而著称于世，一件精美的钧瓷能给人以美的享受，钧瓷的鉴赏要从九点入手，分别为：润、活、纯、变、厚、正、纹、境、浑。钧瓷压手杯如图 5-17 所示。

润，指釉质有玉的温润感，光泽柔和，不同于一般瓷釉发亮的浮光，而是一种淡淡的乳光，光泽如玛瑙一般，似玉非玉胜过玉，有一种温润优雅的质地美感。

活，说的是釉面有动感，不死板。钧瓷口沿、凸棱、炫纹、乳钉之处釉面脱口出筋，产生虚与实对比变化的美感，都与釉的活有密不可分的关系。

纯，釉质纯净的窑变单色釉，如天蓝、天青、月白、豆绿等，色纯而不杂。釉面往往有开片纹路，欣赏起来有纯净的美感。

变，钧窑是火的艺术。蓝色、红色、黄色、白色，无数跳动的火焰，像一支神奇的画笔，那蓝色亲吻过的，也许会生成一朵深紫色的海棠，那红色抚摸过的，也许会出现长空碧色的明净……紫中藏青、青中透红、红中寓白、白里泛蓝、蓝中有绿等，各种色彩交织在一起，变化万千。

厚，厚有两种含义，一是指釉质厚实，乳浊度高，不露底；二是指釉层较厚，不浅薄。钧瓷之所以大气、凝重、耐看，釉厚是相当重要的一个因素。

正，釉面颜色纯正。例如红色鲜艳亮丽，或如鸡血，或如海棠，不能发乌。釉面缺少变化、色又不正的钧瓷就太一般了。娇艳的釉色明快，老辣的釉色深沉，都是钧瓷纯正到位的颜色。

纹，釉面上出现的各种纹路或斑点，有蚯蚓走泥纹、冰裂纹、鱼子纹、龟背纹、蟹爪纹、飞瀑纹、兔毫纹、蛛网纹、流星斑、虎皮斑、雨点斑、雪花点、油滴斑、珍珠点等，这些纹路和斑点给钧瓷平添了一种肌理美。

境，釉面上形成的意境图画。其前提必须是通过窑变自然形成，而不是人为所致。这些意境图画有人物、动物、山水、风景、传说故事等。这种变化妙在似与不似之间，欣赏时能引起人的联想，情景交融，从而使人心情愉悦，获得美的享受。

浑，釉面窑变色彩、纹路、斑点、意境浑然一体，自然天成，给人以整体的美感。釉层浑匀一致，无局部过厚堆积或露底的现象。浑是钧釉窑变的主要特征之一。

图 5-17　钧瓷压手杯

三、定窑

定窑位于河北曲阳，创烧于隋，在唐宋盛极一时，特别是北宋时期，定窑瓷器还被宋朝选为宫廷用瓷。到了元朝，定窑因为战乱不息而没落。直到 20 世纪 70 年代，消失了600 多年的定窑才又复烧白瓷，而目前仅存的定瓷作坊也不过十几家，可知定瓷的弥足珍贵。

定窑以烧制白瓷为主，白瓷胎土细腻，胎质薄而有光，釉色纯白滋润，上有泪痕，釉为白玻璃质釉，略带粉质，因此称为粉定，亦称白定。定窑白瓷，瓷质精良，色泽淡雅，纹饰秀美，胎体轻薄，胎质洁白。釉面多为乳白色，白中闪浅米黄色，呈现出象牙般的质感，给人以柔和悦目、温润恬静之美感，因此也被人誉为中和之美。

白瓷色如玉，声如磬，釉上肌理纹，釉层珍珠包，奇妙的光色变化，使釉层鲜活起来，令人赞叹定瓷物化组合的鬼斧神工。有着"定窑花瓷瓯，颜色天下白"之说（见图 5-18）。

其他瓷器胎质粗而釉色偏黄俗称土定；紫色者为紫定；黑色如漆的为黑定，红色者为红定，珍稀传世极少。其瓷质精良，纹饰秀美，曾被选入宫廷，定窑是一个比较庞大的瓷窑体系。

定瓷刻花奔逸、潇洒，可谓刀行似流云，花成如满月。印花制范精细，拍印考究，造就一种华贵雅典气韵。间辅以剔花、堆花、贴花等各得其趣，或劲健挺拔，或秀美娟丽，都胜过圣手丹青，妙道自然。

白瓷五常茶具

"恻隐之心，人皆有之；羞恶之心，人皆有之；恭敬之心，人皆有之；是非之心，人皆有之。恻隐之心，仁也；羞恶之心，义也；恭敬之心，礼也；是非之心，智也。仁义礼智，非由外铄我也，我固有之也，弗思耳矣。"

图 5-18　白瓷-五常套组

四、哥窑

哥窑被列为宋代名窑，哥窑是历史上唯一的宫廷窑，但未见有宋人记载，只是后期明代才有文献记录。

虽迄今未找到确切窑址，但有传说描述了哥窑起源：浙江处州人章生一和其弟章生二都是制瓷好手。他们两人同在龙泉各设一窑，因生一是兄，所以被称为"哥窑"，生二为弟，当然称为"弟窑"，此二窑皆为著名民窑。

哥窑的釉色以青为主，铁足紫口，釉面有碎纹而著名，号曰"百圾碎"。纹片呈血色、黑蓝色、浅黄色等，其中以黑色最多，被称为"金丝铁线"；而按形状分则呈网形纹、梅花纹、细碎纹等。釉面开片时产生的美妙声音，如涧如泉、如琴如铃，犹如隐于大山深处的天籁之声，让人如痴如醉。

哥窑最主要、最奇妙、最令人称道、又最被人忽视的特征，即所谓"攒珠聚球"。陶瓷界先辈孙瀛洲就写过，"如官、哥釉泡之密似攒珠"，"攒珠"指的是哥窑器中之釉内气泡细密像颗颗小水珠一样，满布在器物的内壁和外壁或内身和外身上（见图5-19）。

图 5-19　龙泉哥窑圆融杯

五、官窑

官窑在中国陶瓷史上有着不同的含意。从广义上讲，它是指有别于民窑而专为官办的瓷窑，产品为宫廷所垄断。

官窑器釉色粉青，色调淡雅，不崇尚花纹装饰，以造型和釉色见长，简极而美。官窑瓷胎中铁分较多，胎色偏紫、褐、黑色，足底不上釉，由于瓷釉的流淌，使口沿处挂釉较薄，显露出带紫色的瓷胎，这就是通常行家所谓"紫口铁足"了，这一点成为鉴定官窑器的重要依据。

除了五大名窑外，宋代还有许多重要的民窑，包括耀州、磁州、景德镇和建盏等。

六、耀州窑

耀州窑位于今陕西铜川一带，宋属耀州。始烧于唐代，北宋中期达到鼎盛，金元时期转向衰落。

耀州窑是宋代北方著名青瓷产地，产品品种丰富，造型多变。其胎色灰白而薄，釉色匀净，青中泛绿，有极细密的气泡；由于胎质中含铁，在相应的烧成气氛下，使器底呈现一种姜黄斑块，形成了耀州窑所独有的特征。

北宋时期的耀州窑瓷器，以剔花、刻花、划花、印花工艺最为著名，艺术成就也最高，是当时北方青瓷的重要代表。其刻花工艺刀法犀利，线条刚劲有力，堪称雕塑精品；宋代晚期的印花工艺，布局严谨，疏密有致，题材丰富，对称均匀，与定窑印花艺术不相伯仲。

宋代耀州窑既烧制观赏器，也大量烧制生活用器，器型非常丰富，有盘、碗、杯、碟、瓶、壶、罐、炉、盒、香薰、注壶、注碗、盏、钵、灯、枕等；造型多变，有花瓣式、瓜棱式和多折式，外形美观，审美效果极佳。

七、磁州窑

磁州窑是一个庞大的民窑体系，宋代以来，北方地区绝大部分窑场，都烧制磁州窑风格的瓷器，其中比较有代表性的窑场有：河南修武当阳峪窑、登封窑、扒村窑、鲁山窑，山东淄博窑，山西大同浑源窑、长治窑，还有北方辽代的赤峰缸瓦窑等，都有自己独立风格的磁州窑系产品；南方的一些窑场，如吉州窑，也烧制磁州窑风格的瓷器。

磁州窑系，主要烧制黑瓷、白瓷和白地黑、褐彩绘瓷，其胎质粗松，胎色也较深，因而施化妆土，再罩以透明釉。装饰技法划分品种有白釉划花、白釉剔花、白釉绿斑、白釉褐斑，白釉釉下黑彩、白釉红绿彩、绿釉釉下黑彩和低温铅釉三彩等，纷繁竞妍，各具特点。

装饰技法方面善于利用化妆土的白色与胎质颜色的反差，加以彩绘、刻剔等多种手法，形成强烈，风格明快的特色。纹饰题材多为花蝶、龙凤、如意头、人物等，线条流畅，细腻逼真，情趣盎然。亦有不少以书法和诗词作为装饰题材，平添诸多雅致。

器形丰富别致，凡生活器皿皆多种多样，最有代表性的器型有：瓶、枕、罐、盆、炉、碗、盘等，其中瓷枕留存的数量比较多，表现形式多样化，同一类产品亦有数种变化，满足人们不同的日用需要和审美偏好。

八、景德镇

景德镇的烧造史可以溯至唐代，原名"昌南"，宋真宗景德年间，该地因制瓷名扬天下而改名景德镇。

就青白瓷这个品种而言，景德镇可称天下第一，这是一种独具风格的瓷器。其釉色白中闪青，青中显白，釉色透亮，光照见影，所以又称"影青"或"映青"，有"假玉"之称。

九、建窑

建窑以生产黑釉茶盏为大宗，这与宋代的"斗茶"风气有关。其胎质为乌泥色，有的釉面呈条状结晶纹，细如兔毛，所以这种特殊产品被称为"兔毫盏"。兔毫有黄、白两色，称金毫、银毫。

其中也有呈油滴状结晶的，因酷似某种尽善尽美羽毛，被称为鹧鸪斑。有极少数窑变花釉，会在不规则的油滴周围形成窑变蓝色，尤为珍贵。这种产品在日本被称为"天目釉"，对日本陶瓷艺术带来很大影响。

建盏也叫"天目"，是黑瓷的代表，中国宋代八大名瓷之一。宋代崇尚自然含蓄的美，人们在陶瓷造型上追求大方简洁，质朴无华，反对过多装饰雕琢，在釉色上偏重安静典雅的色泽，讲究自然天成。建盏完美地展现了宋人素朴归真的闲情雅致以及天人合一的审美情趣，建盏的工匠们注重最大限度地满足人们的使用需要，在此基础上进行艺术加工和美的创造，在火与土的艺术之中，建盏呈现出一种巧夺天工的自然之美（见图5-20）。

图 5-20　建盏

十、龙泉窑

龙泉窑在今浙江省龙泉市一带，主要集中在大窑、金村周围。至南宋晚期，除龙泉当地外，浙江庆元、运和等县以及江西吉安、福建泉州等地都烧造龙泉风格的青瓷，形成龙泉窑系。

龙泉窑是继越窑发展起来的瓷窑，创烧于北宋早期，至南宋前发展，进而形成独特风格，使青釉品种达到了很高的境界，也是南方地区产量最大的瓷窑。

龙泉青瓷的美，是"如蔚蓝落日之天，远山晚翠；湛碧平湖之水，浅草初春"，龙泉青瓷之美还在于其器物的造型，瓶、觚、罐、壶、碗、盘、杯、碟、灯、洗、砚等，大者尺，小者寸，或日用，或陈设，诸器无不匠心独运，制作精巧，高矮长短比例谐调，实用功能与审美理念有机结合，天衣无缝。

公元1279年，元王朝统一了中国。海外贸易的蓬勃发展，进一步刺激了陶瓷业的兴盛。钧窑、磁州窑、龙泉窑等继续生产传统陶瓷产品，其产品不但畅销国内，而且远销国外。景德镇则得天时、地利、人和，异军突起，青花、釉里红、卵白釉、蓝釉、红釉瓷等新品种层出不穷，遂使景德镇一举成为全国最重要的瓷器产地。

元代朝廷在景德镇设立专门烧造官府用瓷的"浮梁瓷局"。

明代自洪武二年（1369）起，朝廷即在景德镇设御器厂专门烧造宫廷用瓷，这就是俗称的"官窑瓷器"。此后，历朝沿袭此种制度。明代的窑业分为官窑和民窑两种。前者专烧宫廷御用瓷，不计成本，质量精美；后者则属商品生产，产量大，艺术风格古朴潇洒。官窑的发展带动了民窑的兴盛，当时景德镇从事陶瓷生产的工人达十余万人，天下至精至美之瓷器莫不出于景德镇，景德镇遂成为全国的制瓷中心。青花瓷、彩瓷和颜色釉瓷是其主要品种，历朝均有精品传世。

在从明代万历三十五年（1607）到清代康熙中期（1676—1700）将近一百年的时间里，随着农民起义的蓬勃发展，直至摧毁明王朝的统治和清朝入主中原，中国社会曾发生剧烈变革。作为全国制瓷中心的景德镇，其瓷器制造业也经历了一次重大转变。主要表现在万历三十五年以前，景德镇的制瓷业是由官窑占统治地位，此后，官窑急剧衰落，民营瓷业则因国内和亚欧市场需求的刺激而渐趋兴盛，跃居主导地位。以往人们曾将17世纪这一时期景德镇的制瓷业称为"转变期"或"转型期"。

清代景德镇窑沿袭明制，亦分为官窑和民窑。清朝统治者革除了明朝在手工业方面的一些弊病，废除了官窑的编役制，将明末出现的"官搭民烧"作为定制，从而出现官民竞争的局面，刺激了民窑的进一步发展。

清道光二十年（1840）鸦片战争以后，随着内忧外患接踵而至和清王朝的日趋衰败，景德镇的制瓷业亦总体上呈现逐渐衰退的局面。但清代晚期官窑瓷器仍然有光辉的亮点，如皇帝大婚和皇太后庆寿用成套餐具的批量生产等，有如晚霞余晖，令人称羡。

以往陶瓷制作都是照样制造，即便是官窑制作，也都是由宫廷造办处出图，制瓷艺人依样制作。民国初年，以"珠山八友"为代表的一批陶瓷艺术家以诗、书、画、印入画绘瓷，用"瓷上文人画"将景德镇的陶瓷艺术推向了一个新的高峰。

第三节　茶具选配原则

明代许次纾《茶疏》有言："茶滋于水，水籍于器，汤成于火，四者相负，缺一则废。"强调了茶、水、器、火四者的密切关系。古往今来，但凡讲究品茗情趣的人，都注重品茶韵味，崇尚意境高雅，强调"壶添品茗情趣，茶增壶艺价值"。认为好茶好壶，犹似红花绿叶，相映生辉。对一个爱茶人来说，不仅要会选择好茶，还要会选配好茶具。

一、因茶选具

茶具的选配首先应是"因茶选具"。

唐代，人们喝的是饼茶，茶须烤炙研碎后，再经煎煮而成，这种茶的茶汤呈淡红色。一旦茶汤倾入瓷茶具后，汤色就会因瓷色的不同而起变化。陆羽从茶叶欣赏的角度，提出了"青则益茶"，认为以青色越瓷茶具为上品。越瓷为青色，倾入淡红色的茶汤，呈绿色。

宋代，饮茶习惯逐渐由煎煮改为"点注"，团茶研碎经"点注"后，茶汤色泽已近"白色"。宋代蔡襄在《茶录》中写道："茶色白，宜黑盏。建安（今福建建州）所造者绀黑，纹如兔毫，其坯微厚，熁之久热难冷，最为要用。"蔡氏特别推崇"绀黑"的建安兔毫盏。

明代，人们已由宋代的团茶改饮散茶。明代初期，饮用的芽茶，茶汤已由宋代的"白色"变为"黄白色"，这样对茶盏的要求当然不再是黑色了，而是时尚"白色"。明代张源的《茶录》中也写道："茶瓯以白瓷为上，蓝者次之。"明代中期以后，瓷器茶壶和紫砂茶具兴起，茶汤与茶具色泽不再有直接的对比与衬托关系。人们饮茶的注意力转移到茶汤的韵味上，主要侧重在"香"和"味"，追求壶的"雅趣"。强调茶具选配得体，才能尝到真正的茶香味。

清代以后，茶具品种增多，形状多变，色彩多样，再配以诗、书、画、雕等艺术形式，从而把茶具制作推向新的高度。

品茶有经验者都知道"老茶壶泡，嫩茶杯冲"。这是因为较粗老的茶叶，用壶冲泡，一则可保持水温，有利于茶叶中的浸出物溶解于水，提高茶汤中的可利用部分；二则较粗老的茶叶缺乏观赏价值，用来敬客，不大雅观。用壶冲泡可避免有失礼之嫌。而细嫩的茶叶，用杯冲泡，一目了然，同时可得到物质享受和精神享受。一般来说，重香气的茶叶要选择硬度较大的壶，如瓷壶、玻璃壶。绿茶类、轻发酵的包种茶类比较重香气。品饮碧螺春、君山银针、黄山毛峰、龙井等细嫩名茶，则用玻璃杯直接冲泡最为理想。重滋味的茶要选择硬度较低的壶，如陶壶、紫砂壶。乌龙茶类是比较重滋味的茶叶，如铁观音、岩茶、单丛等。

二、色泽搭配

茶具的选配应注意与茶的色泽搭配。

茶具的色泽主要指制作材料的颜色和装饰图案花纹的颜色，通常可分为冷色调与暖色调两类。冷色调包括蓝、绿、青、白、黑等色，暖色调包括黄、橙、红、棕等色。茶具色泽的选择主要是外观颜色的选择搭配。其原则是要与茶叶相配。饮具内壁以白色为好，能真实反映茶汤色泽与明亮度。同时，应注意一套茶具中壶、盅、杯等的色彩搭配，再辅以船、托、盖置，做到浑然一体。如以主茶具色泽为基准配以辅助用品，则更是天衣无缝。各种茶类适宜选配的茶具色泽大致如下：名优绿茶：透色玻璃杯，应无色、无花、无盖，或用白瓷、青瓷、青花瓷无盖杯。花茶：青瓷、青花瓷等盖碗、盖杯、壶杯具。黄茶：奶白或黄釉瓷及黄橙色壶杯具、盖碗、盖杯。红茶：内挂白釉紫砂、白瓷、红釉瓷、暖色瓷的壶杯具、盖杯、盖碗或咖啡壶具。白茶：白瓷及内壁有色黑瓷。乌龙茶：紫砂壶杯具，或白瓷壶杯具、盖碗、盖杯。

三、因地选具

茶具的选配一般应注意因地选具。

各地饮茶习惯、茶类及自然气候条件不同，茶具可以灵活运用。如东北、华北一带，多数人都用较大的瓷壶或紫砂壶泡茶。江苏、浙江一带除用紫砂壶外，一般习惯用有盖的瓷杯直接泡饮。四川一带则喜用瓷制的盖碗杯。福建及广东潮州、汕头一带，习惯于用小杯啜乌龙茶，常选用"烹茶四宝"——潮汕风炉、玉书碨、孟臣罐、若琛瓯泡茶，以鉴赏茶的韵味。潮汕风炉是一只缩小了的粗陶炭炉，专门做加热之用；玉书碨是一把缩小了的瓦陶壶，高柄长嘴，架在风炉之上，专门做烧水之用；孟臣罐是一把比普通茶壶小一些的紫砂壶，专门做泡茶之用；若琛瓯是只有半个乒乓球大小的2~4只小茶杯，每只只能容纳4毫升茶汤，专供饮茶之用。小杯啜乌龙，与其说是解渴，还不如说是闻香玩味。这种茶具往往又被看作是一种艺术品。至于我国边疆少数民族地区，至今仍习惯于用碗喝茶，古风犹存。茶具的优劣，对茶汤的质量和品饮者的心情都会产生显著影响。因为茶具既是实用品，又是观赏品，同时也是极好的收藏品及馈赠礼品。

四、实用选具

历代茶人对茶器具特别是对直接泡茶品茶的主要器具提出了许多要求和规定，归纳起来主要有五个方面的要求，即：有一定的保温性；有助于育茶发香；有助于茶汤滋味醇厚；方便茶艺表演过程的操作和观赏；具有工艺特色，可供收藏欣赏。

这五个方面的要求，充分地说明了在饮茶这一物质消费过程中，茶器具作为物质器具，在进入"茶艺""茶道艺术"这一概念和实践时，已远远跨出了"饮茶"这一功能行为的疆界，成为一种生活艺术、一种融入民族精神的文化表达形式。

一般来说，这五个方面的要求，其中前四个方面主要是功能即器具的技术特性，对此可以细化为8项特性在实践中研究应用。

（一）形状

茶器具的形状，不仅要满足外观审美的需求，同样也要满足茶艺的技术性要求。

以茶壶为例，壶的大小、口腹的比例、壶口到壶底的高度都与泡茶的个性需求有关。如乌龙茶需要在高温下冲泡，又是即泡即饮，每泡沥干，不留茶汤，故选配体积小、壶口小的紫砂壶，既能使泡出的茶汤量适合杯数，同时又有利于蓄温、升温，促进茶汤浓醇，茶香焕发。又如红茶，因红茶茶汤量远大于乌龙茶，故应适当选配大一些的壶，宜用鼓腹、深壁的茶壶，这样才有利于保持壶内温度，焕发红茶汤的亮艳香醇。再如绿茶，就需选大口径的壶，扁腹、浅壁为宜，即便如此，有时还需注意不要盖上壶盖，以防闷熟了茶汤，捂黄了嫩叶。

开水壶应壶流细长，品茗杯需大小适宜，闻香杯应径细壁深等，均为茶艺的技术所需。

（二）体积

单件茶具在体积上应符合实际需求，如开水壶的体积、泡茶壶的体积均应与共同品茶的人数有关。同时，各件茶具包括辅助用具，体积上应体现主次、层次，实现相互匹配，和谐统一。如同小茶桌上配一块薄薄的小茶巾，甚是洁雅。

（三）感觉

品茗时特别需要感觉。在中国茶道艺术中，感觉几乎是至上的。但在茶事实践中，人们往往会忽视感觉。品茗杯不仅外形特色，色泽（特别是内壁色泽），而且大小、壁厚程度、杯口的弧形都会带给人不同的感觉。将"感觉"要求推而广之，对其他一些茶具，如茶壶盖钮、壶柄也应形制合理、手感好。

（四）保温

茶器具中，凡用于泡茶、品茶的主器具，一般都有保温性要求。只有选配了保温性能、散热特性符合要求的器具，也就是掌握了器具的保温散热特点，才能确保茶道全过程的完美。如不锈钢制品导热性极佳，升温快，散热也快，易烫手；石壶虽有一定壁厚，但导热较快，很烫手，较难驾驭。

（五）便携

外出携带用的茶器具要具有便携的特性。所选茶具应简易方便，形成精巧组合。如泡茶容器一般选小瓷壶或紫砂壶而不选较复杂的盖碗三件套；品茗杯应选小巧、有一定的壁厚，不易破碎的；贮放开水的保暖瓶应选有高度，外观细长的，以确保适用且方便。

（六）齐全

齐全是相对于需求而言的。粗放式的可以一把茶叶一杯水，十分简单。而从茶艺的要求出发，就要有意境的追求，文化品位、生活艺术的讲究，因此茶具的齐全便不可忽视。

（七）耐用

耐用也是实用。选配茶具应该在实用性基础上追求艺术性。这两者颠倒了就会妨碍茶事的顺利进行，影响泡茶、品茶过程的享受效果。易碎、易烫手等不安全因素应事先予以排除。

（八）工艺特色

为了正确选配茶具，除了在技术特性上应满足茶艺实用要求外，还应在工艺上把握以下4个要点。

1. 精湛的工艺

精湛的工艺是指茶器具在制造上的精良程度。如玻璃杯，应外形无缺陷，透明度高，大小适宜；盖碗杯的瓷质应细腻光滑，杯身特别是内壁应洁白无瑕，盖与杯圆弧相配；紫砂壶应质地细腻、制作精细，无论方圆皆构思精妙，具有高雅的气度，透出韵律感，在密封性、摆放平稳、出水润畅等方面均符合要求。

2. 风格独特

茶器具的独特风格是茶艺中富有魅力的一个组成部分，我们应当追求多样化的茶器具组合风格，即个性化追求。茶器具的个性化主要表现在造型、色彩、文化内容的融合等方面。茶器具在造型上追求富含创意、神形兼备；在色彩上或高雅，或富丽，或恬淡，依个人所好；在文化内容上，壶杯用具往往绘以山水，制以诗词，琢以细饰，增添艺术气息、书卷气息。一般茶人均崇尚高雅，摒弃艳俗，追求返璞归真，反对矫揉造作。

3. 组合和谐

泡茶、品茶是一个过程，应依程序逐一而行；茶器具是一个组合，依功能需要互相匹配协调。因此，一个茶器具组合和谐相配，能给人以赏心悦目的感受。其中应注意各种器具在材质上互相映照、沟通，共同形成一种气质；在造型体积上做到大小配合得体，错落有致，高矮有方，风格一致，力戒杂乱无绪。

4. 文化艺术品位

茶器具除了有使用价值，也有很高的艺术价值。茶器具的文化品位是所有茶人共同追求的。因此，在满足使用功能的前提下，应努力满足文化艺术欣赏的需要。特别是壶、杯、盏及使用频繁的"茶匙组合"应予以重视。至于瓷质、紫砂的壶、杯、盏更是品质、气韵变化万千，文化气息浓郁，在茶事活动中更显雅趣。

第六章

茶的品饮及用水选择 ●●●

茶艺的六要素包括选茶、择水、备器、环境、冲泡与品饮。茶艺是茶事与文化的结合体，是修养与文化的一种手段，是饮食风俗和品茶技艺的结晶。随着人的物质生活水平不断提高，对精神生活的需求愈加彰显。陶冶情趣的茶艺正渐渐融入都市人的休闲生活，渐渐被大众了解、采用。人们更加从茶事中感受平和，追求宁静，享受茶所带来的怡然自得，体会人生的真谛。

第一节　品茗与用水

一、品茗与用水的关系

品茗用水的选择在茶艺实践中是十分重要的，古人对水的品格一直十分推崇。明代张大复在《梅花草堂笔谈》中说得更为透彻："茶性必发于水，八分之茶，遇十分之水，茶亦十分矣；八分之水，试十分之茶，茶只有八分耳。"可见水对于茶的重要性。泡茶水质的好坏直接影响到茶色、香、味的优劣。只有精茶与真水融合，才是至高的享受，最高的境界。其中品茗用水的选择是十分重要的。

 知识拓展

水的各种美德

据《荀子》记载，一次，"孔子观于东流之水"，子贡问他说："君子见大水必观焉，何也？"孔子回答说："水，滋润万物而不向万物索取什么，这是'德'；虽然也有高下曲折的时候，但总是循着一定的河道流淌，这是'义'；浩浩荡荡，不舍昼夜，好像有所追求，这是'道'；高谷深峡，奔腾而下，无所畏惧，这是'勇'；可以作为衡量事物持平与否的标准，这是'法'；持器物取水，器盈须止，否则自溢，不可多得，这是'正'；润物无声，精妙细微，无所不至，这是'察'；能够选择洁净的源泉和注入处，这是'善'；自源头流出而百折不回，这是'志'。"孔子把人类的各种美德赋之于水（见图6-1）。

图 6-1 孔子观水

二、品茗用水的分类

按其来源，水可分为泉水（山水）、溪水、江水（河水）、湖水、井水、雨水、雪水、露水、自来水、纯净水、矿泉水、蒸馏水等。

水的硬度单位是"度"，每升水含 10 毫克的氧化钙（或碳酸钙）称为 1 度。

按其硬度，软水是指硬度在 8 度以下的水；轻度硬水是指硬度在 8~16 度的水；中度硬水是指硬度在 16~25 度的水；超硬水是指硬度大于 25 度的水。

饮茶与水是密不可分的。首先作为好水要达到的主要指标如下。

（一）感官指标

色度不超过 15 度，即无异色；浑浊度不超过 5 度，即水呈透明状，不浑浊；无异常的气味和味道，不含有肉眼可见物。使人有清洁感。

（二）化学指标

pH 为 6.5~8.5。茶汤水色对 pH 相当敏感。pH 降至 6 以下时，水的酸性太大，汤色变淡；pH 高于 7.5 呈碱性时，茶汤变黑。水的总硬度不高于 25 度。水的硬度是反映水中矿物质含量的指标，它分为碳酸盐硬度及非碳酸盐硬度两种，前者在煮沸时产生碳酸钙、碳酸镁等沉淀物，因此煮沸后水的硬度会改变，故亦称暂时硬度，这种水称"暂时硬水"；后者在煮沸时无沉淀产生，水的硬度不变，故亦称永久硬度，这种水为"永久硬水"。

水的硬度会影响茶叶成分的浸出率。软水中溶质含量较少，茶叶成分浸出率高；硬水中矿物质含量高，茶叶成分的浸出率低。

实验表明，采用软水泡茶，茶汤明亮，香味鲜爽，其色、香、味俱佳；而用硬水泡茶，则茶汤之色、香、味大减，茶汤发暗，滋味发涩，如果水质含有较大的碱性或含有铁质，茶汤会发黑，滋味苦涩，无法饮用。高档名茶如用硬水沏泡，茶味受损更重。

水中氯离子浓度不超过 0.5 毫克/升。否则有不良气味，茶的香气会受到很大影响。水中氯离子多时，可先积水放一夜，然后烧水时保持沸腾 2~3 分钟。

水中氯化钠的含量应在 200 毫克/升以下，否则咸味明显，对茶汤的滋味有干扰。铁浓度不超过 0.3 毫克/升、锰浓度不超过 0.1 毫克/升。否则茶叶汤色变黑，甚至水面浮起一层"锈油"。

同时，作为饮用水必须达到以下的安全指标。

1. 微生物学指标

水遭到微生物污染，就可造成传染病的爆发。理想的饮用水不应含有已知致病微生物。生活饮用水的微生物指标为细菌总数在 1 毫升水中不得超过 100 个，大肠杆菌群在 1 升水中不得超过 3 个。

2. 毒理学指标

生活用水中如含有化学物质，长期接触会引起健康问题，特别是蓄积性毒物和致癌物质的危害。生活饮用水的卫生标准中，包括 15 项化学物质指标，如氟化物、氯化物、砷、硒、汞、镉、铬、铅、银、硝酸盐、氯仿、四氯化碳、滴滴涕、六六六等。这些物质不得超过规定浓度。

第二节 泡茶用水的选择方法

一、古人泡茶用水的要求

最早也是最经典地论及茶与水质关系的是茶圣陆羽（《茶经·五之煮》），其后，宋徽宗在其茶著《大观茶论》中则将沏茶用水总结为："水以清、轻、甘、洁为美。"这些经验总结基本为现代科学实验所证实，下面先就水质之"清、活、轻"及水味的"甘与冽"分别论述之。

（一）清（烹茶用水第一要）

水质的"清"是相对"浊"而言的。用水应当质地洁净、无污染，这是生活中的常识。沏茶用水尤应洁净，古人要求水"澄之无垢、挠之不浊"。水不洁净则茶汤混浊，难以入人眼。水质清洁无杂质、透明无色，方能显出茶之本色。

（二）轻（烹茶用水第二要）

水质的"轻"是相对"重"而言的，古人总结为：好水"质地轻，浮于上"，劣水"质地重，沉于下"。清人更是以水的轻、重来鉴别水质的优劣并将其作为评水的标准。古人所说水之"轻、重"类似今人所说的"软水、硬水"。

（三）活（烹茶用水第三要）

"活水"是相对"死水"而言的，要求水"有源有流"，不是静止水。煎茶的水要活，陆羽在其著作《茶经》中就强调过，后人亦有深刻的认识。

明田艺蘅《煮泉小品》亦说："泉不流者，食之有害。"这些总结很有科学道理，不流动的水，容易滋生各种细菌、微生物，同时蚊虫也在其中产卵。这样的水喝了当然对身体有害。

（四）甘（烹茶用水第四要）

"甘"是指水含口中有甜美感，无咸苦感。宋徽宗《大观茶论》谓："水以清、轻、甘、洁为美，轻、甘乃水之自然，独为难得。"水味有甘甜、苦涩之别，一般人均能体味。硬水中含矿物质盐较多，而这些矿物质盐通常会使水品尝起来有咸或苦的感觉，所以一般味为甘甜的水多是软水。

（五）冽（烹茶用水第五要）

"冽"则是指水含口中有清冷感。水的冷冽，也是煎茶用水所要讲究的。古人认为水

"不寒则躁，而味必嗇"，嗇者，涩也。明田艺蘅说："泉不难于清，而难于寒。其瀄峻流驶而清，岩奥阴积而寒者，亦非佳品。"泉清而能冽，证明该泉系从地表之深层沁出，所以水质特好。这样的冽泉，与"岩奥阴积而寒者"有本质的不同，后者大多是滞留在阴暗山潭中的"死水"，不是活水，经常饮用对人不利。

知识拓展

王安石辨水

相传王安石和苏东坡一同喝茶，王安石问："我托您取瞿塘中峡水，您这事办了么？"东坡回答说："办了。您要的水已运来了，现在府外。"王安石命人将水瓮抬进书房。他亲以衣袖拂拭，打开纸封，命童儿在茶灶中煨火，用银铫汲水然后放在火上煮。先取白定碗一只，投阳羡茶一撮于内，待铫内的水冒出蟹眼一般的水泡，立即拿起铫将沸腾的水倾入碗里，其茶色半晌方见。王安石有些怀疑，问道："这是在哪里取的水？"东坡回答说："巫峡。"王安石故意说："这怕是中峡的水吧？"东坡说："正是。"王安石笑道："此乃下峡之水，如何说假话称此是中峡的水呢？"东坡大惊，告诉当地人说的话："三峡相连，一般样水，有何区别？——晚生听错了，实是取下峡之水。老太师咋分辨的呢？"王安石说："读书人不可轻举妄动，须是细心察理。老夫若非亲到黄州，看过菊花，怎么诗中敢乱道'黄花落瓣'！这瞿塘水性，出于《水经补注》。上峡水性太急，下峡太缓，惟中峡不急不缓。太医院官乃名医，知老夫乃中脘出了毛病，故用中峡水做药引。此水烹阳羡茶，上峡味浓，下峡味淡，中峡浓淡适宜。今见茶色半晌方见，故知下峡。"东坡离开座位，施礼谢罪，表示敬服。

二、现代人泡茶用水的选择

（一）天然水

1. 泉水、溪水（属陆羽《茶经》中的"山水"）

茶有淡而悠远的清香，泉有缓而汩汩的清流，两者都远离尘嚣而孕育于青山秀谷，亲融于大自然的怀抱中。茶性洁，泉性纯，这都是历代文人雅士们孜孜以求的品性。

2. 天落水

指雪水、雨水、朝露水，也称天泉水、无根水。在天然水中，雨、雪等天落水还是比较纯洁的，虽然它们在降落过程中会溶入少量的氮、氧、二氧化碳、尘埃和细菌等，但其含盐量很小，因此硬度也很低，是天然软水。古人素喜用天落水烹茶，谓其质清且轻，味甘而冽，是上佳泡茶用水。现代研究也表明，在大气无污染的情况下，天落水是很好的天然纯净水，于人身心有益。

雪水、雨水、朝露水在古时被称之为"天泉"，尤其是雪水，更为古人所推崇。唐代白居易的"融雪煎香茗"，宋代辛弃疾的"细写茶经煮香雪"，元代谢宗可的"夜扫寒英煮绿尘"，都是赞美用雪水泡茶的。从曹雪芹在《红楼梦》第41回"栊翠庵茶品梅花雪"中描述妙玉取用隔年雨水和多年梅花上的雪水泡茶的场面，就可见古人对烹茶用雨、雪水的讲究。（梅花雪水：当梅花盛开时，将落于梅花花瓣上的雪，以洁净鹅毛从花瓣上扫下，贮入小陶罐，密封罐口，深埋于花树旁的土中，隔年后取出用以泡茶。

3. 江、河、湖水（属陆羽《茶经》中的"江水"类）

江、河、湖水属地表水，含杂质较多，软硬度难测，混浊度较高。一般来说，不宜直接用来沏茶，须经澄清后用。但在远离人烟，又是植被生长繁茂之地，污染物较少，这样的江、河、湖水，仍不失为沏茶好水。如浙江桐庐的富春江水、淳安的新安江水、绍兴的鉴湖水都是例证。唐代陆羽在《茶经》中说："其江水，取去人远者。"就是这个意思。

4. 井水

井水属地下水，但多为浅层地下水，富含矿物质，水的硬度一般较高，而且城市井水，很容易受周围环境污染，水质较差，用来沏茶，有损茶味。至于深井之水，由于耐水层的保护，不易被污染，同时过滤距离远，悬浮物含量少，水质洁净，虽可用来泡茶，但应到经常有人汲水的井中去提取（陆羽《茶经》"井取汲多者"）。

（二）人工处理水

1. 自来水

现代人喝茶使用自来水居多，自来水中含有用来消毒的氯气，氯化物与茶中的多酚类作用，会使茶汤表面形成一层"锈油"，喝起来有苦涩味。

因此，如果用自来水沏茶，应注意以下三个问题。

（1）最好避免一早接水，因为夜间用水较少，自来水在水管中停留时间较长，会含有较多的铁离子或其他杂质，如果晨起就接水，则最好适当放掉一些水后再接水饮用。

（2）最好用无污染的容器，接水后先贮存一天，待氯气散发后再煮沸沏茶，或者采用净水器将水净化后再用来沏茶。

（3）北方地区的自来水一般硬度较高，不适合沏泡高档名茶（可选用天然水或纯净水），但对成熟度较高的茶叶影响较小。

2. 纯净水

纯净水是指采用多种纯化技术把水中所有的杂质和矿物质都去掉的水，其纯度很高，硬度几乎为零，是纯软水，pH 值一般在 5~7，下限值甚至低于酸雨污染的指标（为 5.6），大部分的纯净水 pH 值在 6.5 以下，属弱酸性。

3. 矿物质水

矿物质水属人工合成水（也称仿矿泉水），其生产流程是在纯净水的基础上加入适量的人工矿物质盐试剂。大部分矿物质水的 pH 在 6 以下，甚至比纯净水的酸度还低，长期饮用不利于人身体健康。这个有害与有益浓度之间的界限靠人工是十分难把握的，例如，硒含量为 0.01~0.05 毫克/升可防癌、抗癌，增强人体免疫功能，但硒含量大于 0.05 毫克/升则会造成硒中毒；碘化物含量为 0.2~0.5 毫克/升对人体有益，但碘化物含量大于 0.5 毫克/升则会引发碘中毒，不利于人身体健康。

（三）泡茶用水的处理

1. 过滤法

购置理想的滤水器，将自来水经过过滤后，再来冲泡茶叶。

2. 澄清法

将水先盛在陶缸，或无异味、干净的容器中，经过一昼夜的澄净和挥发，水质就较理想，可以冲泡茶叶。

3. 煮沸法

自来水煮开后，将壶盖打开，让水中的消毒药物的味道挥发掉，保留了没异味的水质，这样泡茶较为理想。

泡茶用水在茶艺中是一重要项目，它不仅要合于物质之理、自然之理，还包含着中国茶人对大自然的认知和高雅的审美情趣。如图6-2所示为定窑白瓷养水罐。

图6-2　定窑白瓷养水罐

第三节　中国名泉佳水

神州大地，幅员辽阔，青山绿洲之间，名泉如繁星闪烁。它们或喷涌而出、汩汩外溢；或水雾弥漫、时淌时停。名泉吐珠，水质甘美可口，历来被名人雅士竞相评论。

一、天下第一泉

"天下第一泉"，应该是普天之下独一无二。然而事实上，单在中国被称为天下第一泉的就有四处：一处为庐山的谷帘泉，一处为镇江的中泠泉，一处为北京西郊的玉泉，一处为济南的趵突泉。

1. 谷帘泉，又名三叠泉，在庐山主峰大汉阳峰南面康王谷中

据张又新《煎茶水记》记载，陆羽曾经应李季卿的要求，对全国各地20处名泉排出名次，其中第一名是"庐山康王谷谷帘泉"。

谷帘泉四周山体，多由砂岩组成，加之当地植被繁茂，下雨时，雨水通过植被，慢慢沿着岩石节理向下渗透，最后，通过岩层裂缝，汇聚成一泓碧泉，直流而下，纷纷数十百缕，款款落潭中，形成"岩垂匹练千丝落"（苏轼诗）的壮丽景象，因水如垂帘，故又称为"水帘泉"或"水帘水"。历史上众多名人墨客，都以能亲临观赏这一胜景和亲品"琼浆玉液"为幸。宋代陆游一生好茶，在入川途中，路过江西时，也对谷帘泉称赞不已，在他的日记中这样写道："前辈或斥水品以为不可信，水品因不必尽当，然谷帘卓然，非惠山所及，则亦不可诬也。"此外，宋代的王安石、秦少游、朱熹等也都慕名到此，品茶品水，公认谷帘泉水"甘馥清泠，具备诸美而绝品也"！宋代名人王禹偁还专为谷帘泉写了序文："水之来计程，一月矣，而其味不败。取茶煮之，浮云蔽雪之状，与井泉绝殊。"人们普遍认为谷帘泉的泉水具有八大优点，即清、冷、香、柔、甘、净、不噎人、可预防疾病。

2. 中泠泉，也叫中濡泉、南泠泉，位于江苏镇江金山寺外

唐宋之时，金山还是"江心一朵芙蓉"，中泠泉也在长江中。据记载，以前泉水在江中，江水来自西方，受到石簰山和鹊山的阻挡，水势曲折转流，分为三泠（三泠为南泠、中泠、北泠），而泉水就在中间一个水曲之下，故名为"中泠泉"。因位置在金山的西南面，故又称"南泠泉"。因长江水深流急，汲取不易。据传打泉水需在正午之时将带盖的铜瓶子用绳子放入泉中后，迅速拉开盖子，才能汲到真正的泉水。南宋爱国诗人陆游曾到此，留下了"铜瓶愁汲中濡水，不见茶山九十翁"的诗句。

中泠泉水宛如一条戏水白龙，自池底汹涌而出。"绿如翡翠，浓似琼浆"，泉水甘洌醇厚，特宜煎茶。唐陆羽品评天下泉水时，将中泠泉列为全国第七，陆羽之后的后唐名士刘伯刍把宜茶的水分为七等，扬子江的中泠泉因其水味和煮茶味佳名列第一。另外中泠泉还传说"盈杯不溢"，贮泉水于杯中，水虽高出杯口 1～2 毫米都不溢，水面放上一枚硬币，不见沉底。从此中泠泉被誉为"天下第一泉"。

3. 玉泉，位于北京西郊玉泉山南麓

玉泉被称为天下第一泉，跟乾隆皇帝分不开。相传乾隆皇帝是有名的嗜茶皇帝，他每次巡视全国各地时，都让属下带一只银斗称量各地名泉水的比重，经过评比，玉泉的水比重最轻且极其甘洌，所以赐封玉泉为"天下第一泉"。他还特地撰写了《玉泉山天下第一泉记》，记中说："水之德在养人，其味贵甘，其质贵轻。朕历品名泉，……则凡出于山下而有洌者，诚无过京师之玉泉，故定为天下第一泉。"玉泉被乾隆皇帝钦命为"天下第一泉"。

4. 趵突泉，又名槛泉，位于济南市中心趵突泉公园

济南素以泉水多而著称，有"济南泉水甲天下"的赞誉。趵突泉居济南"七十二名泉"之首，南倚千佛山，北靠大明湖。泉水昼夜喷涌，涌出时瀑突跳跃，其水势如鼎沸，状如白雪三堆，冬夏如一、蔚为奇观。前人赞美趵突泉就有"倒喷三窟雪，散作一池珠"及"千年玉树波心立，万叠冰花浪里开"等佳句。趵突泉水清醇甘洌，烹茶甚为相宜，宋代曾巩说"润泽春茶味更真"。

趵突泉被誉为"第一泉"始见于明代晏璧的诗句"渴马崖前水满川，江水泉迸蕊珠圆。济南七十泉流乳，趵突洵称第一泉"。后来还传说乾隆皇帝下江南途经济南时品饮了趵突泉水，觉得这水竟比他赐封的"天下第一泉"玉泉水更加甘洌爽口，于是赐封趵突泉为"天下第一泉"，并写了一篇《游趵突泉记》，还为趵突泉题书了"激湍"两个大字。

蒲松龄也把天下第一的桂冠给了趵突泉："尔其石中含窍，地下藏机，突三峰而直上，

散碎锦而成绮垂……海内之名泉第一，齐门之胜地无双。"

乾隆末年，山东按察使石韫玉为趵突泉题写了一副对联："画阁镜中看，幻作神仙福地；飞泉云外听，写成山水清音。"我国名泉虽多，但像趵突泉这样"石中含窍，地下藏机"，能幻作神仙福地、听出山水清音的奇泉灵水也应该是绝无仅有了。

二、天下第二泉——无锡惠山泉

惠山泉位于江苏无锡惠山寺附近，原名漪澜泉，相传为唐朝无锡县令敬澄派人开凿的，共两池，上池圆，下池方，故又称二泉。由于惠山泉水源于若冰洞，细流透过岩层裂缝，呈伏流汇集，遂成为泉。因此，泉水质轻而味甘，深受茶人赞许。唐代天宝进士皇甫冉称此水来自太空仙境；唐元和进士李绅说此泉是"人间灵液，清鉴肌骨，漱开神虑，茶得此水，尽皆芳味"。

惠山泉盛名，始于中唐，其时，饮茶之风大兴，品茗艺术化，对水有了更高的要求。据唐代张又新的《煎茶水记》载，最早评点惠山泉水品的是唐代刑部侍郎刘伯刍和"茶圣"陆羽，他们品评的宜茶范围不一，但都将惠山泉列为"天下第二泉"。自此以后，历代名人学士都以惠山泉沏茗为快。据唐代无名士《玉泉子》载，唐武宗时，宰相李德裕为汲取惠山泉水，设立"水递"（类似驿站的专门输水机构），把惠山泉水送往千里之外的长安；宋代大文学家欧阳修用惠山泉作"润笔费"礼赠大书法家蔡襄；宋徽宗赵佶更把惠山泉水列为贡品，由两淮两浙路发运使赵霆按月进贡；南宋高宗赵构，被金人逼得走投无路，仓皇南逃时，还去无锡品茗二泉；元代翰林学士、大书法家赵孟頫专为惠山泉书写了"天下第二泉"五个大字，至今仍完好地保存在泉亭后壁上；明代诗人李梦阳在他的《谢友送惠山泉》诗中写道："故人何方来？来自锡山谷。暑行四千里，致我泉一斛。"近代，这种汲惠山泉水沏茶之举，大有人在。每日提壶携桶，排队汲水，为的是试泉品茗。

其实，惠山泉是地下水的天然露头，免受环境污染。加之，泉水经过砂石过滤，汇集成流，水质自然清澈晶莹。另外，还由于水流通过山岩，富含矿物质营养。用这等上好泉水品茗，自然为人钟情。

三、天下第三泉——苏州虎丘寺石泉水

石泉水位于苏州阊门外虎丘寺旁，其地不仅以天下名泉佳水著称于世，而且以风景秀丽闻名遐迩。

据《苏州府志》记载，唐德宗贞元中，"茶圣"陆羽寓居苏州虎丘，发现虎丘山泉甘醇可口，遂在虎丘山挖筑一井，在天下宜茶二十水品中，陆羽称"苏州虎丘寺石泉水，第五"。后人称其为"陆羽井"，又称"陆羽泉"。在虎丘期间，陆羽还用虎丘泉水栽培茶树。由于陆羽的提倡，苏州人饮茶成习俗，百姓营生，种茶亦为一业。

其实，现在人们能见到的虎丘寺石泉是一口古石井。井口大约一丈见方，四壁垒以石块。井泉终年不涸，清冽甘醇，用来试茗，能保持茶的清香醇厚本色，又有甘甜鲜爽之美。

四、天下第四泉——扇子山蛤蟆石泉水

蛤蟆石，在长江西陵峡东段，距湖北宜昌市西北25千米。灯影峡之东，长江南岸扇子山山麓，有一呈椭圆形的巨石，霍然挺出，从江中望去好似一只张口伸舌、鼓起大眼的蛤

蟆，人们称之为蛤蟆石，又叫蛤蟆碚。

蛤蟆石地处滩险流急的扇子峡边，舟人过此视为畏途。郭相业在《蛤蟆碚》中写道："白狗峡，黄牛滩，千古人嗟蜀道难，江边蹲踞蛤蟆石，逆水牵舟难更难，贾客闻之心胆寒。"然而比这千万年蹲在长江边上的蛤蟆石更有名气的，则是隐匿在其背后的那眼清泉。在蛤蟆尾部山腹有一石穴，中有清泉，倾泄于"蛤蟆"背脊和口鼻之间（因蛤蟆头朝北），漱玉喷珠，状如水帘，垂注入长江之中，名曰"蛤蟆泉"。泉洞石色绿润，岩穴幽深，其内积泉水成池，水色清碧，其味甘美。

蛤蟆泉，水清、味甘，是烹茶、酿酒的上好水源。唐代"茶圣"陆羽曾多次来此品尝，他在《茶经》中写道："峡州扇子山有石突然，泄水独清冷，状如龟形，俗云蛤蟆泉水第四。"蛤蟆泉传说是月宫中的蛤蟆吐的琼浆玉液，清人杨毓秀在《东湖物产图赞》中说"太阴之精，广寒是宅，窃饮天汉，逃距峡侧，罡风踔厉，吹化为石，远导潢汉，潜疏坤脉，口吐琼浆，泽我下国"，给我们演绎了一个传奇的神话故事。月宫中的一只小蛤蟆，因偷饮了天池中的圣水，被月宫之子吴刚一斧打昏，从半天云里掉到了灯影峡的江边，被一位善良的老樵夫搭救。小蛤蟆为报救命之恩，风化成石，蹲在江边长年喷吐甘液。小蛤蟆吞食天地灵气，汲取日月精华，它所喷吐的也是琼浆玉液，当地流传着一首民谣："明月水，明月水，小蛤蟆吐的活宝贝，泡茶茶碗凤凰叫，煮酒酒杯白鹤飞，十里闻香人也醉。"

这蛤蟆泉水自从陆羽评其为"天下第四泉"以来，引起了嗜茶品泉者的浓厚兴趣，特别是北宋年间，许多著名品泉高手、茶道大师，都不避艰险，纷纷登临扇子山，以一品蛤蟆泉水为快，并留下了赞美泉水的诗篇。如北宋文学家、史学家欧阳修（1007—1072）有诗赞曰："蛤蟆喷水帘，甘液胜饮酎。"北宋诗人、书法家黄庭坚（1045—1105）在诗中赞道："巴人漫说蛤蟆碚，试裹新芽来就煎。"北宋文学家、书法家和散文家苏轼（1037—1101）和苏辙（1039—1112）兄弟都曾登临蛤蟆碚品泉赋诗，赞赏寒碧清醇的蛤蟆泉水"岂惟煮茗好，酿酒更无敌"。

五、天下第五泉——扬州大明寺泉水

大明寺，在江苏省扬州市西北约4千米的蜀岗中峰上，东临观音山。因建于南朝宋大明年间（457—464）而得名。隋代仁寿元年（601）曾在寺内建栖灵塔，又称栖灵寺。这里曾是唐代高僧鉴真大师居住和讲学的地方。现存大明寺为清同治年间重建。在大明寺山门两边的墙上对称地镶嵌着："淮东第一观"和"天下第五泉"十个大字，每字约一米见方，笔力遒劲。

著名的"天下第五泉"即在寺内的西花园里，被列为天下第十二佳水。西花园原名"芳圃"，相传为清乾隆十六年（1751）乾隆下江南到扬州欣赏风景的一个御花园，向以山林野趣著称。唐代茶人陆羽在沿长江南北访茶品泉期间，实地品鉴过大明寺泉。唐代另一位品泉家刘伯刍却将扬州大明寺泉水，评为"天下第五泉"，于是，扬州大明寺泉水，就以"天下第五泉"扬名于世。大明寺泉，水味醇厚，最宜烹茶，凡是品尝过的人都公认宋代欧阳修在《大明寺泉水记》所说"此井为水之美者也"是深识水性之论。

六、浙江杭州虎跑泉

虎跑泉，在浙江杭州市西南大慈山白鹤峰下慧禅寺（俗称虎跑寺）侧院内，距市区约5

千米。虎跑泉石壁上刻着的"虎跑泉"三个大字，功力深厚，笔锋苍劲，出自西蜀书法家谭道一的手迹。相传，唐元和十四年（819）高僧性空来此，喜欢这里风景灵秀，便住了下来。后来，因为附近没有水源，他准备迁往别处。一夜忽然梦见神人告诉他说："南岳有一童子泉，当遣二虎将其搬到这里来。"第二天，他果然看见二虎跑（刨）地作地穴，清澈的泉水随即涌出，故名为虎跑泉。"虎移泉眼至南岳童子；历百千万劫留此真源。"——这副虎跑寺楹联写的也是这个神话故事。

其实虎跑泉是从大慈山后断层陡壁砂岩、石英砂中渗出，据测定流量为43.2~86.4立方米/日。泉水晶莹甘冽，居西湖诸泉之首。

"龙井茶叶虎跑水"，被誉为西湖双绝。古往今来，凡是来杭州游历的人们，无不以能身临其境品尝一下以虎跑甘泉之水冲泡的西湖龙井之茶为快事。历代的诗人们留下了许多赞美虎跑泉水的诗篇。如苏东坡有："道人不惜阶前水，借与匏樽自在尝。"清代诗人黄景仁（1749—1783）在《虎跑泉》一诗中有云："问水何方来？南岳几千里。龙象一帖然，天人共欢喜。"诗人是根据传说，说虎跑泉水是从南岳衡山由仙童化虎搬运而来，缺水的大慈山忽有清泉涌出，天上人间都为之欢呼赞叹。亦赞扬高僧开山引泉，造福苍生的功德。著名文学家郭沫若1959年2月游虎跑泉时，在品茗之际，曾作诗一首："虎去泉犹在，客来茶甚甘。名传天下二，影对水成三。饱览湖山美，豪游意兴酣。春风吹送我，岭外又江南。"

七、浙江杭州龙井泉

龙井泉地处杭州西湖西南，位于南高峰与天马山之间的龙泓涧上游的分水岭上，又名龙泓泉、龙湫泉，为一圆形泉池，环以精工雕刻的云状石栏。泉池后壁砌以垒石，泉水从垒石下的石隙涓涓流出，汇集于龙井泉池，尔后通过泉下方通道注入玉泓池，再跌宕下泻，形成淙淙溪流。

据明代田汝成《西湖游览志》载，龙井泉发现于三国东吴年间（222—280），东晋学者葛洪在此炼过丹。民间传说龙井泉与江海相通，龙居其中，故名龙井。

其实，龙井泉属岩溶裂隙泉，四周多为石灰岩层构成，并由西向东南方倾斜，而龙井正处在倾斜面的东北端，有利于地下水顺岩层向龙井方向汇集。同时，龙井泉又处在一条有利于补给地下水的断层破碎带上，从而构成了终年不涸的龙井清泉。且水味甘醇，清明如镜。

清代陆次云《再游龙井作》中写道："清跸重听龙井泉，明将归辔启华游，问山得路宜晴后，汲水煎茶正雨前。"名泉伴佳茗，好茶配好水，实在是件美事。如今，"龙井问茶"已刻成碑石，立于龙井泉和龙井寺的入口处，在龙井茶室品茗，已成了游客的绝妙去处。

第七章

茶艺基本知识 ●●●

第一节 茶 艺 理 论

一、茶艺概述

（一）茶艺的定义及特点

茶艺是一门生活艺术，是以泡茶的技艺、品茶的艺术为主体，并与相关艺术要素相结合的总和。

泡茶与品茶是一个过程的两个方面，并且是相互联系、贯通的两个阶段。假如把"泡茶"喻为创作，那"品茶"就是对创作成果的鉴赏、体味与升华。茶艺在意识上，与民族精神、社会道德、伦理等相一致；在文化艺术上，与诗文、音乐、书画等多种文化艺术样式相融通；在物质上，与器具、食品，乃至建筑相配合。因此，中国茶艺具有很大的包容性和渗透力，经过长期的继承与发展，形成了富有中华民族特色并具有积极意义的生活习俗，其文化结晶是中国传统文化中优秀的组成部分之一。

茶艺源于生活，高于生活，又返照于生活。它存在于千家万户的生活之中，又从千家万户中走出来，随历史发展而前进，在社会生活的运动中熔炼而成。因此，茶艺是中华民族长期饮茶生活实践和千百万嗜茶者潜心研究、总结，并随社会发展而形成的硕果。无疑，茶艺涵盖雅俗各个层面，具有广泛的社会性。

（二）茶艺与茶道的区别

历史上很早就有茶道这一概念。千百年来，人们习惯于把精到的泡茶、品茗称为茶道。茶道在包含茶的沏泡、品饮的同时，体现了茶在思想与文化中的升华。

茶艺是时下人们赋予中国传统茶饮之艺的一个现代名词。它反映了新的时代下人们对这一传统生活内容的新追求，是一个充满希冀、追求，又十分贴切的概念。

茶艺与茶道很难从概念上严格而又详尽地界定。但在现实生活及茶饮研究中，人们已约定俗成地作出了区别运用。其中，当强调精神方面，特别联系道德、修养层面时，多引用茶道一词；而偏重泡茶、品茶技艺、经验、体会时，常引用茶艺一词。这两个词在词的色彩上，以茶道较浓郁地体现中华民族的传统，有较强烈的历史感，而茶艺更具现代感，具有对高品位茶饮生活追求的时代情感。

（三）茶艺与其他艺术的区别

茶艺是生活的艺术，是一般饮茶生活的提高，是人们对日常生活质量的追求，它体现在日常的生活之中，源于生活，存在于生活，是生活中高品位的表现。其他艺术样式与茶艺不同，它们源于生活、高于生活，是生活的典型化。茶艺不像其他艺术样式可以对生活加以概括、集中、提炼、抽象。从某种意义上说，茶艺与汉字书法有某种相像。书法的基本形态是写字，但又不同于一般的书写，是书写高境界的表达，具有艺术性和美学意义。

茶艺因茶而生，茶艺也就因茶的种植、加工、饮用等诸多因素而构成鲜明的特征。

1. 中国茶艺的地域性

首先，产茶受地域条件制约，因不同的气候地理条件而产出各式茶品，而各式茶品又因不同地区人们不同的文化背景而产生不同喜好。特别是在交通不发达，文化水平低下，缺乏快捷传媒、通信的情况下，地域的茶艺特色可以代代延续、长期不变，呈现出浓郁的地方色彩。茶艺的地域性使茶艺在不同地区均表现出浓重的本土文化特征。

2. 中国茶艺的多样性

中国是个多民族国家，各民族都拥有体现本民族习俗、风气、情感的特色茶艺，从而形成茶艺的多样性。各民族的茶艺特色一般缘于以下几个原因。

1）生理需求及生活方式

如藏族的酥油茶和西部游牧地区的紧压茶，其茶艺的基本形态较多地强调生活实用的一面。

2）以茶示礼，表达本民族的情感

如云南白族的"三道茶"把人生先苦后甜的人生哲理融于茶的泡饮之中。

3）追求高雅和修身养性

如南方地区汉族的清饮法，旧式高档茶馆的名茶名品及特色茶具的运用。

4）运用茶饮的社会功能

如客来敬茶、茶馆饮茶会友和茶会茶宴等形式。

5）各民族受地区文化、经济发展影响

文化发展快的民族，茶饮不断雅化；经济发展快的地区，茶饮更优化。以储藏茶叶的器具而论，汉民族特别是经济、交通发达的汉民族地区，很早用锡罐、瓷瓶、铁盒等储茶，而有的少数民族地区用竹筒烤茶储茶，皆因经济物质之差别的原因。

3. 中国茶艺的广泛性

中国的茶上下几千年，广传千万里，早已经融入了人们的日常生活，形成开门七件事，柴米油盐酱醋茶。中国的茶饮是最普通、最普遍的生活现象。因此，不论茶艺在其发展道路上包含了多少文化与物质的因素，但从不妨碍寻常百姓家，就一杯粗茶寻一份闲暇，也没有制约上层社会驱金使银，把茶艺推向奢华的地步。

二、茶艺发展历程

中国茶艺的发展经历了一个漫长的过程。茶兴于唐，中国茶艺在唐代发展到了一个新阶段。中唐以后，饮茶"殆成风俗"，形成比屋之饮。具有民族特点的茶艺，既是一种生活形式，也成为一种文化形态。从唐代开始，代表性的茶艺有以下几类。

（一）唐代陆羽《茶经》饮茶法

1. 炙茶

即烤炙饼茶，茶饼不能用烈火猛烤，要求炙热均匀，内外烤透。

2. 末之

烤好的饼茶以纸囊储之，然后用碾茶器碾成细小的颗粒状，要求所碾茶末不粗不细。

3. 取火

火要活火，以碳为上，次用劲薪。

4. 选水

水要宜茶的真水，"用山水上，江水中，井水下"。

5. 煮茶

包括烧水和煮茶。烧水：一沸，水"沸如鱼目，微有声"；二沸，缘边如涌泉连珠；三沸，"腾波鼓浪"；再煮，则"水老不可食也"。煮茶："出水一瓢，以竹夹环激汤心，则量末当中心而下。有顷，势若奔涛溅沫，以所出水止之，而育其华也。"

6. 酌茶（即用瓢将茶舀进碗里）

第一次煮开的水，"弃其沫，之上有水膜如黑云母"，舀出的第一道水，谓之"隽永"，"或留熟盂以贮之，以备育华救沸之用"；以后舀出来的第一、二、三碗，味道差些；第四、五碗之外，"非渴甚莫之饮"。酌茶时，应令沫饽均，以保持各碗茶味相同。煮水一升，"酌分五碗，乘热连饮之"。一"则"茶末，只煮三碗，才能使茶汤鲜美馨香；其次是五碗，至多不能超五碗。

（二）宋代蔡襄《茶录》饮茶法

1. 炙茶

烤炙饼茶。

2. 碾茶

用碾茶器将茶碾成细小的颗粒状。

3. 罗茶

碾好后迅速筛罗，"罗细则茶浮，粗则末浮"。

4. 候汤

候汤最难，未熟则沫浮，过熟则茶沉。

5. 熁盏

"凡欲点茶，先须熁盏令热，冷则茶不浮"。

6. 点茶

"钞茶一钱七，先注汤调令极匀。又添注入，环回击拂，汤上盏可四分则止。视其面色鲜白，著盏无水痕为最佳"。

7. 茶具

茶焙，茶笼，砧椎，茶钤，茶碾，茶罗，茶盏，茶匙，汤瓶。

（三）明代钱椿年《茶谱》饮茶法

1. 择水

煎茶的水如果不甘美，会严重损害茶的香味。

2. 洗茶

烹茶之前，先用热水冲洗，除去茶的尘垢和冷气，这样烹出的茶水味道甘美。

3. 候汤

煎汤须小火烘、活火煮，活火指有焰的木炭火。煎汤时不要将水烧得过沸，才能保存茶的精华。

4. 择品

茶瓶宜选小点的，在点茶注水时也好掌握分寸；茶盏宜用建安的兔毫盏。

第二节　品饮原理

品饮与喝茶不同，喝茶主要是为了解渴，满足生理上的需要。品茶则是为了追求精神上的满足，重在意境。将饮茶视为一种艺术欣赏，要细细品味，徐徐体察，从茶汤美妙的色、香、味、形中得到审美的愉悦，引发联想，从不同角度抒发自己的情感。

一、茶的品饮步骤

喝茶有时也可以没什么讲究。品饮是为了追求精神上的满足，重在意境，将其视为一种艺术欣赏，细细品啜，徐徐体察，从茶汤美妙的色、香、味、形得到审美的愉悦，引发联想，从不同角度抒发自己的情感。

一般来说，茶汤品饮可以分为三个步骤：一是闻香，二是观色，三是品味。

（一）闻香

嗅闻茶汤散发出来的香气。好茶的香气自然、纯真，闻之沁人心脾，令人陶醉。不同的茶叶又具有不同的香气，泡成茶汤后，会出现清香、栗子香、果味香、花香等，仔细辨认，趣味无穷。

（二）观色

观色主要是观察茶汤的颜色和茶叶的形态。冲泡后，茶叶几乎恢复到自然状态，汤色也由浅转深，晶莹澄清。各类茶叶，各具特色，即使同类茶叶也有不同的颜色。

茶叶的形状，也是千差万别，各有风致，特别是一些名优绿茶，嫩度高，加工考究，芽叶成朵，在碧绿的茶汤中徐徐伸展，亭亭玉立，婀娜多姿，令人赏心悦目。有的芽头肥壮，芽叶在水中上下浮沉，最后簇立于杯底，犹如枪戟林立，使人好像回到茶林之中，重沐茶乡春光。

（三）品味

嗅闻和观色之后，就可品尝茶汤的滋味了。与茶的香气一样，茶的滋味也是非常复杂多样的。不管何种茶叶泡出来的茶汤，初入口时，都有或浓或淡的苦涩味，但咽下之后，很快就口里回甘，韵味无穷。这是茶叶的化学元素刺激口腔各部位感觉器官（其中最主要的是舌头）的作用。

茶汤入口之后，舌面上的味蕾受到各种呈味物质的刺激而产生兴奋波，经由神经传导到中枢神经，经大脑综合分析后产生不同的滋味感。舌头各部位的味蕾对不同的滋味的感受是不一样的，如舌尖易感受酸味，舌心对鲜味最敏感，近舌根部位易辨别苦味。所以，茶汤入口之后，不要立即下咽，而要在口腔中停留，使之在舌头的各部位打转，充分感受到茶中的甜、酸、鲜、苦、涩五味，才能充分欣赏茶汤的美妙滋味。

二、茶的色、香、味形成原理

（一）茶色的形成

以茶叶的品质优劣而言，各种茶类都各有应具备的色泽。茶叶色泽包括干茶的色泽和茶汤色泽。

绿茶的绿色，主要由叶绿素的颜色决定。绿茶干茶的这种绿色主要决定于茶叶中的叶绿素和某些黄酮类化合物。叶绿素分为叶绿素 A 和叶绿素 B，叶绿素 A 是一种深绿色的化合物，叶绿素 B 是一种黄绿色的化合物，这两种叶绿素的不同比例就构成了干茶不同的绿色，所以有嫩绿、翠绿、黄绿和乌绿之分，绿茶的干茶色泽基本要求是翠绿。

绿茶的茶汤色泽，优质的应是清澈明亮的淡黄色。由于叶绿素是非水溶性化合物，因此茶汤中的绿色成分，经科学研究证明是黄酮类物质。正因为如此，所以绿茶的茶汤一般呈黄绿色。在各种绿茶中蒸青茶显得最绿，这是因为蒸青的工艺中是先用高温的蒸气将茶叶的叶绿素固定下来，使得这种绿色得以保存。绿茶在保存过程中如果受了潮，叶绿素被水解，因此绿色就变得不绿，绿茶加工过程中有时因为鲜叶中含水分较多，如果不能很快散失，炒出的茶叶也往往色泽呈灰绿色。

红茶干茶的色泽常呈黑褐色，有乌润感，它不是正统的红色，它之所以命名为红茶，是指茶汤的汤色。红茶茶汤要求红艳明亮。这种红色来自鲜叶的茶多酚，红茶在制茶工序中有一个发酵过程，实际上是一个氧化过程，把含量的 30%~40% 转化成红茶的特征色素，其氧化产物的主要成分是茶黄素、茶红素和茶褐素。茶黄素呈橙黄色，是决定茶汤明亮度的主要成分；茶红素呈红色，是形成红茶汤色红艳的主要成分；茶褐素呈暗褐色，是造成红茶汤色发暗的主要成分。茶黄素和茶红素的不同比例组成就构成了红茶不同色泽的明亮程度。茶褐素含量高就会使红茶汤色暗钝，使得红茶品质下降。

乌龙茶的干茶通常为青褐色，茶汤呈黄红色，这是因为乌龙茶属于半发酵茶，其中茶多酚的氧化程度较轻，因此，茶黄素和茶红素的含量都较低，茶褐素很少。乌龙茶有不同发酵程度，如包种茶，其成茶色泽和汤色偏向于绿茶，而发酵较重的白毫乌龙茶，氧化产物较多，因此成茶色泽的汤色上偏向于红茶。

茶色的形成如图 7-1 所示。

（二）茶香的形成

茶叶香气由一组比较复杂的芳香物质所形成，根据不同芳香物质的种类及数量的综合，形成各种茶类的香气特征。目前在茶叶中已鉴定出 500 多种挥发性香气化合物，这些不同香气化合物的不同比例和组合就构成了各种茶叶的特殊香味。虽然它们的含量不多，只占鲜叶干重的 0.03%~0.05%，干茶重 0.005%~0.01%（绿茶）和 0.01%~0.03%（红茶），但对决定茶叶品质具有十分重要的作用。

在绿茶中已鉴定出 230 多种香气化合物，其中醇类化合物和吡嗪化合物最多。前者是在鲜叶中存在的，后者是在茶叶加工过程中形成的。炒青绿茶中高沸点香气成分如香叶醇、苯甲醇等占有较大比重，同时吡嗪类、吡咯类物质含量也很高；蒸青绿茶中鲜爽型的芳樟醇及其氧化物含量较高以及具有青草气味的低沸点化合物，如青叶醇含量比炒青绿茶要高。因此表现出香气醇和持久。不同的茶类具有不同的特征性香气，如龙井茶中吡嗪类化合物和大量的羧酸和内酯类物质含量高，因此香气幽雅；碧螺春茶叶中戊烯醇含量很高，具有明显的清

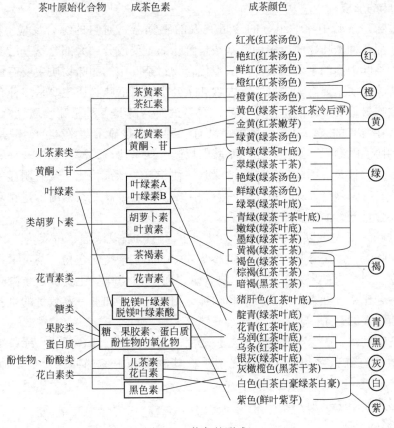

图 7-1　茶色的形成

香；黄山毛峰茶中牻牛儿醇含量很高，因此具有果香特征。

　　红茶在加工过程中化学与生物化学变化最为复杂，目前已鉴定出 400 多种香气化合物，如中国祁红以玫瑰花香和浓厚的木香为其特征，因为它含有较高量的香叶醇、苯甲醇和 2-苯乙醇，而斯里兰卡的高地茶以清爽的铃兰花香和甜润浓厚的茉莉花香为特征，这是因为它含有高浓度的芳樟醇、茉莉内酯、茉莉酮酸甲酯等化合物。

　　乌龙茶的香气以花香突出为特点。福建生产的铁观音、水仙、色种和台湾文山、北埔生产的乌龙茶在香气组成上有明显的差别。前者橙花叔醇、沉香醇、茉莉内酯和吲哚含量较高，而后者萜烯醇、水杨酸甲酯、苯乙醇等化合物含量较高。

　　黑茶是微生物发酵的渥堆紧压茶，这类茶具有典型的陈香味，萜烯醇类（如芳樟醇及其氧化物，α-萜品醇、橙花叔醇）含量高。

　　花茶的香气既有茶香，也有花香。茶叶是一种疏松的多孔体，可以吸收花的香气。

　　通过大量的化学分析，人们已经可以从香气组成和香味特征中找到一些规律，如顺-3-乙烯醇及其酯类化合物与清香有关，α-苯乙醇、香叶醇与清爽的铃兰香有关，茉莉内酯、橙花叔醇类与果香有关，吲哚与青苦沉闷的气味有关。吡嗪类、吡咯类行业呋喃类化合物与焦糖香及烘炒香有关，正乙醛，3-乙烯醛和青草味有关。这些芳香物质种类的组成与量的不同，形成了千变万化、多种多样的茶叶香气特色。

（三）茶味的形成

茶叶的滋味是茶叶中化学组分的含量和人的感觉器官对它的综合反应。茶叶中有甜、酸、苦、鲜、涩各种滋味物质。多种氨基酸是鲜味的主要成分，大部分氨基酸鲜中带甜，有的鲜中带酸；茶叶中涩的主要物质是多酚类化合物；茶叶中的甜味物质主要有可溶性糖和部分氨基酸；苦味物质主要有咖啡碱、花青素和茶叶皂素；酸味物质主要是多种有机酸。

绿茶中滋味最重要的标准是浓醇清鲜，绿茶的鲜与醇是各种呈味物质综合反映的主体，特别是醇度。在所有的茶汤呈味物质中，没有一种滋味是显示"醇"的，醇是茶多酚和氨基酸含量比例协调的结果，鲜主要是氨基酸的反映。两者协调，醇鲜自生。一般春茶中的氨基酸明显高于夏、秋茶。因此春茶制成的绿茶往往与夏、秋茶相比，具有明显的清鲜味。而夏、秋茶往往具有强烈苦涩味，就是因为春茶中氨基酸含量高，茶多酚含量相对较低，而夏秋茶中氨基酸含量低，而茶多酚含量高。

红茶的滋味，工夫茶以浓、醇、鲜、爽为主，红碎茶以浓强、鲜爽为主，辅之以收敛性、醇厚、鲜强等，以区分其等级及类别。茶叶中的儿茶素类化合物、茶黄素是红茶滋味最重要的化合物。"浓"主要取决于水浸出物含量，而"强和鲜"主要决定于咖啡碱、茶黄素和氨基酸的适合比率。红茶中的茶黄素和咖啡碱相结合，再加上一定数量的氨基酸，便产生了滋味浓强而鲜爽的红茶。

乌龙茶其味甘浓，无绿茶之苦，乏红茶之涩，制作精细，综合了红、绿茶初制的工艺特点，使乌龙茶兼有红茶之甜醇，绿茶之清香，其浓香和鲜爽的回味，是其他茶类所不具备的。

茶味的形成如图7-2所示。

（四）茶形的形成

茶叶的外形有条形、针形、扁形、片形和球形等，主要是物理作用形成的。在茶叶制作过程中，通过一定的技术使茶叶成形后，再加以干燥，使形态固定下来。

三、茶的品饮要领

品茶是特殊的生活艺术享受，有丰富的内涵和美的追求。品茶的内容除观赏泡茶技艺外，还包括品赏茶的外形、汤色、香气、滋味，领略茶的风韵以及欣赏品茶环境、鉴赏茶具设施等方面，这些都可称为品茶技艺，亦可称之为品茶之道。

（一）领略茶的风韵

在品赏时，先闻茶香，应作深吸气状，整个鼻腔的感觉神经可以辨别香味的高低和不同的香型；然后观看茶汤色泽；最后尝味，小口啜饮，使茶汤从舌尖两侧到舌根，以辨绿茶的鲜爽、红茶的浓甘；同时也可在尝味时再体会一下茶的香气。品赏的鉴别能力需反复实践才能提高，直至精通。经常和有经验的茶友交流，也可以快速提高品茶的能力，感受到各种茶的风格。

（二）欣赏品茶环境

总结古今品茶经验，品茶环境追求一个"幽"字，幽静雅致的环境，是品茶的最佳选择。茶馆、茶艺馆有的追求典雅别致，有的主张返璞归真，无论如何布置陈列，都要力求雅致简洁，体现宁静、安静、和谐的气氛。境幽室雅，令人流连忘返，从中享受特定文化艺术的乐趣。

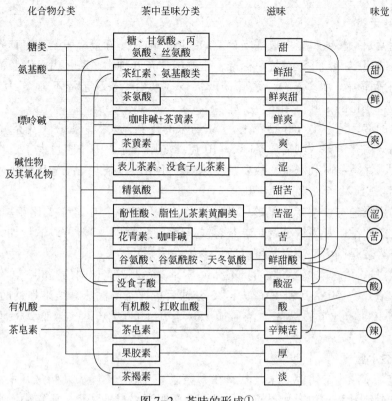

化合物分类	茶中呈味分类	滋味	味觉
糖类	糖、甘氨酸、丙氨酸、丝氨酸	甜	
氨基酸	茶红素、氨基酸类	鲜甜	甜
	茶氨酸	鲜爽甜	鲜
嘌呤碱	咖啡碱+茶黄素	鲜爽	
	茶黄素	爽	爽
碱性物及其氧化物	表儿茶素、没食子儿茶素	涩	
	精氨酸	甜苦	
	酚性酸、脂性儿茶素黄酮类	苦涩	涩
	花青素、咖啡碱	苦	苦
	谷氨酸、谷氨酰胺、天冬氨酸	鲜甜酸	
	没食子酸	酸涩	酸
有机酸	有机酸、扛败血酸	酸	
茶皂素	茶皂素	辛辣苦	辣
	果胶素	厚	
	茶褐素	淡	

图 7-2　茶味的形成①

（三）鉴赏茶具器物

茶具精美，与好茶、好水珠联璧合，为饮茶爱好者所追求。品茶器具大都兼顾实用性和艺术性，不仅要质地精良，有益于茶汤色、香、味的表现，而且要造型美观，配搭相宜，茶、水、器三美兼备，再加上泡茶技艺的配合，品啜欣赏，更增情趣。品茶赏器，人生乐事，历来备受赞许，如宋代诗人梅尧臣曾有"小石冷泉留早味，紫泥新品泛春华"的绝唱。习茶品茗者，若有点壶艺知识，具备一定的艺术鉴赏能力，一定会观之赏心悦目，品茗时更加心旷神怡。

第三节　冲泡技巧

一、泡茶四要素

茶叶中的化学成分是组成茶叶色、香、味的物质基础，其中多数能在冲泡过程中溶解于水，从而形成茶汤的色泽、香气和滋味。泡茶时，应根据不同茶类的特点，调整水的温度、浸润时间和茶叶的用量，从而使茶的香味、色泽、滋味得以充分的发挥。综合起来，泡好一壶茶主要有四大要素：第一是茶叶用量，第二是冲泡水温，第三是冲泡时间，第四是冲泡

次数。

（一）茶叶用量

茶叶用量就是每杯或每壶中放适当分量的茶叶。泡好一杯茶或一壶茶，首先要掌握茶叶用量。每次茶叶用多少，并没有统一标准，主要根据茶叶种类、茶具大小以及消费者的饮用习惯而定。一般而言，水多茶少，滋味淡薄；茶多水少，茶汤苦涩不爽。因此，细嫩的茶叶，用量要多；较粗的茶叶，用量可少些。

冲泡普通的红、绿茶类（包括花茶），茶与水的比例，大致掌握在1克茶冲泡50～60毫升水。若饮用云南普洱茶，则需放茶叶5～10克。如用茶壶，则按容量大小适当掌握。乌龙茶因习惯浓饮，注重品味和闻香，故要汤少味浓，用茶量以茶叶与茶壶比例来确定，投茶量大致是茶壶容积的1/3至1/2，甚至更多。

茶、水的用量还与饮茶者的年龄、性别有关，大致来说，中老年人比年轻人饮茶要浓，男性比女性饮茶要浓。如果饮茶者是老茶客或是体力劳动者，一般可以适量加大茶量；如果饮茶者是新茶客或是脑力劳动者，可以适量少放一些茶叶。

有人曾做过这样一个试验：取四只茶杯，各等量放入3克相同的茶叶，再分别倒入沸水50毫升、100毫升、150毫升和200毫升。5分钟后审评茶汤滋味，结果是，加50毫升水的滋味极浓，加100毫升水的滋味太浓，加150毫升水的滋味正常，加200毫升水的滋味较淡。

（二）冲泡水温

古人对泡茶水温十分讲究。宋代蔡襄在《茶录》中说："候汤（指烧开水煮茶——作者注）最难，未熟则沫浮，过熟则茶沉，前世谓之蟹眼者，过熟汤也。沉瓶中煮之不可辨，故曰候汤最难。"明代许次纾在《茶疏》中说得更为具体："水一入铫，便需急煮，候有松声，即去盖，以消息其老嫩。蟹眼之后，水有微涛，是为当时；大涛鼎沸，旋至无声，是为过时；过则汤老而香散，决不堪用。"以上说明，泡茶烧水，要大火急沸，不要文火慢煮。以刚煮沸起泡为宜，用这样的水泡茶，茶汤香味皆佳。如水沸腾过久，即古人所称的"水老"。此时，溶于水中的二氧化碳挥发殆尽，泡茶鲜爽味便大为逊色。未沸滚的水，古人称为"水嫩"，也不适宜泡茶，因水温低，茶中有效成分不易泡出，使香味低淡，而且茶浮水面，饮用不便。据测定，用60度的开水冲泡茶叶，与等量100度的开水冲泡茶叶相比，在时间和用茶量相同的情况下，茶汤中的茶汁浸出物含量，前者只有后者的45%～65%。这就是说，冲泡茶的水温高，茶汁就容易浸出，茶汤的滋味也就浓；冲泡茶的水温低，茶汁浸出速度慢，茶汤的滋味也就淡。"冷水泡茶慢慢浓"，说的就是这个意思。

泡茶水温的高低，与茶的老嫩、松紧、大小有关。大致说来，茶叶原料粗老、紧实、整叶的，要比茶叶原料细嫩、松散、碎叶的，茶汁浸出要慢得多，所以，冲泡水温要高。水温的高低，还与冲泡的茶叶品种有关。

具体说来，冲泡绿茶一般用80度左右的水为宜，冲泡名优绿茶用75度左右的水即可。冲泡红茶一般用90度左右的水。冲泡乌龙茶和普洱茶则要用100度的沸水。

判断水的温度可先用温度计和计时器测量，等掌握之后就可凭经验来断定了。当然所有的泡茶用水都得煮开，以自然降温的方式来达到控温的效果。

（三）冲泡时间

茶叶冲泡时间差异很大，与茶叶种类、泡茶水温、用茶数量和饮茶习惯等都有关。

具体说来，不同茶叶冲泡的时间要求为：普通红茶、绿茶的冲泡时间是 30~50 秒；黄茶和白茶的冲泡时间是 50~75 秒；冲泡乌龙茶的第一泡时间是 1 分钟左右，从第二泡起，每次比前一次多浸泡 15 秒左右。

茶的滋味是随着时间延长而逐渐增浓的。据测定，用沸水泡茶，首先浸泡出来的是咖啡碱、维生素、氨基酸等，大约到 3 分钟时，浸出物浓度最佳，这时饮起来，茶汤有鲜爽醇和之感，但缺少饮茶者需要的刺激味。以后，随着时间的延续，茶多酚浸出物含量逐渐增加。因此，为了获取一杯鲜爽甘醇的茶汤，改良的冲泡法是（主要指绿茶）：将茶叶放入杯中后，先倒入少量开水，以浸没茶叶为度，加盖 3 分钟左右，再加开水到七八成满，便可趁热饮用。当喝到杯中尚余三分之一左右茶汤时，再加开水，这样可使前后茶汤浓度比较均匀。

另外，冲泡时间还与茶叶老嫩和茶的形态有关。一般来说，凡原料较细嫩，茶叶松散的，冲泡时间可相对缩短；相反，原料较粗老，茶叶紧实的，冲泡时间可相对延长。

（四）冲泡次数

一般茶冲泡第一次时，茶中的可溶性物质能浸出 50%~55%；冲泡第二次时，能浸出 30% 左右；冲泡第三次时，能浸出约 10%；冲泡第四次时，只能浸出 2%~3%，几乎是白开水了。所以，通常茶以冲泡三次为宜。

如饮用颗粒细小、揉捻充分的红碎茶和绿碎茶，由于这类茶的内含成分很容易被沸水浸出，一般是冲泡一次就将茶渣滤去，不再重泡。速溶茶，也是采用一次冲泡法，工夫红茶则可冲泡 2~3 次。而条形绿茶如眉茶、花茶通常只能冲泡 2~3 次。白茶和黄茶，一般可根据不同茶的特点冲泡 1 次或者 2 次以上。

品饮乌龙茶多用小型紫砂壶，在用茶量较多（约半壶）的情况下，可连续冲泡 4~6 次。普洱茶非常耐泡，一般可冲泡 10 多次，甚至更多。

除去以上四个要素外还要注意不同茶类的适饮性。

茶类不同，茶性也不同。家庭购茶既可根据家庭成员的个人喜好，也可根据各成员的身体状况，还可根据所属的季节，结合不同的茶性，选购不同的茶类。

一般认为绿茶是凉性的，而且绿茶中的营养成分如维生素、叶绿素、茶多酚、氨基酸等物质是所有茶中含量最丰富的。绿茶味较苦涩，特别是大叶种绿茶富含茶多酚和咖啡碱，对胃有一定的刺激性，肠胃较弱的人应少喝或冲泡时注意茶少水多，使滋味稍淡而减少其刺激性。在炎热的夏季，可以泡上一杯清清绿绿的绿茶，使人仿佛置身在绿意盎然的春季，暑意顿消。

红茶和熟普洱是热性的，对于肠胃较弱的人，在寒冷的冬季，泡上一杯香甜红艳的红茶或熟普洱，会使整个房间都沐上一层暖融融的光。

花茶较适宜妇女饮用，它有疏肝解郁、理气调经的功效。如茉莉花茶有助于产妇顺利分娩，玳玳花茶有调经理气的功效，妇女在经期前后和更年期，性情烦躁，饮用花茶可减缓这些症状。

二、泡茶要领

泡茶是指用开水浸泡成品茶，使茶中可溶物质溶解于水，成为茶汤的过程。泡茶是一门综合艺术，不仅要有广博的茶文化知识及对茶艺内涵的深刻理解，而且要具有相应的文化素养，深谙各地的风土人情。泡茶要坚持长时间不懈的有效训练，否则，纵然有佳茗在手，也无缘领略其真味。泡茶要领是要注意"神""美""质""匀""巧"等要诀。

(一)"神"是艺的生命

"神"指茶艺的精神内涵,是茶艺的生命,是贯穿于整个沏泡过程中的连接线。从沏泡者的脸部所显露的神态、光彩、思维活动和心理状态等,可以表现出不同的境界,对他人的感应力也就不同,它反映了沏泡者对茶道精神的领悟程度。能否成为一名茶艺高手,"神"是最重要的衡量标准。

(二)"美"是艺的核心

茶的沏泡艺术之美表现为仪表美与心灵美。仪表美是指沏泡者的外表,包括容貌、姿态、风度等;心灵美是指沏泡者的内心、精神、思想等,在整个泡茶过程中通过沏泡者的设计、动作和眼神表达出来。沏泡者始终要有条不紊地进行各种操作,双手配合,忙闲均匀,动作优雅自如,使主客都全神贯注于茶的沏泡及品饮之中,忘却俗务缠身的烦恼,以茶修身养性,陶冶情操。

(三)"质"是艺的根本

品茶的目的是欣赏茶的品质。一人静思独饮,数人围坐共饮,乃至大型茶会,人们对茶的色、香、味、形之要求甚高,总希望喝到一杯平时难得一品的好茶。沏泡者要泡好一杯茶,应努力以茶配境、以茶配具、以茶配水、以茶配艺,要把前面分述的内容融会贯通地运用。例如,绿茶的特点是"干茶绿、汤色绿、叶底绿",沏泡时能否使"三绿"完美显现,就是茶艺的根本。

(四)"匀"是艺的功夫

茶汤浓度均匀是沏泡技艺的功力所在。同一种茶看谁泡得好,即能使三道茶的汤色、香气、滋味最接近,将茶的自然科学知识和人文科学知识全融合在茶汤之中,实质上就是比"匀"的功夫。用同一种茶叶冲泡,要求每杯茶汤的浓度均匀一致,就必须练就凭肉眼能准确地控制茶与水的比例,不至于过浓或过淡。一杯茶汤,要求容器上下茶汤浓度均匀,如将一次冲泡改为两次冲泡就会有较好的效果;在调节三道茶的"匀"度时,则利用茶的各种物质溶出速度比例的差异,从冲泡时间上调整。

(五)"巧"是艺的水平

沏泡技艺能否巧妙运用是沏泡者的水平,沏泡者要反复实践、不断总结才能提高,从单纯的模仿转为自我创新。在各种茶艺表演中,更要具有随机应变、临场发挥的能力,从"巧"字上做文章。

三、冲泡基本程序

冲泡是茶艺要素中最关键的环节,是否能把茶叶的最佳状态表现出来,全看冲泡的技巧掌握得如何。

冲泡不同的茶叶,要使用不同的茶具,其冲泡程序也不相同。一般有以下几个基本程序。

(一)备具

根据将要冲泡的茶叶,布置好相应的茶具。

(二)煮水

根据茶叶品种,将水煮至所需温度。

（三）备茶

从茶罐中取适量茶叶至茶则（荷）中备用：如果选用的是外形美观的名茶，可让品茗者先欣赏茶叶的外形，闻干茶香。如不需赏茶，也可以从茶罐中取茶直接入壶（杯）。

（四）温壶（杯、盏）

将开水注入茶壶、茶杯或茶盏中，以提高茶壶、茶杯或茶盏的温度，同时使茶具得到再次清洁。

（五）置茶

将待冲泡的茶叶置入茶壶、茶杯或茶盏中。

（六）冲泡

将温度适宜的开水注入。如果冲泡重发酵或茶形紧结的茶类时（如乌龙茶等），第一次冲水数秒钟就将茶汤倒掉，称之为温润泡（也称洗茶），即让茶叶有一个舒展的过程，然后将开水再次注入壶中，待适时后，即可将茶汤倒出。

（七）奉茶

将盛有香茗的茶杯奉到品茗人面前，一般应双手奉茶，以示敬意。

（八）收具

品茶结束后，应将茶杯收回，壶（杯、盏）中的茶渣倒出，将所有茶具清洁后归位。

四、冲泡常用手法

（一）浸润泡与"凤凰三点头"

泡茶动作中，浸润泡和"凤凰三点头"是泡茶技和艺结合的典型，多用于冲泡绿茶、红茶、黄茶、白茶中的高档茶。对较细嫩的高档名优茶，采用杯泡法泡茶时，大多采用两次冲泡法，也叫分段冲泡法。

第一次称之为浸润泡，用旋转法，即按逆时针方向冲水，用水量大致为杯容量的 1/3；需要时还可以用手握杯，轻轻摇动，时间一般控制在 15 秒左右（又称"摇香"），目的在于使茶叶在杯中翻滚，在水中浸润，使芽叶舒展。这样，一则可使茶汁容易浸出，二则可使品茶者在茶的香气挥逸之前，能闻到茶的真香。

第二次冲泡，一般采用"凤凰三点头"，冲泡时由低向高连拉 3 次，并使杯中水量恰到好处。采用这种手法泡茶，其意有三：一是使品茶者欣赏到茶在杯中上下浮动，犹如凤凰展翅的美姿；二是可以使茶汤上下左右回旋，使杯中茶汤均匀一致；三是表示主人向顾客"三鞠躬"，以示对顾客的礼貌与尊重。作为一个泡茶高手，"凤凰三点头"的结果，应使杯中的水量正好控制在七分满，留下三分空间，叫作"七分茶，三分情"。

（二）"关公巡城"与"韩信点兵"

如何将一壶茶汤均匀地倒入各杯之中，这是泡茶的功力所在。在这方面，最讲究的要数闽南和广东潮汕地区了。这些地方冲泡工夫茶，每克茶的开水用量为 20 毫升左右，与冲泡其他茶相比，用茶量增加 2 倍左右。这样高的用茶量使每壶茶汤的浓度，前后很难达到一致，以致浓淡不一。为此，当地总结出了一套方法，下面介绍"关公巡城"与"韩信点兵"。

其做法是，一旦用茶壶冲泡好工夫茶后，在分茶汤时，为使各个小茶杯中的茶汤浓度均匀一致，使每杯茶汤的色泽、滋味、香气尽量接近，做到平等待客，一视同仁，先将各个小茶杯以"一"字、"品"字或"田"字排开，采用来回提壶洒茶。如此，提着红色的紫砂壶，在热气腾腾的"城池"（小茶杯）上来回巡逻，称之为"关公巡城"，既形象，又生动，还道出了这一动作的连贯性。留在茶壶中的最后几滴茶，往往是最浓的，是茶汤的精华、醇厚部分，为避免各杯茶汤浓淡不一，最后要将茶壶中留下的茶汤，分别滴入每个茶杯中，人称"韩信点兵"。

这两种动作是泡茶技巧和艺美的表现，更是饮茶文化中的一种美学展示。

（三）高冲与低斟

一般情况下，采用壶泡法泡茶，提水壶冲茶，落水点宜高不宜低。这对冲泡乌龙茶来说尤为重要。冲茶时，须将水壶提高使沸水环壶口、缘壶边冲入，避免直冲入壶心；而且要做到注水不断续也不急促，这种冲点茶的方式，谓之"高冲"。

采用高冲法有三大优点：一是用高冲法泡茶，能使茶在壶（或杯）中上下翻动旋转，吸水均匀，有利于茶汁浸出；二是用高冲法泡茶，可使热力直冲罐底，随着水流的单向巡回和上下翻旋，使茶汤中的茶汁浓度相对一致；三是用高冲法泡茶，可使首次冲入的沸水，随着茶的旋转与翻滚，以及叶片的舒展，去除茶中附着的尘埃和杂质，为乌龙茶的醒茶打下基础。

茶叶经高冲法冲点后，就要适时进行分茶，也称为洒茶或斟茶，就是将茶壶中的茶汤，斟到各个茶杯中。分茶时，提茶壶宜低不宜高，以略高于茶杯口沿为度；而后，再一一将茶壶中的茶汤倾入各个茶杯，这叫"低斟"。这样做的目的有三：一是避免因高斟而使茶香飘散，从而降低杯中香味；二是避免因高斟而使茶汤泡沫泛起，从而影响茶汤的美观；三是避免因高斟而使分茶时发出"滴滴"的噪声，影响泡茶气氛。

总之，高冲低斟是指泡茶程序中的两个动作，前者是指泡茶时，要提高水壶的位置，使水流从高而下冲入茶壶；后者是指分（斟）茶时，要放低茶壶的位置，使茶汤从低处进入茶杯。这是茶人长期泡茶经验的总结，是泡茶中不可忽视的两道程序。

（四）"游山玩水"与"巡回倒茶法"

在茶艺馆或家庭待客时，常用茶壶泡茶。分茶时，通常是右手拇指和中指握住壶柄，食指抵壶盖钮或钮基侧部，再端起茶壶，在茶船上沿逆时针方向荡一圈，目的在于除去壶底的附着水滴，这一过程，茶艺界美其名曰："游山玩水。"接着是将端着的茶壶，置于茶巾上按一下，以吸干壶底水分。最后，才是将茶壶中的茶汤，分别倒入各个茶杯中。

在将茶汤倒入茶杯时，用"关公巡城"和"韩信点兵"法分茶，又称巡回倒茶法。以五杯分茶为例，杯容量一般以七分满为准。

这种分茶法的最大优点是，各杯茶汤的色、香、味相对一致，充分体现了茶人的平等待人精神，使饮茶者心灵进入到"无我"的境地。

（五）"老茶壶泡、嫩茶杯泡"和"内外夹攻"

对一些鲜叶原料相对较为粗大的中、低档大宗红茶、绿茶、乌龙茶、普洱茶等而言，它们纤维素多，茶汁不易浸出，耐冲泡；或者是出于保香出味的需要，用茶壶泡茶，保温性能好，更有利于发挥茶性。用茶壶去冲泡细嫩名优茶，因用水量大，水温不易下降，会焖熟茶叶，使细嫩茶的叶底、茶汤变色，茶香变钝，并失去鲜爽味。因此，细嫩名优茶应使用玻璃杯或无盖的瓷杯泡茶，以利于茶性的透发。其次，大宗红茶、绿茶、乌龙茶、普洱茶等，外形缺少观赏性，茶姿也缺乏可看性，用壶泡比较适宜。所以，茶界历来有"老茶壶泡、嫩茶杯泡"之说。

至于"内外夹攻"一说，也与茶的原料老嫩有关。最典型的是乌龙茶，其原料较成熟，通常采用茶壶泡茶。为提高水温，不但泡茶用水，要求现烧现泡；同时，泡茶后马上加盖保温；接着，还得用滚开水淋壶，淋遍茶壶外壁追热，这一冲泡程序，谓之"内外夹攻"。其目的有二：一是保持茶壶中的茶、水有足够温度，使之透香出味；二是清除茶壶外的茶沫，以清洁茶壶。尤其是在冬季冲泡乌龙茶时，更应如此。

（六）上投法、中投法和下投法

所谓下投法泡茶，是指取适量茶叶，置入茶杯（壶、盏），然后将适量的开水，高冲入杯，泡成一杯浓淡适宜、鲜爽可口的香茗。采用下投法泡茶，操作比较简单，茶叶舒展较快，茶汁容易浸出，茶香透发完全，而且整个杯的浓淡均匀。因此，下投法有利于提高茶汤的色、香、味，常为茶艺界所采用。

对一部分条索比较紧结、重实的细嫩名茶，如细嫩的碧螺春、径山茶、蒙顶甘露茶等，则采用上投法泡茶。其方法是先在杯中冲上开水至七分满，再取适量茶叶，投入盛有开水的茶杯中。它与下投法相比，投茶与冲水的次序正好相反。用上投法泡茶，可避免因开水温度太高造成对茶汤和茶姿的不利影响。但如松散型或毛峰类茶叶，采用此法会使茶叶浮在汤面。同时，采用上投法泡茶，短时内杯中茶汤浓度会上下不一，茶的香气也不容易透发。因此，品饮时最好先轻轻摇动茶杯，使茶汤浓度上下均一，茶香得以透发。茶艺馆采用上投法泡茶时，应向茶客说清其意，以增添品茶情趣。

另外，泡茶用水温度偏高时，还可采用中投法泡茶，如沏泡都匀毛尖等。其方法是先冲上少许开水，然后投入适量茶叶，接着再用低斟法加水至七分满。所以，中投法其实就是两次分段法泡茶，它在一定程度上解决了泡茶水温偏高带来的弊端。

第四节 茶 点 选 配

一、茶点的概念

茶点是指经过精巧制作，佐以饮茶的食品。在品茗过程中，茶的品质是最重要的，茶点只扮演了调剂的角色，是填补空当和防止空腹饮茶的点心。

一般人们往往把点心与饮茶搭配的茶点混淆等同，其实，两者之间是有差异的。前者是以功利性为主；而后者，多少带点审美特征。茶点一是要适应茶性，二是要有观赏性和品尝性。所以，茶点的最大特征是品种多，制作技巧复杂，口味多样，形体小巧美观，量少质好，重在慢慢咀嚼，细细品味。

二、茶点的种类

茶点大致可以分为五大类。

（一）干果类

干果包括瓜子、花生、栗子、杏仁、松子、梅子、枣子、杏干、山楂、橄榄、开心果等。

（二）鲜果类

鲜果包括橙、苹果、香蕉、提子、菠萝、猕猴桃、西瓜等。

（三）糖果类

糖果包括芝麻糖、花生糖、贡糖、软糖、酥糖等。

（四）西点类

西点包括蛋糕、曲奇饼、凤梨酥、吐司等。

（五）中式点心类

中式点心包括包子、粽子、汤圆、豆腐干、茶叶蛋、笋干、各式卤品等。

茶点种类繁多，因品饮的茗茶种类和个人的喜好而有所选择。但应注意茶点为佐茶之用，不宜选择过于油腻、辛辣和有怪味的食品，以避免影响味觉而喧宾夺主。

三、茶点的选配

随着地区和季节的变化，茶的内质有所变化。人的体质状况因节气时间而有所调整，因此茶食的准备无论就茶的内质或人的体质来说，都得依节气、时间的不同而有所改变。夏天要准备味道比较清淡的茶食；冬天的茶食就得准备味道较重的；春天的茶食要多些艳色；秋天的茶食则宜以素雅为主。茶食的颜色、种类、数量，宜少不宜多，适可而止。

第八章

茶与健康及科学饮茶 ●●●

茶叶具有较高的药用价值，日常生活中养成经常饮茶的习惯可排毒健体，可养体安心，可修身养性。茶被尊为"万病之药"，这些都与茶叶的生化特性有密切关系。

第一节　茶叶的主要成分

一、茶叶的主要化学成分

茶叶中含有 700 多种化学物质，对茶叶的色、香、味及营养、保健起着重要的作用。元素周期表中所列的一百多种元素中，自然界存在的为 92 种，已知有 25 种左右是构成生命物质的主要成分。茶树各器官含有 33 种元素，除有一般植物具备的碳、氢、氧、氮元素外，茶树中还有含量较高的钾、锌、氟、硒等元素（见表 8-1）。与其他植物相比，茶树中含量较高的成分有咖啡碱，矿物质中的钾、氟、铝等，以及维生素中的维生素 C 和维生素 E 等。茶叶中的氨基酸具有独自的特点，包含一种其他生物中没有的茶氨酸。这些成分形成了茶叶的色、香、味，使茶具有营养和保健作用。其中所含的茶多酚、茶氨酸、咖啡碱这 3 种成分是鉴别茶叶真假的重要化学指标。

表 8-1　茶叶中化学成分及干物质中的含量

成分	含量/%	组成
蛋白质	20~30	谷蛋白、球蛋白、精蛋白、白蛋白
氨基酸	1~5	茶氨酸、天冬氨酸、精氨酸、谷氨酸、丙氨酸、苯丙氨酸等
生物碱	3~5	咖啡碱、茶碱、可可碱等
茶多酚	20~35	儿茶素、黄酮、黄酮醇、酚酸等
碳水化合物	35~40	葡萄糖、果粮、蔗粮、麦芽糖、淀粉、纤维素、果胶等
脂类化合物	4~7	磷脂、硫脂、糖脂等
有机酸	≤3	琥珀酸、苹果酸、柠檬酸、亚油酸、棕榈酸等
矿物质	4~7	钾、磷、钙、镁、铁、锰、硒、铝、铜、硫、氟等
色素	≤1	叶绿素、类胡萝卜素、叶黄素等
维生素	0.6~1.0	维生素 A、B_1、B_2、C、P、叶酸等

二、茶叶主要功效成分及其保健作用

（一）茶多酚

茶叶中富含多酚类化合物，主要成分为儿茶素、黄酮及黄酮醇、花色素、酚酸及缩酚酸四类化合物。以儿茶素为主的黄烷醇类化合物占茶多酚总量的60%~80%。茶多酚呈苦涩味和收敛性，是茶叶滋味品质的主要成分之一。茶叶的鲜叶中所含的儿茶素发生氧化聚合，产生从黄色到褐色多种茶多酚氧化聚合物，如茶黄素、茶红素、茶褐素，这些是形成干茶和茶汤色泽的主要成分，红茶、乌龙茶等发酵茶类中有较多的茶多酚氧化聚合物。而且，红茶的茶黄素和茶红素的含量及两者的比例是决定红茶品质的重要指标。因此，茶多酚在茶叶品质形成中起着重要作用。同时，茶多酚又有多种生理活性，为茶叶保健功能做出巨大贡献。茶多酚的主要作用如下。

1. 抗氧化作用

茶多酚可从多种途径阻止机体受氧化：①清除自由基；②络合金属离子；③抑制氧化酶的活性；④提高抗氧化酶活性；⑤与其他抗氧化剂有协同增效作用；⑥维持体内抗氧化剂浓度。

2. 抗癌、抗突变作用

茶多酚的抗癌机理有：①抑制基因突变；②抑制癌细胞增殖；③诱导癌细胞的凋亡；④阻止癌细胞转移。动物试验确认茶多酚对皮肤癌、食道癌、胃癌、肠癌、肺癌、肝癌、乳腺癌、胰腺癌等有抑制作用。

3. 抗菌、抗病毒作用

①抗病原菌、抗病毒；②预防蛀牙、牙周炎。

4. 除臭作用

茶多酚能与引发口臭的多种化合物起中和反应、加成反应、酶化反应，消除口臭。

除此以外还有抑制动脉硬化作用；降血糖作用；降血压作用；抗过敏及消炎作用；抗辐射作用。

（二）咖啡碱

咖啡碱最早（1820）在咖啡中被发现，并因此命名。咖啡碱无色，有苦味，阈值为0.07%，易溶于80℃以上的热水中。现在已知有60多种植物含有咖啡碱，其中茶、咖啡、可可等植物中含量较高。茶树的不同部位碱含量不同，芽和嫩叶中咖啡碱含量较高；相反，老叶和茎、梗中含量较低，根、种子不含咖啡碱。

咖啡碱的兴奋作用及其爽口的苦味满足人们的生理及口感的需求，使得一些含咖啡碱的食物（见表8-2），如茶、咖啡、可可、巧克力、可乐盛行。咖啡碱有多种生理作用，可作为药品使用，很多止痛药、感冒药、强心剂、抗过敏药中含有咖啡碱。但过量摄取咖啡碱，如摄取量在每千克体重15~30毫克以上，就会出现副作用。

表8-2　各类食品中咖啡碱含量　　　　　　　　　　单位：毫克

食品	咖啡碱含量
绿茶（100毫升）	30~70
乌龙茶（100毫升）	30~60

续表

食品	咖啡碱含量
红茶（100毫升）	50~60
普洱茶（100毫升）	60
咖啡（150毫升）	70~100
可可（150毫升）	10~40
巧克力（30克）	20
可乐（180毫升）	15~23

咖啡碱的主要作用是兴奋作用，强心作用，利尿作用，促进消化液的分泌，抗过敏、炎症作用，抗肥胖作用。

一般咖啡碱的摄取量在每千克体重4~6毫克时，不仅不会有不良反应，而且还有上述的生理作用。摄取量在每千克体重15~30毫克以上，会出现恶心、呕吐、头痛、心跳加快等急性中毒的症状。不过，这些症状在6小时过后会逐渐消失。剂量继续加大，可引起头疼、烦躁不安、过度兴奋、抽搐。咖啡碱的致死量大约为每千克体重200毫克，这相当于喝茶200~300杯，或喝咖啡100~150杯。孕妇大量摄入咖啡碱可引起流产、早产以及新生儿的体重下降，故应慎用。茶叶中的咖啡碱由于有茶多酚、茶氨酸等成分的协调作用，喝茶时的不良反应发生的可能性较轻、较缓和。喝茶与喝咖啡有明显的区别。

知识拓展

有神经衰弱者如何饮茶

神经衰弱者的主要症状是夜晚不能入睡，白天无精打采没有精神。实际上，要想夜晚能睡得香，必须在白天达到精神振奋。因此，神经衰弱者宜白天饮茶，以红茶和熟普洱为主。这样，到了晚上不要再喝茶。

（三）茶氨酸

茶氨酸是氨基酸的一种，也是茶树中特有的化学成分之一，化学名为谷氨酰乙胺。至今为止，除了茶树之外，只发现茶氨酸还存在于一种蘑菇中，在其他生物中尚未发现。茶氨酸是茶叶中含量最高的氨基酸，占游离氨基酸总量的50%以上，占茶叶干重的1%~2%。茶氨酸为白色针状体，易溶于水，具有甜味和鲜爽味，味觉阈值为0.06%，是茶叶滋味的主要成分。茶氨酸的主要作用为：调节脑内神经传达物质；提高学习能力和记忆力；镇静神经；改善经期综合征；保护神经细胞；降低血压；增强抗癌药物的疗效；减肥。此外，茶氨酸还有护肝、抗氧化等作用。现在，茶氨酸的保健品以及茶氨酸添加食品已进入市场。

（四）γ-氨基丁酸

γ-氨基丁酸也是氨基酸之一，和茶氨酸不同的是其分布非常广，在植物和动物体内都有分布。除了茶以外，大米、大豆、南瓜、黄瓜、大蒜等食物中γ-氨基丁酸的含量也很高。在人和动物体内，γ-氨基丁酸是一种非常重要的神经传达物质，参与其生理活动，具有多种生理活性。γ-氨基丁酸作用包括安神作用、降血压作用。

（五）茶多糖

中国和日本民间均有用粗老茶治疗糖尿病的传统。近年来研究表明，茶多糖为茶叶治疗糖尿病时的主要药理成分。茶多糖主要由葡萄糖、阿拉伯糖、木糖、岩藻糖、核糖、半乳糖等组成。茶树品种不同及老嫩程度不同，茶多糖的主要成分及含量也就不同，药理作用也不尽相同。一般来讲，原料越粗老，茶多糖含量越高，因此等级低的茶叶中茶多糖含量反而高。这也说明了为何在治疗糖尿病方面粗老茶比嫩茶效果更好。茶多糖主要有降血糖作用、降血脂作用、抗辐射作用。此外，茶多糖还有增强免疫功能、抗凝血、抗血栓、降血压等功能。

（六）茶皂素

皂苷化合物是广泛地分布于植物和一些海洋生物中的一类结构非常复杂的化合物。皂苷的水溶液会产生肥皂泡似的泡沫，因此得名，很多药用植物都含有皂苷化合物，如人参、柴胡、云南白药、桔梗等。这些植物中的皂苷化合物已被证明具有多种保健功能，包括提高免疫功能、抗癌、降血糖、抗氧化、抗菌、消炎等。茶皂素又名茶皂苷，分布在茶的叶、根、种子等各个部位，不同部位的茶皂素其化学结构也有差异。茶皂素是一种性能良好的天然表面活性剂，已被用于轻工、化工、纺织及建材等行业，制造乳化剂、洗洁剂、发泡剂等，同时茶皂素也和许多药用植物的皂苷化合物一样，有许多生理活性，包括：溶血性、抗菌、抗病毒作用，抗炎症、抗过敏作用，抑制酒精吸收的作用，减肥作用。

（七）香气成分

植物的香气成分有许多效果，如镇静、镇痛、安眠、放松、抗菌、杀菌、消炎、除臭等。已发现茶叶中有约700种香气化合物，各类茶的香气成分及含量各不相同，这些成分的绝妙组合形成了不同茶类的独特的品质风味。在喝茶时，香气成分经口、鼻进入体内，使人有爽快的感觉。饮茶爱好者一定都有这种体会。茶叶作为一种嗜好饮料，其香气成分所起的作用是有目共睹的。

人体试验发现，茶叶的香气成分被吸入体内后，会引起脑波的变化，神经传达物质与其受体的亲和性的变化，以及血压的变化等。不同成分会引起大脑的不同的反应，有的为兴奋作用，有的为镇静作用等等。由于这项研究是近几年才开始的，并且茶叶的香气成分相当复杂，今后可望有新的发现。

（八）色素

1. 叶绿素

叶绿素是植物体内光合作用赖以进行的物质基础，广泛存在于高等绿色植物中。茶叶鲜叶中叶绿素含量为干物质的 0.5% ~ 0.8%。一般新芽色浅，叶绿素含量较少；老叶色深，叶绿素含量较多。遮阴茶园的茶叶叶色深，叶绿素含量较多，相反，露天茶园的茶叶叶绿素含量较少。各类茶的加工方法不同，加工时叶绿素也发生不同的变化。因此，不同茶类的叶绿素含量也有较大区别。其中，绿茶中含量较高，绿茶中的遮阴绿茶的叶绿素含量更高。

叶绿素能刺激组织中纤维细胞的生长，促进组织再生，能加速伤口愈合。在第二次世界大战中，美军曾将叶绿素与消炎药同时使用，效果非常理想。现代医学发现，叶绿素还可治疗溃疡，对消化道炎症有良好的辅助疗效。叶绿素还有抗菌作用，能抑制金黄色葡萄球菌、化脓链球菌的生长。最近，叶绿素被发现能促进体内二噁英的排泄。

2. 类胡萝卜素

类胡萝卜素是一类从黄色到橙色的脂溶性色素，这种物质在茶叶加工过程中会发生氧化分解，生成多种香气化合物，如芳樟醇、紫罗酮等，因此类胡萝卜素对茶叶的色、香都有重要意义。茶叶中类胡萝卜素含量为16~30毫克/100克。其中黄茶、绿茶中含量较高。

（九）维生素

1. 维生素A

茶叶中含有维生素A，如绿茶中有16~25毫克/100克的胡萝卜素，红茶中有7~9毫克/100克，维生素A是维持正常视力所不能缺少的物质，它能预防虹膜退化，增强视网膜的感光性，有"明目"的作用。缺乏维生素A，视力会下降，并会得夜盲症。同时维生素A还有维护听觉、生育等功能正常，保护皮肤、黏膜，促进生长等作用。

2. 维生素C

绿茶中维生素C含量较高，有100~250毫克/100克。维生素C易溶于水。可通过饮茶来补充体内每日所需量（50毫克）。有多个记载，说明茶叶曾在海战以及航海中被用来作为维生素C源，以预防维生素C缺乏病。例如，历史上著名的英国富兰克林远征队在1845—1848年远征北极时，就携带茶叶，在远征队覆没后，他们的遗物中还发现了茶叶。维生素C的功效还有增强免疫能力、预防感冒、促进铁的吸收，而且它是强抗氧化剂，能捕捉各种自由基，抑制脂质过氧化，从而有防癌、抗衰老等功效。维生素C还能抑制肌肤上的色素沉积，因此有预防色斑生成等美容的效果。

3. 维生素E

茶叶中维生素E的含量也高于其他植物，是菠菜含量的32倍，葵花籽油的2倍。维生素E也是很强的抗氧化剂，有抗衰老、美容的作用。此外，有预防动脉硬化、防治不育症的效果。但维生素E为脂溶性维生素，不易溶到茶汤中。因此，可通过食茶（将茶粉加入糕点中食用）的方式较好地摄取茶中的维生素E。

4. 维生素F

亚油酸、亚麻油酸等不饱和脂肪酸被归类于维生素中，统称维生素F，"F"即英文的"脂肪酸"的第一个字母。其功效有：防止动脉中胆固醇的沉积；促进皮肤和头发健康生长；促进钙的利用，从而促进骨骼和牙齿的正常发育；转化饱和脂肪酸，可帮助减肥。维生素F在植物种子中含量较高。茶籽有30%~35%的油脂，其中含有大量的亚油酸和亚麻油酸，含量占65%~85%。

5. 维生素K

维生素K的"K"为德语"凝固"的第一个字母，因为维生素K最初是作为与血液凝固有关的维生素被发现的。缺乏维生素K时，容易骨折，现在它已被用作骨质疏松症的治疗药。维生素K主要存在于绿色植物中。茶叶中含量为1~4毫克/100克。

6. 维生素P

黄酮、黄烷醇等被统称为维生素P。这些是与儿茶素结构相近、呈黄色或橙色的化合物。P是通透性的英文的第一个字母。维生素P和维生素C有协同的作用，并促进维生素C的消化、吸收。荷兰、美国、芬兰等国的调查统计表明，黄酮类化合物摄取量与心血管病的死亡率呈负相关。茶叶中维生素P对心血管病有一定的预防作用。茶叶中维生素P含量很高，尤其是秋茶中含量可高达500毫克/100克以上，是很好的维生素P供给源。茶叶中的主要维生素及其功效见表8-3。

表 8-3　茶叶中的主要维生素及其功效

维生素名称	干茶中的含量	主要效用	缺乏症	每日所需量
维生素 A	维生素 A 含量 16~25 毫克/100 克	维持视觉、听觉的正常功能，维持皮肤和黏膜的健康，促进生长	夜盲症，眼干燥症，皮肤干燥，儿童发育生长不良	1 800~2 000 国际单位，妊娠哺乳期 2 200~3 000 国际单位
维生素 B_1	0.1~0.5 毫克/100 克	促进生长，维持神经组织、肌肉、心脏的正常活动	脚气病、神经炎	0.8~1.2 毫克，妊娠哺乳期 1.5~1.6 毫克
维生素 B_2	0.8~1.4 毫克/100 克	维持皮肤、指甲、毛发的正常生长	口角炎，口腔炎，角膜炎	1.0~1.2 毫克
烟酸	1~7 毫克/100 克	维持消化系统健康，维持皮肤健康	糙皮症，消化系统功能障碍	13~19 毫克，妊娠、哺乳期 100~140 毫克
维生素 C	100~250 毫克/100 克	抗氧化作用，增强免疫功能，防治维生素 C 缺乏病，促进伤口愈合，减少色斑沉积，防癌	维生素 C 缺乏病，牙龈出血	50~100 毫克
维生素 E	25~80 毫克/100 克	抗氧化作用，延缓细胞衰老，防治不育症，预防动脉硬化	幼儿贫血症，生殖功能障碍	7~10 毫克
维生素 F（亚油酸、亚麻油酸等）	茶叶茶籽油含量 65%~85%	预防动脉硬化，有助于皮肤、毛发健康生长	发育不良，皮肤干燥，脱发	未定
维生素 K	1~4 毫克/100 克	促进凝血素的合成，防治内出血，促进骨中钙的沉积	血液凝固能力下降，骨质疏松症	50~65 微克
维生素 P	200~500 毫克/100 克	增强毛细血管壁，预防心血管病，防治瘀伤	毛细血管透性增大，出现紫斑	未定
维生素 U	1~10 毫克/100 克	预防胃溃疡	胃溃疡	未定
叶酸	0.5~1.0 毫克/100 克	参与核苷酸和氨基酸代谢，是细胞增殖时不可缺少的，预防贫血，促进乳汁分泌	贫血，口腔炎	80~200 微克，妊娠哺乳期 260 微克
泛酸	3~4 毫克/100 克	有助于伤口痊愈，增强抵抗能力，防止疲劳，缓解多种抗生素的毒副作用	低血糖症，十二指肠溃疡，皮肤异常症状	10 毫克

（十）矿物质

茶还提供人体组织正常运转所不可缺少的矿物质元素。维持人体的正常功能需要多种矿物质。根据人体所需量，每日所需量在 100 毫克以上的矿物质称为常量元素，每日所需量在

100 毫克以下的矿物质称为微量元素。到目前为止，已被确认与人体健康和生命有关的必需常量元素有钠、钾、氯、钙、磷和镁；微量元素有铁、锌、铜、碘、硒、铬、钴、锰、镍、氟、钼、钒、锡、硅、锶、硼、钶、砷等18种。矿物质元素都有其特殊的生理功能，与人体健康有密切关系。一旦缺少了这些必需元素，人体就会出现疾病，甚至危及生命。这些元素必须不断地从饮食中得到供给，才能维持人体正常生理功能的需要。茶叶中有近30种矿物质元素，与一般食物相比，饮茶对钾、镁、锰、锌、氟等元素的摄入最有意义。

1. 钾

人体所含的矿物质中，钾的含量仅次于钙、磷，居第三位。钾是调节体液平衡，调节肌肉活动，尤其是调节心肌活动的重要元素。缺钾会造成肌肉无力、精神萎靡、心跳加快、心律不齐。当人体出汗时，钾也和钠一样会随汗液排出体外。所以在炎炎夏日出汗多时，除了需要补充钠外，也要补充钾，否则易出现浑身无力、精神不振等中暑现象。几乎所有的动物性和植物性食品中都含有钾，只是一般含量都不高，在平时排汗量不大的情况下，正常膳食就可以满足人体所需的钾；但在炎热的夏季，一方面出汗很多，另一方面食欲差，这容易使钾的吸收和排出的平衡被打破，从而导致体内缺钾，此时必须适当补充。茶叶中钾的含量居矿物质元素含量之首，是蔬菜、水果、谷类中钾含量的 10~20 倍，并且其在茶汤中的溶出率高达100%。每 100 毫升浓度中等的水中钾的平均含量为 10 毫克，红茶水中钾含量为24毫克。所以夏日更应该选茶作为饮料。

2. 锌

锌是体内含量仅次于铁的微量元素，是很多酶的组成成分，人体内有 100 多种酶含锌。此外，锌与蛋白质的合成、DNA 和 RNA 的代谢有关。骨骼的正常钙化，生殖器官的发育和正常功能，创伤及烧伤的愈合，胰岛素的正常功能与敏锐的味觉也都离不开锌。锌缺乏时会出现味觉障碍、食欲不振、精神抑郁、生育功能下降等症状，并易发高血压症，儿童会发育不良。但锌在水果、蔬菜、谷类、豆类中的含量相当低。动物性食物是人体锌的主要来源。而茶叶中锌的含量高于鸡蛋和猪肉中的含量，且锌在茶汤中的浸出率较高，为 35%~50%，易被人体吸收，因而茶叶被列为锌的优质营养源。

3. 氟

氟是人体必需的微量元素，在骨骼与牙齿的形成中有重要作用。缺氟会使钙、磷的利用受影响，导致骨质疏松。牙齿的釉质不能形成抗酸性强的氟磷灰石保护层，易被微生物产酸侵蚀而发生龋齿。使用含氟牙膏、含氟漱口水，或在饮用水中加氟都有降低龋齿及缺氟的患病率和发病率的功效。氟在食品中含量较低。由于氟的重要性，许多国家和地区，如美国、澳大利亚、爱尔兰、日本等都在自来水中加氟，以增加氟的摄取源。但过量氟可导致氟中毒，如发生氟斑牙、骨质发脆而易折，成人安全而适宜的摄入量为每天 1.5~4.0 毫克。

茶树富含氟，其氟含量比一般植物高十倍至几百倍。而且粗老叶氟含量比嫩叶更高。一般茶中氟含量为 100 毫克/千克左右，用嫩芽制成的高级绿茶含氟可低至约 20 毫克/千克；用较成熟枝叶加工成的黑茶氟含量较高，有 300~1 000 毫克/千克。而且茶中的氟很易浸出，热水冲泡时浸出为 60%~80%。因此喝茶也是摄取氟离子的有效方法之一。

4. 硒

硒在生命活动中的重要作用被认识得较晚，1973 年联合国卫生组织正式宣布硒是人和动物生命必需的微量元素。

硒是人体内最重要的抗过氧化酶——谷胱甘肽过氧化酶的主要组成成分，具有很强的抗氧化能力，保护细胞膜的结构和功能免受活性氧和自由基的伤害。因此它具有抗癌、防衰老和维持人体免疫功能的效果。研究表明，在低硒地区生活的人，癌症的发病率高。相反，含硒量较高的地区，胃癌、肺癌、膀胱癌、直肠癌的发病率都很低。并且缺硒是患心血管病的重要因素。在硒含量较低的地区，克山病（一种致死性心肌病）发病率也高，通过提高膳食中硒的含量可降低发病率。

硒不仅有抗癌、防癌、防治心血管疾病和延缓衰老的功能，而且对人体还有很多的药理作用，如硒具有胰岛素作用，它可以调节人体内的糖分，有助于改进糖尿病患者的饮食疗法；具有保护视神经，预防白内障，增强视力的功能；硒能防治铅、镉、汞等有害重金属对肌体的毒害，起到解毒作用；硒能保护肝脏，抑制酒精对肝脏的损害。

不同地区的土壤、水源及动植物中的含硒量很不均匀。世界上有40多个国家和地区的部分或大部分地带缺硒。我国有22个省（自治区）市的一些县缺硒或低硒。要解决缺硒地区人群的补硒问题，一是用含硒药物补充，二是从饮食中补充。

茶叶是我国传统的大众饮料。茶叶中的硒主要为有机硒，易被人吸收。茶叶中硒元素含量的高低主要取决于各茶区茶园土壤中含硒量的高低。非高硒区的茶叶中硒含量为0.02~2.0毫克/千克，硒含量较高的为湖北、陕西以及贵州、四川部分茶区的茶叶，硒含量可达5~6毫克/千克。就茶树的各部位而言，老叶、老枝的硒含量较高，嫩叶、嫩枝的硒含量较低。硒在茶汤中的浸出率为10%~25%。在缺硒地区普及饮用富硒茶是解决硒营养问题的最佳办法。

5. 锰

茶叶中含量较高的锰也对人体健康有重要的作用。锰参与骨骼形成和其他结缔组织的生长、凝血，并作为多种酶的激活剂参与人体细胞代谢。缺锰会使人体骨骼弯曲，并容易患心血管病。茶叶是一种集锰植物，一般低含量也在30毫克/100克左右，比水果、蔬菜约高50倍，老叶含量更高，可达40毫克/100克。茶汤中锰的浸出率为35%左右。

此外，饮茶还是人体必需的常量元素磷、镁以及必需的微量元素铜、镍、铬、钼、锡、钒的补充来源。茶叶中钙的含量是水果、蔬菜的10~20倍。铁的含量是水果、蔬菜的30~50倍。但由于钙、铁在茶汤中的浸出率很低，远不能满足人体日需量，因此，饮茶不能作为人体补充钙、铁的依赖途径，但可通过食茶来补充。茶叶中的主要矿物质及其功效如表8-4所示。

表8-4 茶叶中的主要矿物质及其功效

矿物质种类	干茶中的含量	茶汤中的溶出率/%	主要功效	每日所需量
钾	1 400~3 000毫克/100克	≈100	调节细胞渗透压，参与肌肉的收缩过程，维持神经组织的正常功能和心律的正常	2 000毫克
磷	160~500毫克/100克	25~35	骨与牙的组成成分，细胞膜的组成成分，参与糖代谢	800毫克
钙	200~700毫克/100克	5~7	骨和牙的组成成分，参与凝血过程、肌肉的收缩过程以及镇静神经	800毫克

续表

矿物质种类	干茶中的含量	茶汤中的溶出率/%	主要功效	每日所需量
镁	170~300 毫克/100 克	45~33	体内 300 多种酶的辅助因子，维持细胞的正常结构，缺乏时会出现心律不正常	250~300 毫克
锰	30~90 毫克/100 克	≈35	多种酶的激活剂，参与骨骼的形成和凝血过程	3~4 毫克
铁	10~40 毫克/100 克	≥10	体内多种酶的组成成分，促进造血，缺乏时会造成缺铁性贫血	10~15 毫克
钠	1~50 毫克/100 克	10~20	调节体液平衡，防止身体脱水，维持肌肉的正常功能	4~9 克
锌	2~6 毫克/100 克	35~50	体内多种酶的组成成分，维持生殖器官的正常功能，维持敏锐的味觉，促进生长，增强抵抗力	10 毫克
铜	1.5~3 毫克/100 克	70~80	分布于肌肉、骨骼中参与造血，增强抗病能力	1.5 毫克
氟	100~1 000 毫克/千克	60~80	骨和牙的组成成分，防止蛀牙	1.5~4.0 毫克
镍	0.3~2 毫克/100 克	≈50	参与核酸代谢	0.3~0.5 毫克
硒	0.02~2.0 毫克/千克	10~25	抗氧化作用，延缓衰老、预防癌症	0.05~0.2 毫克
碘	0.01~0.05 毫克/100 克	50~60	预防甲状腺增生、肥大	0.1~0.3 毫克

（十一）纤维素

茶叶的组织主要由纤维素构成，茶叶中纤维素含量很高，可达 35%~40%。尤其是粗老叶中含量较高，并且秋茶中的含量高于春茶。所以等级越低的茶中纤维素含量越高。

以前，纤维素由于不易被人体所消化吸收，其生理作用没有受到重视。现在发现，纤维素是人类健康必不可缺的营养要素，具有其他任何物质不可替代的生理作用，因此被称为继蛋白质、脂肪、碳水化合物、矿物质、维生素和水之后的第七营养素。每人每天需摄取 25~35 克的纤维素。纤维素的作用如下。

1. 通便作用

随着生活水平不断提高，人们每天的食物多以高蛋白、高脂肪等精细食物为主，食物纤维素的摄取量越来越少。这是便秘的主要原因。便秘使排泄物中有害物质在肠道停留时间延长，对人体造成危害，很可能诱发肠癌。食物纤维素能使大便软化、增量，促进肠蠕动，利于肠道排空，保持大便畅通，清洁肠道，有预防肠癌的效果。长期便秘会使肛门周围血液阻滞，从而引发痔疮。纤维素的通便作用，可降低肛门周围的压力，使血液通畅，因而有防治痔疮的作用。

2. 解毒作用

纤维素的通便作用还能促进体内毒素的排泄。例如，现在引起广泛警惕的二噁英也可通过纤维素排出体外。进入体内的二噁英首先被小肠吸收，经过血液散布积存在体内各内脏和组织中。肝脏中的二噁英，会随着胆汁排出到十二指肠、被小肠重新吸收后再次进入体内各部位，形成所谓"肠肝循环"，使二噁英始终难以排出体外。积存的二噁英与新从体外摄入的二噁英汇聚，对人体造成严重危害。纤维素解毒，是在二噁英由肝脏排出而被小肠吸收之前，纤维素将毒素吸附，并随粪便排出体外，减少了肠道的再次吸收二噁英。动物试验证明，老鼠的饲料中添加纤维素，能使粪便中二噁英的排泄量增加，并减少肝脏中二噁英的积存量。饲料中纤维素的量越多，效果越好。

除了二噁英，纤维素对其他毒素的排泄同样有促进作用。现在环境污染以及日常生活中化学合成品的增多使人体每天吸入的有害物质有增无减，因此，更需要增加纤维素的摄取量。

3. 减肥作用

纤维素本身几乎没有热量，大量摄取纤维素不会增加体重。提高膳食中的纤维素摄取量，能增加嘴的咀嚼次数，人会在摄入热量较少的情况下产生饱腹感，因此能减少热量的吸收。同时，大量纤维素能使食物在肠道内停留时间缩短，减少肠道的再吸收，而在一定程度上起到减肥作用。此外，纤维素还会降低胰脏的消化酶的活性，减少糖、脂肪等的吸收。所以高纤维素食品常被作为理想的减肥食品。

4. 美容作用

如果肠内排泄物滞留，肠壁的再吸收作用会导致血液中带有有害的物质。当血液中存有废物时，这些废物会从皮肤排出，于是面部就会出现暗疮、粉刺、黑斑等。因此排便不畅会影响皮肤的健美。纤维素有使胃肠蠕动加快，使排泄物迅速排出体外，减少肠壁对代谢废物或毒物的吸收，保持血液清洁，从而起到美容的作用。

此外，纤维素还可减少胆汁酸的再吸收量，改变食物消化速度和消化分泌物的分泌量，可预防胆结石、十二指肠溃疡、溃疡性结肠炎等疾病。值得注意的是，茶叶中的纤维素因不溶于水，不能通过喝茶摄入体内，而食茶或吃茶粉能有效地利用茶叶中的纤维素。

综上所述，茶叶如同一个聚宝盆，包含了各种有用的成分，而这些成分都以一种"天生我才必有用"的姿态，发挥着各自的作用，它们的共同作用创造了茶叶的神奇能力。因为茶叶具有如此多的健康功能，自古以来茶就成为人们生活中不可缺少的食物之一，尤其是生活在中国占国土面积 2/3 的高原地带和广大牧区的人们，一直认为"宁可三日无粮，不可一日无茶"。

第二节　功效成分及其保健作用

一、各种茶类的保健作用

如上所述，随着化学和医学科学的进步，茶叶中的多种成分被发现，茶叶的生化作用被剖析，茶叶的功效之谜正在逐步被解开。现代科学的发展使人们对茶叶的保健作用的机理有了一定的认识。但是，茶叶与功效特异的中草药一样，其成分种类繁多，并且各成分间存在相互促进、协调、牵制等复杂的关系，按目前的科学研究方法还无法解释其全部的生理作用。茶叶的保健作用及有效成分如表 8-5 所示。

表8-5 茶叶的保健作用及有效成分

主要生理作用	预防的疾病及保健作用	主要有效成分
抗氧化	抗衰老、美容、预防癌症等	茶多酚、维生素C、维生素E、类胡萝卜素、硒
抗癌、抗突变	预防癌症	茶多酚、咖啡碱、茶氨酸、维生素C、类胡萝卜素
降血压	预防高血压	茶多酚、γ-氨基丁酸、茶氨酸
降血糖	预防糖尿病	茶多酚、茶多糖
降血脂	预防动脉硬化	茶多酚、茶多糖
抗过敏、抗炎症	预防过敏引发的哮喘、皮肤瘙痒	茶多酚、咖啡碱、茶皂素
抗菌、抗病毒	预防蛀牙、预防流感、预防食物中毒、预防真菌性皮肤病	茶多酚、茶皂素
抑制脂肪吸收	预防肥胖	茶多酚、咖啡碱、茶氨酸、茶皂素、纤维素
镇静作用	安神治疗不眠症、改善经期综合征	茶氨酸、γ-氨基丁酸
兴奋作用	提神	咖啡碱
利尿作用	防治浮肿、解毒	咖啡碱
提高免疫功能	预防感冒，抵抗疾病	维生素C
促进肠道蠕动	预防便秘、预防肠癌、预防痔疮、解毒、美容	纤维素
形成氟磷灰质	使骨质坚硬，维持骨骼健康，防止蛀牙	氟
维持各组织、器官的健康	预防视觉、听觉的疾病，维持皮肤、指甲、毛发的正常生长，维持肌肉、神经的正常活动	各种维生素
机体的组成成分	维持人体的正常功能	各种矿物质
营养成分		蛋白质，脂肪

目前的研究成果主要集中在茶鲜叶，以及虽经过加工但内含成分及其存在状态变化不大的绿茶类，而对于经过加工后内含组分变化较大的发酵茶类、久藏陈茶的保健功能的机理的研究还有许多空白，这是今后需要继续探索的重大课题。

（一）绿茶

绿茶，属不发酵茶，绿茶中茶鲜叶的成分保存得较好，茶多酚、氨基酸、咖啡碱、维生素C等主要功效成分含量较高。如上所述绿茶已得到强有力的科学证明其有抗氧化、抗辐射、抗癌、降血糖、降血压、降血脂、抗菌、抗病毒、消臭等多种保健作用。日本的统计调查表明，绿茶生产地的癌症发病率明显低于日本其他地区。例如，将日本全国的胃癌发病死亡率设为100%，著名的绿茶产地静冈县中川根町的胃癌发病死亡率还不到30%。由于绿茶的保健作用已日益为人所认识，绿茶已在中国、日本以及欧美的许多国家受到青睐，世界上的绿茶消费量也年年递增。同时绿茶茶粉、绿茶抽提物、含有绿茶成分的保健食品、化妆品等也相继问世。

（二）黑茶

黑茶是经过渥堆、陈化加工而成的后发酵茶。普洱茶、康砖、金尖是生活在缺氧、干燥、昼夜气温变化大、冬季长而寒冷的高海拔地区的藏族人民的生活必需品，那里蔬菜、水果少，食品以粗粮、牛羊肉、乳制品为主，藏民古谚道："茶是血，茶是肉，茶是生命。"

其他不同类别的砖茶也一样，都是不同地区少数民族各自认定的专用茶。这些砖茶消费区域的专一性、消费量的稳定性以及其不可替代性也是茶类中绝无仅有的。当前有关黑茶的研究有限，只有普洱茶类的降血脂、降胆固醇、抑制动脉硬化、减肥健美的功效已得到试验证明，但对于其有效成分的探索还处于研究之中。

（三）白茶

白茶是轻发酵茶，大多为自然萎凋及风干而成。白茶具有防暑、解毒、治牙痛等作用，尤其是陈年银针白毫可用作患麻疹的幼儿的退烧药，其退烧效果比抗生素更好。最近美国的研究发现，白茶有防癌、抗癌的作用。

（四）乌龙茶

乌龙茶为半发酵茶。乌龙茶的特殊加工工艺，使其品质特征介于红茶与绿茶之间。传统经验为隔年的陈乌龙茶具有治感冒、消化不良的作用；其中的佛手茶还有治痢疾、预防高血压的作用。现代医学证明乌龙茶有降血脂、减肥、抗过敏、防蛀牙、防癌、延缓衰老等作用。并且最近研究发现，除去儿茶素的乌龙茶依然有很强的抗炎症、抗过敏效果，这是乌龙茶中的前花色素的作用。现在日本已将乌龙茶提取物开发成预防花粉症的保健食品。

（五）红茶

红茶为全发酵茶。红茶中的儿茶素在发酵过程中大多变成氧化聚合物，如茶黄素、茶红素以及分子量更大的聚合物。而这些氧化聚合物也有强的抗氧化性，这使红茶也有抗癌、抗心血管病等作用。民间还将红茶作为暖胃，助消化的良药。陈年红茶可用于治疗、缓解哮喘病。

（六）花茶

茉莉花可治疗偏头痛，减轻分娩时的阵痛。玫瑰花茶可治疗月经不调。

鉴于茶叶的多种保健作用，许多部门将其作为职业性保健饮品如接触化学物品、辐射较多的工作人员的保健饮品，以及防暑降温的办公用茶等。

二、茶对水质的改善作用

水是人类生存必不可少的物质。人体中含有 50%~70% 的水分，水分在体内发挥多种作用，如搬运养分，维持细胞正常功能，维持体温，以汗、尿的形式排泄废物等。体内的水分减少 2%~3% 时，就会感到疲倦、头晕、四肢无力、食欲不振等；体内水分减少 5% 左右时，会喉咙干燥、血压降低；水分减少 10% 时，会丧失知觉、昏迷，更严重时就会死亡。而人体每天出汗、排泄等要排出大量的水分，因此每天要注意补充水分，成人一天应饮水 2 000 毫升以上。

由于我们国家地域辽阔，幅员广大，不同的地理位置形成不同的水源，水质差异很大。很多地区的地表水或地下水均不符合规定的饮用水卫生标准。特别是长江以北的大部分地区和西北地区，由于气候干燥，降水量少，年蒸发量大，使水中盐分不断浓缩，矿化度逐步增高，水源大多变为 pH 较高、硬度较大的苦咸水。水质较差的地方的老百姓都有食醋和饮茶的习惯。经验认为喝生水会损坏肠胃，喝多了肚子发胀，食欲下降，而喝茶无此现象。因为茶汤是很好的缓冲剂，可缓和水的碱性，从而减少对胃的刺激和损害。

三、茶对疾病的预防与治疗作用

人们通过研究了解到茶叶所含各种有机及无机成分对机体有着十分重要的作用。长期饮茶及服用茶类食品，可达到强身健体、防病治病的目的。

（一）饮茶能维持正常酸碱平衡

茶水被迅速吸收，为机体提供大量的水及咖啡碱、茶碱等黄嘌呤生物碱物质及时中和血液中的代谢产物，同时起到抗衰老、减轻理化毒性物质侵害、防癌防辐射危害的作用。

（二）饮茶可降低血脂，预防高血脂动脉硬化及冠心病等

茶叶中的茶多酚有溶解脂肪的作用。叶绿素、维生素 E 等综合作用，可抑制动脉平滑肌增生、抗凝血、促进纤溶、抗血栓形成，可有效预防血管硬化类疾病。

（三）降糖（又称降血糖）

茶的降血糖有效成分，目前据报道有 3 种：复合多糖、儿茶素类化合物、二苯胺。此外，茶叶中的维生素 C、维生素 B_1，能促进动物体内糖分的代谢作用。茶多酚和维生素 C 能保持人体血管的正常弹性与通透性；茶多酚与丰富的维生素 C、维生素 B_1 等对人体的糖代谢障碍有调节作用，特别是儿茶素类化合物，对淀粉酶和蔗糖酶有明显的抑制作用。绿茶的冷水浸出液降血糖的效果最为明显。所以，经常饮茶可以作为糖尿病的辅助疗法之一。

（四）兴奋中枢神经

茶叶的兴奋神经作用与中医功效中"少睡"有关。茶叶中含有大量的咖啡碱与儿茶素，具有加强中枢神经兴奋性的作用。因此具有醒脑、提神等作用。从小鼠迷宫实验等研究，证明茶有一定的健脑、益智功效，有增强学习、记忆的能力。

（五）防龋

茶叶防龋功能与茶叶中所含的微量元素氟有关。尤其是老茶叶含氟量更高。氟有防龋坚骨的作用。食物中含氟量过低，则易生龋齿。此外，茶多酚类化合物还可杀死口腔内多种细菌，对牙周炎有一定效果。因此，常饮茶或以茶漱口，可以防止龋齿发生。

（六）助消化、止痢和预防便秘

茶的助消化作用与中医功效中的"消食"有关。茶叶中的咖啡碱和儿茶素可以增加消化道蠕动，因而也就有助于食物的消化过程，可以预防消化器官疾病的发生。因此在饭后，尤其是摄入较多量的油腻食品后，饮茶是很有助于消化的。

（七）茶的止痢作用，与中医功效中的"治痢"有关

其疗效的产生，主要是茶叶中的儿茶素类化合物，对病原菌有明显的抑制作用。另外，由于茶叶中茶多酚的作用，可以使肠管蠕动能力增强，故又有治疗便秘的效果。

（八）抑菌消炎

茶叶中的儿茶素类化合物对伤寒杆菌、副伤寒杆菌、白喉杆菌、绿脓杆菌、金黄色溶血性葡萄球菌、溶血性链球菌和痢疾杆菌等多种病原细菌具有明显的抑制作用。茶叶中黄烷醇类具有直接的消炎效果，还能促进肾上腺的活动，使肾上腺素增加，从而降低毛细血管的通性，血液渗出减少。同时对发炎因子组胺有良好的拮抗作用，属于激素类消炎作用。

（九）利尿

现代研究表明这主要是由于茶叶中所含的咖啡碱和茶碱通过扩张肾脏的微血管，增加肾血流量以及抑制肾小管水的再吸收等机制，从而起到明显的利尿作用。

（十）解酒

茶的解酒与中医功效中的"醒酒"有关。因为肝脏在酒精水解过程中需要维生素作催化剂。饮茶可以补充维生素 C，有利于酒精在肝脏内解毒。另外，茶叶中咖啡碱的利尿作用，使酒精迅速排出体外；而且，又能兴奋因酒精而处于抑制状态的大脑中枢，因而起到解酒的作用。

（十一）其他

除了上述方面外，茶还可以预防胆囊、肾脏、膀胱等结石的形成；防止各种维生素缺乏症；预防黏膜与牙龈出血肿胀，以及眼底出血；咀嚼干茶叶，可减轻怀孕妇女的妊娠期反应以及晕车、晕船所引起的恶心。

四、饮茶与精神健康

精神健康是人们正常生存的必要保证。随着社会发展的加速，各种平衡被打破，竞争越来越激烈。尤其是人口密度大、变动因素多的地方和部门，人们的竞争意识越来越强烈，人们的心理负担、思想压力日益增强，这使许多人脱离了人类本能所必须维持的正常运行规律，大脑整日处于高度紧张的状态，从而产生心理障碍等精神类疾病。据统计精神类疾病在我国疾病总负担中居首位，约 1/10 的人有心理问题。这将导致社会正常构架体系被削弱，社会生产力下降和许多家庭发生不幸。这一现象已引起社会学家、教育界及医学界的极大关注和担忧，如何解决这一现代社会发展所带来的负面效应，是一个重大的社会问题。

从医学心理学的角度来说，采用转移注意力和放松精神是解决心理问题的有效措施。它的方式多种多样。饮茶是一个从"得味"到"得趣"以至于"得道"的过程中，能使人们从紧张的社会活动中得到休息，这对人们的健康有很大益处。

回归自然、亲近自然是人的天性，茶则是对这份天性的最好满足。"品茶者，独品得神"，一人品茶，能进入物我两忘的奇妙意境。两人对品"得趣"，众人聚品"得慧"，茶是保持人身心健康的灵丹妙药。

饮茶对精神的作用，古人就早已体会到。如唐代诗人"玉川子"卢仝在《走笔谢孟谏议寄新茶》一诗中，有脍炙人口的"七碗茶诗"：

> 一碗喉吻润，两碗破孤闷。
>
> 三碗搜枯肠，唯有文字五千卷。
>
> 四碗发轻汗，平生不平事，尽向毛孔散。
>
> 五碗肌骨清，六碗通仙灵。
>
> 七碗吃不得也，唯觉两腋习习清风生。

这一段被称为是全诗精华。诗人饮茶的感受是茶不只是解渴润喉之物，从第二碗开始会对精神发生作用。三碗使诗人思维敏捷；四碗之时，生活中的不平，心中的郁闷，都发散出去；五碗后，浑身爽快；六碗喝下去，有得道通神之感；七碗时更是飘飘欲仙。饮茶时的忘却烦恼、放松精神的作用被淋漓尽致地表达出来。

饮茶不但可养身健体，它还将道德、文化融于一体，可修身养性、陶冶情操、参禅悟道，达到精神上的享受和思想境界的提高。人们越来越深刻地认识到，饮茶可以提升人的精神境界和生活品位，同时，饮茶可以缓解紧张焦虑，使人经常保持平和乐观豁达的良好心情。

茶与养生最大的价值，是养性。中国对养性与养气的重视，远甚于对身体是否健康的重视。养性为本，养身为辅，修养好性情，才是真正的养生目的。茶道与中国养生，是一种内在的认同和本质的联系。

心境是品茗艺术的基本要义。一羽白鸽，与茶香共翔，一袭轻云，与茶色相映，白石清泉，如心香一瓣，与茶味共鸣。茶之道，在心，在艺，在魂；茶之理，由境，由人，由品。念天地之悠悠，观古今之来者，一壶清茶煮历史，一席静淡出宇宙，善哉善哉，一生何求？

第三节　科学饮茶常识

茶的生理功效主要包括：提神益思，提高效率；降脂降压，保持健康；保肝明目，防辐射抗癌变；抗衰老以延年益寿等。科学饮茶用茶是人类的最佳养生之道。顺应自然的变化规律，因时而宜，因人而异，注意某些饮茶禁忌，才能科学养生，健康长寿。

一、科学饮茶

（一）喝茶与睡眠的关系

饮茶影响睡眠的主要原因有兴奋和利尿两种情况。而茶会让人兴奋又有两种情形，一种是对所有茶都敏感，只要是茶的刺激性高，到达一定量就会有影响。另一种是对于某个茶类的茶敏感。对所有茶都一样敏感的人，可以考虑发酵度高的茶，这样的茶对睡眠影响较小。发酵度高，苦涩的程度就会减低。

（二）浓茶饮用

所谓浓茶，是指泡茶用量超过常量（一杯茶 3~4 克）的茶汤。太浓的茶不少人是不适宜的，如夜间饮浓茶，由于过多的咖啡碱兴奋神经，易引起失眠。患有心动过速、胃溃疡、神经衰弱、胃寒者都不宜饮浓茶，否则会使病症加剧。空腹也不宜饮浓茶，空腹饮浓茶后，常会引起胃部不适，有时甚至产生心悸、恶心等不适症状，发生"茶醉"。出现"茶醉"后，吃一两颗糖果，喝点开水就可缓解。此外，孕妇和儿童也不宜喝浓茶，以免过量咖啡碱的刺激。但是孕妇和儿童饮用些淡茶还是有好处的，可以起到补充某些营养成分的作用。

浓茶也并非一概不可饮，在有些情况下饮浓茶反而有利。长期的茶疗实践表明，浓茶有清热解毒、润肺化痰、强心利尿、醒酒消食等功效。因此，遇有湿热症和吸烟、饮酒过多的人，浓茶有助于清热解毒，帮助醒酒。吃了过多肉食或油腻过重的食物，饮浓茶可以帮助消食去腻。小便不利的人，喝浓茶可利水通尿。口腔发炎、咽喉肿痛的人饮浓茶有消炎杀菌作用。患窦房传导阻滞的冠心病患者，由于心率过慢，饮浓茶后可以提高心率，促进血液循环，有辅助治疗作用。

（三）隔夜茶

现实生活中有一种说法，因为隔夜茶中含有二级胺，可以转变成致癌物亚硝胺，喝了容易得癌症，因此认为"隔夜茶喝不得"。其实这种说法是没有科学根据的。因为二级胺本身是一种不稳定的化合物，它广泛存在于许多食物中，尤其是腌腊制品中含量最多。从最普通的食用面包来说，通常也含有 2 毫克/千克的二级胺，如以面包为主食，每天从中摄取的二级胺达 1~1.5 毫克。而人们通过饮茶，从茶叶中摄入的二级胺只有主食面包的 1/40，微不足道。而且二级胺本身并不致癌，而是必须在有硝酸盐的条件下，才能形成亚硝胺，并且只有达到一定数量才有致癌作用。饮茶可从茶叶中获得较多的茶多酚和维生素 C，试验证明，这两种物质都能有效地阻止人体中亚硝胺的合成，成为天然的亚硝胺抑制剂。所以，饮隔夜茶不会致癌。但是从营养和卫生角度来看，茶叶冲泡后，时间长了，茶汤中的维生素 C 和其他营养成分会因逐渐氧化而降低。另外，茶叶中的蛋白质、糖类等是细菌、霉菌的培养基，茶汤没有严格的灭菌，极易滋生霉菌和细菌，导致茶汤变质腐败，这种变质了的茶汤当然不宜饮用。

（四）孕妇、儿童宜喝清淡茶水

现代医学研究表明，孕妇和儿童可以适量饮茶，但不宜饮浓茶。因为过浓的茶水中，过量的咖啡碱会使孕妇心跳过速，对胎儿会带来过分的刺激。儿童也是如此。

因此，一般主张孕妇、儿童饮一些淡茶，专家建议孕妇和儿童饮茶宜饮绿茶、生普洱，通过饮茶，可以补充一些人体必要的维生素和钾、锌等矿物质营养成分。儿童适量饮茶，可以加强胃肠蠕动，帮助消化；饮茶有清热、降火的功效。茶叶的氟含量较高，饮茶或用茶水漱口还可以预防龋齿。儿童年幼喜动，注意力难以集中，若适量饮茶可以调节神经系统。茶叶还有利尿、杀菌、消炎等多种作用，因此儿童可以饮茶，只是不宜饮浓茶。

二、生活中茶的科学利用

（一）茶类食品

饮茶的不足之处是无法摄取不溶于水的成分。茶叶中有许多不溶性成分，其含量高于可溶性成分，其中包括纤维素、蛋白质、脂类、脂溶性维生素等不溶性矿物质。而且即使可溶性成分，冲泡时也不是 100% 被浸出。这些没有被利用的部分包含了很多对身体有益的成分。因此，有时改变一下茶叶的加工方法，用食茶代替饮茶，就能高效地利用茶的有效成分，能减少茶渣，达到保护环境的目的，如表 8-6 所示。

表 8-6　茶叶中可溶成分、不溶成分含量

可溶成分（干物重%）		不溶成分（干物重%）	
茶多酚	20~35	纤维素	30~35
咖啡碱	2~4	蛋白质	20~30
氨基酸	1~5	脂肪	4~7
可溶性糖	3~5	色素	≥1
维生素 B、C、P 等		维生素 E、F 等不溶性矿物质（钙、铁等）	
可溶性矿物质（钾、锰、锌、氟、硒等）			
总量	35~47	总量	53~65

食茶虽不如饮茶盛行，但其历史却比饮茶悠久。人类利用茶叶就是从食茶开始的。最早的方法是生嚼茶鲜叶，此后为烹煮做菜或茶粥。在《晏子春秋》中就有"茗菜"的记载，在《晋书》中有"茗粥"的记载。唐、宋时代，将茶鲜叶蒸软加工成团茶、饼茶，有龙团凤饼之称。饮用时将茶磨成粉末状冲饮。宋徽宗的《大观茶论》中就具体地讲到泡茶时需怎样碾成粉，如何用笼搅拌茶水。这种饮用法其实也是将茶与水搅拌均匀后全部服下，属食茶法的一种，同时从唐朝开始散茶的加工法逐渐完善，到了明代朱元璋下诏"罢造龙团"，茶叶生产以散茶为主，于是喝茶也在这个历史变革中逐渐占据主流。

如今，随着茶叶保健成分的发现，食茶又开始受人瞩目了。加工技术的进步，如低温

粉碎技术的出现，使茶粉的加工突现了工业化。市场上的茶叶食品纷纷上市，品种逐渐增多。如表8-7所示。

表8-7 茶叶食品的种类

糖果类	茶叶奶糖、茶叶酥糖、茶叶口香糖、茶叶润喉糖、茶叶巧克力、茶叶果冻、茶叶羊羹、茶叶蛋卷
糕点类	茶叶面包、茶叶三明治、茶叶蛋糕、茶叶饼干、茶叶米糕
面类	茶叶面条、茶叶荞麦面、茶叶馒头、茶叶汤团
豆制品类	茶叶豆腐
奶制品类	茶叶酸奶、茶叶冰激凌、茶叶布丁
鱼、肉制品	茶叶香肠、茶叶肉丸、茶叶鱼丸
调味品	茶盐、茶叶酱、茶叶蛋黄酱、茶叶果酱、茶叶汤料
酒类	茶叶啤酒，茶叶汽酒
茶粉	食用茶粉、超微茶粉、抹茶粉

在食品加工中添加茶叶有以下几个作用：①增添茶叶的清香，还可去除鱼、肉的腥气；②食品的颜色也变得丰富，添加不同的茶类，如绿茶、乌龙茶、红茶等，颜色各不相同，能达到天然色素的效果；③食品中有茶叶的清香味，增进食欲；④除了改进色、香、味以外，可更好地吸收茶叶中的营养成分、保健成分；⑤茶叶的抗氧化作用、杀菌作用使食品容易保存，如同天然食物保鲜剂；⑥茶叶食品从糕点糖果到面食、菜肴等，种类繁多，即使不爱喝茶的人也可选择自己喜欢的形式摄取茶叶。

自己动手做一些茶叶食品也是其乐无穷。大多数茶叶食品的加工程序并不复杂，例如，只需在炒菜时加几片茶叶，或揉面时加一些茶粉而已，这些"举手之劳"可使食物的色、香、味不同一般。原料可用茶粉或茶叶。用叶子时可用茶鲜叶，或将成品茶冲泡，使其张开恢复自然形态后挤干水分使用。有的茶味道苦涩，需冲泡二三次后再食用，茶汤自然可以饮用，因此这是饮茶食茶两不误。茶粉可用现成的，也可用磨或食品粉碎机将茶叶磨成粉。

1. 凉拌茶

这是一种云南基诺族的传统食茶法。做法为将鲜嫩茶叶揉碎，加入切碎的黄果叶、辣椒、大蒜以及适量的盐，再加少许泉水，拌匀后当菜吃。也可有其他的做法，例如，将绿茶泡后挤干水，用菜油、酱油炒熟后与磨碎的芝麻一起凉拌。也可在凉拌豆腐时加少许茶粉。

2. 竹筒酸茶

云南布朗族的传统食茶法。在雨季，将茶鲜叶蒸熟后，先在阴暗处放10多日，使其发霉。然后将茶填入竹筒中，将竹筒密封后再埋入土中，一个月后取出食用。味道如腌菜一样有酸味。在泰国、缅甸、日本的一些地区也有腌制茶叶的做法。如在日本的德岛县，将茶叶煮后放入桶中，上面压重物，一周后取出晒干食用。

3. 擂茶

湖南、湖北、四川等地的土家族的擂茶也是非常有特色的食茶法。将茶鲜叶、生姜、盐、胡椒以及炒熟的花生、芝麻、米等，放在擂钵中，用木棒压碎成糊状。然后将压碎的食物倒到碗中，冲水食用。

4. 茶叶炒菜

以茶叶为食材烹煮菜肴已不是鲜为人知的事了。有些茶膳已经成为名菜，如龙井虾仁、碧螺虾仁、祁门鸡丁、香茗脆皮鱼等。将茶叶冲泡后，捞起挤去水，像用一般的蔬菜或姜蒜似的，与虾、鱼、肉炒在一起。同时将茶汁也全放与锅中煮。这样做成的菜不但没有腥味，而且茶香宜人，味道爽口。同样，做炒饭时，也可加入茶叶一起炒。还可将切碎的茶叶与碎肉拌在一起做肉丸，或做肉包、烧卖、饺子的馅。

5. 茶叶汤、羹

在菜汤、肉汤中加几片嫩茶叶，或在汤中放入一些茶粉。在做羹时，可将茶粉拌入淀粉中。

6. 抹茶法

这是日本茶道的做法。抹茶是用碾茶（一种遮阴栽培的嫩叶绿茶）磨成的细微的茶粉，大小为 1~20 微米，大部分为 3 微米以下。抹茶的氨基酸含量较高，滋味鲜爽，苦涩味少。泡饮法为：在拌好的抹茶中加入热水，用茶筅快速搅拌将茶与水拌匀直到起泡，便可饮用。这也是有效的食茶法。

（二）茶与美容

茶叶中的许多成分有美容效果。因此，每天饮茶、食茶是非常有效的美容法。茶叶也可用于化妆品中，已上市的茶叶美容品有茶叶、茶叶化妆水、茶叶面膜、茶叶增白霜、茶叶防晒露、茶叶洗发剂、茶叶护发素、茶叶沐浴剂、茶叶入浴剂等，这类产品利用茶叶中天然成分的美容效果，有安全、刺激性小的优点。也可利用手头的茶叶，进行美容（见表8-8）。

1. 茶水洗脸

晚上洗脸后，泡一杯茶，将茶水涂到脸上并用手轻轻拍脸，或将蘸了茶水的脱脂棉敷在脸上 2~3 分钟，然后清水洗净。有时脸上茶水的颜色不能马上洗掉，但过一个晚上会自然消除。有除色斑、美白的效果。

2. 茶水泡足、泡浴

将 20~30 克茶叶装入小布袋中，放在浴缸内，进行泡浴。能治疗多种皮肤病，还可以去除老化的角质皮肤并且清除油脂，使皮肤光滑细腻。此外还能驱除体臭，使肌肤带上清新的茶香。

3. 茶叶美目

将茶叶冲泡后，放入纱布袋中略微挤干。闭上双眼，将茶叶袋放在眼睑上，放 10~15 分钟，可以消除眼睛疲劳，改善黑眼圈。

4. 茶叶洗发、护发

中国古代有用茶籽饼洗发的做法。茶籽饼中含有约 10% 的茶皂素，茶皂素是天然的表面活性剂，起泡性好，洗涤效果好，并且它还有很好的湿润性。现在已有以茶皂素为原料的洗发香波，此香波有去头屑、止痒的功能，并对皮肤无刺激性、无致敏性，洗后头发柔顺飘逸，清新亮丽。

表 8-8　茶叶中的美容成分

茶叶成分	作用与效果
茶多酚	抗氧化作用，防止色素沉积，除色斑、美白，延缓衰老
	抑制脂肪吸收，抗肥胖作用
	抑制体癣、湿疹、痱子等皮肤病
	抗菌作用，抑制粉刺
	消除体臭
	紧肤作用
咖啡碱	利尿作用，促进体内毒素排泄，消除浮肿
	有收敛皮肤、紧肤作用，预防皱纹
	抑制脂肪吸收，抗肥胖作用
茶皂素	预防皮肤病、粉刺
	有表面活性剂作用，有清洁皮肤作用
类胡萝卜素	抗氧化作用，延缓衰老
纤维素	通便，促进体内毒素排泄，防止便秘引起的粉刺
	抑制脂肪吸收，抗肥胖作用
维生素 C 维生素 E	抗氧化作用，防止色素沉积、除色斑、美白，延缓衰老（许多有美白效果的化妆品中添加有维生素 C、E）
维生素 B 族	维持皮肤、毛发、指甲的健康生长（维生素 B 族也被作为润发因子，添加到洗发水、护发水中）
维生素 F 族	维持皮肤、毛发的健康生长
锌	维持指甲、毛发的健康

茶叶也可用来护发，如洗头后，将微量茶粉涂在头皮上，并进行按摩，每日 1 次。或将茶水涂到头发上，按摩约 1 分钟后洗去。有防治脱发，去头屑的作用。

5. 茶叶减肥

用浴盐按摩时，将茶叶加到浴盐中混匀后，进行全身按摩。这一方面能除去角质化的皮肤，洗净皮肤表面的油脂，使皮肤变得柔软光滑，另一方面能促进排汗，有减肥效果。另外，食茶对减肥有效。例如每日吃 1~2 匙茶粉，方法多样，可与酸奶一起吃，也可冲牛奶喝，或拌饭吃等。这不但能减轻体重，还可治疗便秘、高血压等。

（三）茶疗

"茶疗"一词中国古代既有。其内容是将茶作为单方或偏方而入药，用于很多疾病预防和临床治疗的疗法。

茶在中医传统方面有 20 来种功效：令人少寐、安神除烦、明目、益思、下气、消食、醒酒、去腻减肥、清热解毒、止渴生津、去痰、治痢、疗疮、利尿、通便、祛风解表、益气力、坚齿、疗饥等；有研究证明茶还有降血脂、降血压、强心、抗癌、抗衰老、抗肿瘤等功效。

经过长期的临床实践，我国民间已逐步积累了许多对人体健康有益的实用茶疗方。茶疗方，又称茶方，狭义上仅指单用茶作为疾病预防和治疗的方剂；广义上指在茶以外再添加的中草药单方，如山楂、杜仲、金银花、罗汉果、菊花等。在我国许多中草药单方或复方中，有许多所谓的"茶"，实际上其中并非含茶，在中药方剂中仍然称为茶方；我们可称之为"茶的代用品"，在近代应用得很广，但在古代亦早有记载：唐《外台秘要》中，即有"代茶新饮方"的记载；宋代，在茶店中出售益脾饮之类；至清代宫廷秘方中，亦屡见不鲜。著名的有菊花、决明子、桑寄生、藿香、夏枯草、胖大海、金银花、番泻叶等20余种。

知识拓展

科学饮茶的基本要求

科学饮茶首先要能够正确地选择茶叶。要根据季节、气候及个人体质来选择相应的茶叶。同时还应注意，选择品质优良又安全卫生的茶叶产品，如绿色食品茶叶或天然有机茶，并了解这两种茶的概念。第二个基本要求是用正确的冲泡方法泡茶。第三个基本要求是正确地品饮一杯茶。

第九章

品茗环境与茶席设计 ●●●

第一节　品茗环境

人所追求美的历程贯穿于社会文明的发展始终。作为一种生活艺术体验，品茗不仅仅是物质享受的过程，其中所蕴含的美感被日益深刻地领悟，升华为精神享受。人们对品茗环境的基本要求是洁净、舒适、雅致、平和，便于放松神经，解除疲劳，使人赏心悦目，怡然自得。为此，无论是经营性茶馆的选址，还是茶馆的设计、布置，都要重视品茗环境的营造。

品茗场所有经营性与非经营性之分。经营性的品茗场所，指那些专门设立的、收费的茶楼、茶室、茶坊、茶艺馆等，提供茶水、茶点，供客人们饮茶休息或观赏茶艺表演。非经营性的品茗场所，如在家居生活中以茶待客或企事业单位内部的茶会、茶话会以及茶文化团体在山清水秀之处自备茶具举行的茶会等。

一、经营性茶馆的选址

（一）市场定位

1. 以地区为标准划分

茶馆所处区域不同，消费群的差别很大。在繁华的市中心和主要商业街道的茶馆，其光顾者中常有商界名流、高薪白领等，他们对茶馆的环境氛围和服务比较看重。在一般街道或社区的茶馆，其光顾者多为普通工薪人士及退休职工，他们对茶馆设施的要求不是很高，注重经济实惠。在一些风景区和旅游景点，游客占据了客源中的大多数，他们中有的是为了歇脚、解渴，有的是来此品茗赏景，也有的是来此谈情说爱，他们看重的是这类茶馆宁静幽雅的环境和清新的空气。

2. 以消费动机划分

茶客光顾茶馆的目的不同，希望得到的服务也不同。他们到茶馆有的是为了寻找雅趣；有的是为了谈生意；有的是为了叙旧；有的是为了娱乐；也有的是为了找地方进行小型聚会。

3. 以消费频率划分

茶馆中，既有常客，也有一次性的光顾者。常客中有的是每天必到，有的是每周来一次，也有的是不定期但经常光顾。对于常客，由于他们拥有的信息量不同，因此，他们对茶叶的等级、服务的内容、茶馆的氛围也有不同的要求。

（二）选址的基本原则

1. 满足社会的需求性

人们品茶，品的不仅仅是茶，还包括品味环境和心境，有时主要是后两者。明徐渭《煎茶七类》把饮茶的理想环境概括为"凉台静室，明窗曲几，僧寮道院，松风竹月，晏坐行吟，清谭把卷"。他在《徐文长秘集》中写道"茶宜精舍，云林、竹灶，幽人雅士，寒霄兀坐，松月下，花鸟间，清泉白石，绿藓苍苔，素手汲泉，红妆扫雪，船头吹火，竹里飘烟。"这在一定程度上反映了古人对品茶环境的讲究。

现代人品茶，同样十分讲究品茗环境。一般来讲，茶馆的开设地点应以"环境清幽"为佳。"交通便利"也是一种需求。茶馆开设的地点应该是游客或茶客出行不感到困难，容易到达的地方。

2. 确保经营的可行性

一定的客源是茶馆经营得以维持和发展的重要条件。如何使茶馆有较充足的客源呢？因素很多。茶馆的选址除了要环境清幽、交通便捷之外，地理位置的优越也是至关重要的。例如，上海湖心亭茶楼位于豫园商业旅游区的中心，与豫园相邻，坐落在荷花池上，可谓是"风水宝地"，中外宾客纷至沓来。这成为其营业收入高居沪上同行首位的重要原因；浙江新昌白云茶楼地处新昌大佛寺入口处白云山庄对面，占据了"江南第一大佛"的旅游优势。无论春夏秋冬，或雨雪霜露，茶客络绎不绝，生意十分兴隆。

（三）选址的基本分类

1. 游览景区茶馆的选址

1）坐山

"山"是指各地名山。风景区内能供人们攀登、游览的风景名山，大多数都设有大小规模不等的茶馆。茶馆的选址，有的在山脚，有的在山腰，也有的在山顶。在旅游旺季，几乎天天游客盈门。游客来茶馆可歇脚、可解渴、可赏景。

山里泡茶的水往往是山泉水，水质清澈，没有污染，用此水沏出的茶，味更好，色更亮，香更浓。所以，虽然许多山中茶馆位置偏高，仍吸引了不少茶客、游客前往。

2）临河

南方茶馆多设于河旁、桥边，可造就一种舒心的环境。江苏省苏州市吴江区的同里镇是一座典型的水乡古镇。全镇建在6个"岛"上，镇上河网交织。镇里有百年老茶楼，两面临河，茶客在茶楼里喝茶，可以临窗而坐，眺望河上景色。

著名水乡周庄，镇上有17座桥。其中有一座游人必过的富安桥，桥两头两侧各有一幢楼房。四幢楼房中有两幢是茶楼。茶客登楼品茶，"小桥流水人家"尽收眼底。

3）面湖

在西湖附近，座座茶楼无不分享一分天籁。湖光山色的天然画卷展现在茶客面前。

扬州瘦西湖有两处茶室：一处坐落在五亭桥附近，另一处坐落在"二十四桥"景区的拱桥南端的湖畔，在此品茶无疑会让人平添"二十四桥明月夜，玉人何处教吹箫"的情趣。

4）傍泉

在我国数以千计的清泉中，有一部分是与茶相关的名泉。泉水叮咚，清澈宜茶。古人有不少茶诗都吟咏了泉水。

杭州的虎跑泉、龙井泉、玉泉；镇江的中冷泉；无锡惠山泉；扬州的"第五泉"；庐山的谷帘泉。哪里有名泉，哪里就有茶馆或茶室。

5）隐林

在深山幽谷之中多有在成片的树林或竹林中开设的露天茶座，游人来此，既可评品各类茶，又可赏竹观景。

2. 现代都市里茶馆的选址

1）与菜馆酒楼为邻

茶文化是饮食文化的一个重要部分。在现代都市里，既有茶馆兼营菜馆的，也有菜馆兼营茶室的，还有专业茶馆特意选址到菜馆酒楼里去的。

2）与商务宾馆相伴

茶馆是随着商业发展、市场繁荣而逐渐形成和兴旺起来的。当今，随着市场经济的活跃，各地的商务宾馆也很多。为了满足人们的交际、商务、休闲等活动的需要，许多商务宾馆辟出场地开设茶馆、茶室为往来的客商、游客提供了一个比较理想的社交场所，进行商务洽谈、叙友小坐等。

3）在旅游休闲区设址

武汉琴台风景区、杭州西湖风景区、南京夫子庙、苏州玄妙观、上海城隍庙等不仅是古迹，而且经过历史的变迁，周围地区以其为中心，已形成了现代都市中的景观性商旅圈。而在这些旅游休闲区内散落着数量不等、风格各异的茶馆，在游人眼中，也是一道独特的风景线。

4）在商业购物区建馆

从古到今，自茶馆正式形成起，凡城镇的商业中心地区，百业之中是少不了茶馆的，而这些茶馆大多分布在繁华的商业购物区。有不少茶馆、茶坊、茶园，它们的生意仍然兴旺，因为这些商业街终年都有川流不息的人流。

5）在交通集散区迎客

现代都市的交通集散区包括市中心的交通站点、火车站、地铁站、轮船码头、长途汽车站、航空港等。这些地区客流量大，人们在等车候船时，需要有临时休息的饮茶场所。

6）给社区居民方便

社区茶馆选址应选在居民点中，以便利居民就近消费；同时茶馆内的服务价格必须低廉，以使居民能经常光顾。这些社区茶室为社区居民提供了一个信息交流场所，让人们喝茶，聊天，丰富生活内容，提高生活质量。

3. 农村乡镇茶馆的选址

1）选在集镇商业中心

经济繁荣的地区，一般商贾往来较多。在农产品集散地，交易和经商需要交流信息和洽谈商务的场所，茶馆正是理想适宜的场所。

2）选在乡镇文化中心

中国农村乡镇文化中心，一般都位于县城，或乡、村的中心地区，由影剧院、文化馆、图书馆、老年之家、青少年活动室等文化设施所组成。其中，往往还少不了公益性或中高档次的茶馆。茶馆不仅是乡、镇居民品茗、交往、会友的公共场所，也是人们休养身心、自娱自乐的场所。

二、经营性茶馆的设计与布置

（一）茶馆的风格

1. 古典传统式

古典传统式又称"仿古式"，是指现代茶馆其主体建筑采用我国传统建筑的施工方法建成一层或多层的"茶楼"。其屋面大多采用屋角和屋檐为斗拱向上起翘，显得古朴雅致，有的还在四周设隔扇或栏杆回廊，凸显高贵典雅。

2. 地域民族式

地域民族式，又称"民居式"。民居，是指各地具有地域风格的民用住房，如北京的四合院、上海的石库门、云南的傣家竹楼、新疆的毡包等。

南昌一家茶艺馆的主体建筑为江西民居，为增加其美感，在建筑施工中采用了"叠落山墙"的方法，特点是房屋两侧山墙高出屋面，随屋顶的斜坡而呈阶梯形，俗称"马头墙"。飞檐式的门楼更增添了茶艺馆的古雅韵味。

傣族竹楼为云南景洪傣族民居。一般独户居住，四周有竹篱墙。竹楼底层架空，用木或竹材建成。楼底圈养牲畜和安放农具杂物。楼上住人，洗、烧、晒、睡都在那里。房屋通风采光好，利于防水、防潮、防虫兽。我国不少旅游区都设有傣族竹楼茶馆，供游人小憩、品茶、观景。中国茶叶博物馆的"风俗茶苑"是茶艺游览区，其中就有小巧玲珑的傣家竹楼，可供游人前往品尝傣族烤茶。

毡包又称"蒙古包""毡帐"。它是我国蒙古、哈萨克、塔吉克等民族牧民居住的帐篷。新疆天池游览区的哈萨克居民就在自己所住毡包里开设茶馆，招待游人。游人可前往品尝哈萨克人的奶茶以及各式茶点。

3. 江南园林式

中国园林各具风姿。有的以山石胜，宛若置身崇山峻岭；有的以水面胜，波光潋滟，风雅恬静。风景园林各具特色，茶馆可根据绿林修竹、亭台楼阁选址设计。

4. 异国情调式

异国情调式是指茶馆主要建筑中茶室布置为欧式、日式或韩式等异国风。上海多伦路文化名人街就有以欧式小楼为茶楼场所的，其建筑风格、内部装饰均保留了原有特色。雕花的铁门和粗糙的厚石墙面以及暗色的藤木桌椅，给人一种欧洲中世纪的味道。

5. 时尚新潮式

时尚新潮式是指茶馆的风格、茶室的布置、茶饮的调和形式，突破了传统模式，注重时尚、前卫性。这类茶馆更加符合青年人的审美情趣。某休闲茶吧，是以品茶为主的休闲好去处。它的布置是开放式的，一张小小的吧台再加上暗淡的光线，似乎能抚慰受伤的心灵，同时也让浪漫之情更浓烈。软软的地毯、隔声的毛质墙面，使茶吧的卡拉 OK 音响效果更佳。品上一杯鲜爽味醇的龙井茶，在轻松、宁静、自在的心境下，拿起卡拉 OK 话筒，自娱自乐一番，也是一部分消费者的追求。

（二）茶馆的布局

1. 饮茶区

饮茶区是茶客品茗的场所，根据茶馆规模的大小，可分为大型茶馆和小型茶室两类。

1）大型茶馆

品茶室可由大厅和若干个小室构成。视茶室占地面积大小，可分设散座、厅座、卡座及房座（包厢），或选设其中一两种，合理布局。

（1）散座。在大堂内摆设圆桌或方桌若干，每张桌视其大小配 4~8 把椅子。桌子之间的间距为两张椅子的侧面宽度加上 60 厘米通道的宽度，使客人进出自由，无拥挤感。

（2）厅座。在一间厅内摆放数张桌子，距离同上。厅四壁饰以书画条幅，墙角地上或几上可放置绿色植物或鲜花，并赋予厅名。最好能布置出各个厅室各自的风格，配以相应的饮茶风俗，令茶客有身临其境之感。

（3）卡座。它类似西式的咖啡座。每个卡座设一张小型长方桌，两边各设长形高背椅，以椅背作为座位之间的间隔。每一卡座可坐 4 人，两两相对，品茶聊天。墙面以壁灯或壁挂、精致的框画或装饰画、书法作品等作为点缀。

（4）房座，又称包厢。有的可容纳 7~8 人；有的可容纳 4~5 人。四壁装饰简洁典雅，相对封闭，可供商务洽谈或亲友聚会。包厢也可取典雅的室名。

2）小型茶室

品茶室，可在一室中混设散座、卡座和茶艺表演台，注意适度、合理地利用空间，讲究错落有致。

2. 表演区

茶艺馆在大堂中适当的部位必须设置茶艺表演台，力求使大堂内每一处茶座的客人都能观赏到茶艺表演。小室中不设表演台，可采用桌上服务表演。

3. 工作区

（1）茶水房。茶水房应分隔成内外两间，外间为供应间，墙上可开设大窗，面对茶室，放置茶叶柜、茶具柜、消毒柜、电冰箱等。内间安装煮水器（如小型锅炉、电热开水箱、电茶壶）、水槽、自来水龙头、净水器、贮水缸、洗涤工作台、晾具架及晾具盘等。

（2）茶点房。茶点房也同样隔成内外两间，外间为供应间，面向茶室，放置干燥型及冷藏保鲜型两种食品柜和茶点盘、碗、碟、筷、匙等专用柜。里间为特色茶点制作处或热点制作处。如果不供应此类茶点，可以简略，只需设立水槽、自来水龙头、洗涤工作台、晾具架及晾具盘等。

（3）其他工作用房。在小型茶室（馆）里，可不设立专门的开水房和茶点房，在品茶室中设柜台代替，保持清洁整齐即可。根据茶馆规模大小，还可设立经理办公室、员工更衣休息室、食品贮藏室等。

（三）茶馆的布置

茶馆的布置往往体现了茶馆文化品位、茶馆文化氛围和茶馆经营者的文化修养。同时，好的茶馆布置也为茶客提供了高雅的环境，使茶客得以在此修身养性。茶馆的布置既要合理实用，又要具备审美情趣，这就需要经营者要在设计上下一番工夫。以下这几个方面是需要认真布置的。

1. 名家字画的悬挂

在浓郁的茶香中让茶客静静地欣赏一幅幅怡情悦目的名家字画，可以使其获得一种超凡脱俗的精神享受。中国字画的悬挂通常采用卷轴和画框两种形式。茶馆内名人字画的悬挂大多兼用这两种形式。

根据茶馆内的区域和布局，悬挂字画大体上有以下 5 种情况。

1）门厅的字画悬挂

门厅也称前厅、迎宾厅，是茶馆的入口处和通向饮茶区的过渡空间。如果门厅占地面积较大，可在正面墙上悬挂或安置大幅的中国画作品，使观赏者产生开门见山、清新宜人的感觉。

2）走廊的字画悬挂

走廊又称过道，人们在茶馆里经常会通过走廊但一般不在走廊停留。走廊是茶馆营造文化氛围的重要区域之一。在走廊里悬挂字画要保持画与画之间的距离，宁疏勿密。如果画幅大小有差异，要注意画轴底边高度要一致。在悬挂字画时，尽可能将色调相近的隔开挂，从而使走廊墙面的画幅之间有轻重、冷暖起伏等方面的节奏变化，同时又有和谐的整体感。

3）楼梯侧壁的字画悬挂

楼梯是茶楼必须设置的通道，它丰富了茶楼的空间环境。茶馆应注意楼梯侧面墙面和正面墙面的装饰。茶馆楼梯墙面的面积有限，以悬挂书画小品为宜。画幅的高低，其画框底线以符合成年人视平线为妥，便于字画作品的画面自然地进入茶客的视野内。

4）柱子的字画悬挂

茶馆内出现柱子有两种情况，一种是作为建筑结构部分的承重柱，另一种是根据空间气氛的需要而设计建造的柱子。根据柱子所处的空间位置和体积大小，结合茶馆空间整体风格进行装饰后，可选择大小适宜的书画卷轴进行悬挂。若处理得当，这里会成为茶馆内的一个视觉中心，从而丰富空间层次，活跃空间气氛，使人感觉新颖、独特、自然。

5）品茶区的字画悬挂

茶室根据茶馆占地面积及布局设计，可大可小。数十平方米以上的大品茶区，就可布置成中国传统的厅堂式。主墙的墙面上可悬挂一幅中堂国画，其两旁可衬一副对联（书法作品）。有的可在墙上挂一排四幅国画或名人书法条幅。茶室面积略小的，或是雅座包厢，其室内可悬挂小幅字画，内容可以是人物、山水、花鸟，以清新淡雅为宜。可仅在一面墙上挂一幅；有的也可在四面墙上各挂一幅。

2. 玉器古玩的陈列

书画可以营造茶馆的文化氛围，中国传统民间工艺美术作品也在烘托茶馆的文化韵味方面发挥了重要的作用。其中常见的有玉雕、石雕、石砚、石壶、木雕、竹刻、根雕、奇石等。

3. 景瓷宜陶的展示

茶馆在迎客厅或茶厅的陈列柜里摆放茶具，供茶客观赏，既可增添品茶的情趣，又可烘托茶馆内的文化氛围。有的茶馆辟有专门的茶具陈列室，供茶客参观；有的茶馆在"艺术走廊"的陈列架上展示名家名壶，供客人观赏，也可让客人选购；有的茶馆还邀请制壶名家或制壶工艺师为客人进行现场制作表演，客人也可当场定制。

4. 名茶新茶的陈列

茶馆可以发挥自身优势在厅堂的博古架或玻璃橱内，陈列展示造型别致、形态各异的各类名茶、新茶，这样不仅可以为茶客传递茶的信息，推动茶品销售，而且可以借助琳琅满目的中国茶品，勾勒出一道中国茶文化的风景线。

5. 绿色植物的点缀

绿色植物在茶室中具有净化空气、美化环境、陶冶情操的作用。茶室里恰当地点缀绿色植物，可使茶室显得更加幽静典雅、情趣盎然，营造出赏心悦目、舒适整洁的品茗环境。

适宜茶室陈设的绿色观叶植物，既有多年生草本植物，又有多种藤本植物。如万年青、冬不调草、大王黛粉叶、观音莲、龟背竹、君子兰、巴西木、马拉巴栗、散尾葵、橡皮树、棕竹、袖珍椰子、绿萝、吊兰等。此外，还可选用相宜的插花、盆景来增添茶室的雅趣。

6. 民族音乐的烘托

为了烘托茶室的典雅氛围，不少茶馆还专门安排茶艺师在表演区演奏器乐曲，或播放古典名曲、民族音乐等。常见的有古琴乐曲、古筝乐曲、琵琶乐曲、二胡乐曲、江南丝竹等。

三、居家饮茶的场所设计

（一）家庭饮茶空间的类型

1. 厅堂式

中式住宅一般都有一个单独的客厅（堂），作为会客、聚友的场所。

厅（堂）内可摆设红木家具，如八仙桌、太师椅等。有的家庭在厅（堂）的一侧摆放茶几，配以靠椅或藤椅，供点茶品饮。也有的在厅（堂）的一侧摆放三人、双人、单人组合沙发；另一侧安置音响设备，中间摆设茶桌或茶几，上置茶具茶点。

2. 书房式

书房在家居中是供读书、写字、作画的房间。书房的类型有多种：独立型专用书房，是最理想的书房；独立型共用书房，是两人或多人使用的书房；非独立型书房，是和其他居室合在一起的书房类型。

在日常生活中，书房也是家庭品茶的极好场所。如果有个别友人来访，在书房内用香茗招待客人，既显得十分雅致，也是情谊深厚的一种表达方式。

3. 庭院式

住在底楼的有小院的，住在花园住宅的有小花园的，可在院内或园内设石桌、石凳；或临时摆放茶桌、藤椅；或在院中葡萄架下设竹几、竹椅供品茶。

4. 其他式

家居饮茶并无定所。根据各自条件，在书房，或在卧室，甚至屋前屋后的空地上，都可设置茶桌、茶几，邀请朋友品茶。饮茶是生活中的一件乐事，可增添生活的情趣。清茶一杯，给人们带来的是一种清静悠闲的好心境。

总之，具有显著个性和独特风格是创设家居饮茶空间的主要追求。

（二）家庭饮茶的特点

1. 突出休闲性

家庭饮茶的特点之一即"休闲性"。在家中饮茶无须正襟危坐，无须许多讲究，追求放松、惬意。品饮活动，不仅给人们带来物质上的享受，也给人以精神上的愉悦。人们在此不仅获得一种修身养性的途径，而且茶及茶具的艺术美也给人以美的熏陶。

2. 注重保健性

茶不仅是日常生活中的必需品，同时也是养生保健的妙品。茶叶含有丰富的营养成分和多种功能的药效成分，具有生津止渴、提神益思、降脂去腻、清心明目、消炎解毒、延年益寿的保健作用，因而素有"健康饮料"之誉。在家庭饮茶中，许多延年养生茶、美容养生茶、减肥养生茶、抗癌养生茶都受到广泛的欢迎和应用。

3. 讲究礼仪性

我国是文明古国，礼仪之邦。家中有客来访，必以茶相敬。宋代杜耒的"寒夜客来茶当酒，竹炉汤沸火初红"，郑清之的"一杯春露暂留客，两腋清风几欲仙"的诗句，都说明了我国人民自古好客，有以茶待客的风俗习惯。

以茶待客，是我国最普及、最具民间色彩的日常生活礼仪。客来宾至，清茶一杯，可以表敬意、洗风尘、示友情，成为人们日常生活中的一种高尚礼节和纯洁美德。从古到今，茶与礼仪已经紧紧相连。

总之，家庭饮茶要求安静、清新、舒适、干净的环境，尽可能利用现有条件，如阳台、门庭小花园甚至墙角，只要布置得当，窗明几净，同样能创造出良好的品茗环境。

第二节　茶席与茶席设计

一、茶席基本构成要素

中国古代无茶席一词，茶席是从酒席、筵席、宴席转化而来的，茶席名称最早出现在日本、韩国茶事活动中。

（《中国汉字大辞典》）"席"的本义是指用芦苇、竹篾、蒲草等编成的坐卧垫具，如竹席、草席、苇席、篾席、芦席等，可卷而收起。如"我心非席，不可卷也"（《诗经·邶风·柏舟》）、"席卷天下"（贾谊《过秦论》）中的"席"就是这个意思。

席，引申为座位、席位、座席。如"君赐食，必正席，先尝之。"（《论语·乡党》）席，后又引申为酒席、宴席，是指请客或聚会酒水和桌上的菜。虽然唐代有茶会、茶宴，但在中国古籍中未见"茶席"一词。

"茶席"一词在日本茶事中出现不少，有时也兼指茶室、茶屋。

韩国也有"茶席"一词——"茶席，为喝茶或喝饮料而摆的席。"

茶席包括泡茶的操作场所、客人的座席以及所需气氛的环境布置。

茶席是沏茶、饮茶的场所，包括沏茶者的操作场所，茶艺活动的必需空间、奉茶处所、宾客的座席、修饰与雅化环境氛围的设计与布置等，是茶艺中文人雅艺的重要内容之一。

我们说茶席不同于茶室，泛指习茶、饮茶的桌席。它是以茶器为素材，并与其他器物及艺术相结合，展现某种茶事功能或表达某个主题的艺术组合形式。

茶席的特征主要有四个，即实用性、艺术性、综合性、独立性。

茶席有普通茶席（生活茶席、实用茶席）和艺术茶席之分。

所谓茶席设计，是指以茶为灵魂，以茶具为主体，在特定的空间形态中，与其他的艺术形式相结合，共同完成的一个有独立主题的茶道艺术的组合整体。

茶席首先是一种物质形态，实用性是它的主要特征。茶席同时又是艺术形态，由茶品、茶具组合、铺垫、插花、焚香、挂画、相关工艺品、茶点茶果、背景等物态形式构成其基本的要素，这些要素极大地为茶席的内容表达提供了丰富的艺术表现形式。茶席设计作为静态展示时，其形象、准确的物态语言，将一个个独立的主题表达得异常生动而富有情感。当进行茶席动态的演示时，茶席的主题又在动静相融中通过茶的泡、饮，使茶的魅力和茶的精神得到更加完美的体现。

（一）茶品

茶是茶席设计的灵魂，因茶而产生的设计理念，往往会构成设计的主要线索，如茶的色彩、形状、名称等。

（二）茶具组合

茶具组合是茶席设计的基础，也是茶席构成因素的主体。

（1）茶具组合的基本特征是实用性和艺术性相融合。实用性决定艺术性，艺术性又服务于实用性。

（2）茶具组合的质地、造型、体积、色彩、内涵等方面，应作为茶席设计的重要部分加以考虑，并使其在整个茶席布局中处于最显著的位置，以便于对茶席进行动态的演示。茶具组合，个件数量一般可按两种类型确定：一是基本配置，即必须使用而又不可替代的，如壶、杯、罐、则、煮水器等；二是齐全配置，包括不可替代和可替代的每一件器具，如备水用具、泡茶用具、品茶用具、辅助用具等。

（三）铺垫

铺垫是铺垫在茶席之下的布艺类和其他质地物的统称。

铺垫的直接作用：一是使茶席中的器物不直接触及桌（地）面，以保持器物的清洁；二是以自身的特征辅助器物共同完成茶席设计的主题。

铺垫的质地、款式、大小、色彩、花纹，应根据茶席设计的主题与立意，运用对称、不对称、烘托、反差、渲染等手段的不同要求加以选择。或铺桌上，或摊地上，或搭一角，或垂一隅，既可作流水蜿蜒之意象，又可作绿草茵茵之联想。

（四）插花

插花是指以自然界中的鲜花、叶草为材料，通过艺术加工，在不同的线条和造型变化中，融入一定的思想和情感而完成的花卉的再造形象，通过对花卉的定格，表达一种意境来体验生命的真实与灿烂。茶席中的插花，不同于一般的宫廷插花、宗教插花、文人插花和民间插花，而是为体现茶的精神，追求崇尚自然、朴实秀雅的风格。茶席中的插花所用花材通常为鲜花，有时因某些特别需要也可用干花，但一般不用人造花等。

（1）茶席插花的类型通常采用瓶式插花，其次是盆式插花，而盆景式插花等用得很少。

（2）茶席插花的基本特征是简洁、淡雅、小巧、精致。鲜花不求繁多，只插一两枝便能起到画龙点睛的效果；注重线条、构图的美和变化，以达到朴素大方、清雅绝俗的艺术效果。

（3）茶席插花的原则是虚实相宜，以花为实，叶为虚，做到实中有虚，虚中有实；高低错落——花朵的位置切忌在同一横线或直线上；疏密有致——每朵花、每片叶都具有观赏效果和构图效果，过密则复杂，过疏则空荡；上轻下重——花苞在上，盛花在下，浅色在上，深色在下，显得均衡自然；上散下聚——花朵枝叶基部聚拢似同生一根，上部疏散多姿多彩。

（五）焚香

焚香在茶席中，其地位一直十分重要。它不仅作为一种艺术形态融于整个茶席中，同时它美好的气味弥漫于茶席四周的空间，使人在嗅觉上获得非常舒适的感受。

气味有时还能唤起人们意识中的某种记忆，从而使品茶的内涵变得更加丰富多彩。

（六）挂画

挂画是悬挂在茶席背景环境中书与画的统称。

书以汉字书法为主，画以中国画为主。

挂画又称挂轴。茶席中的挂画，是悬挂在茶席背景环境中的书画的统称。

挂轴由天杆、地杆、轴头、天头、地头、边、惊艳带、画心及背面的背纸组成。

挂轴形式有单条、中堂、屏条、对联、横批、扇面等。

茶席挂轴的内容，可以是字，也可以是画，一般以字为多，也可字画结合。

书体以篆、隶、草、楷、行各类均可。

画以中国画，尤其以山水画、水墨画为主。

书写内容主要以茶事为表现内容。也可表达某种人生境界、人生态度和人生情趣。

茶席挂轴上除了书写名人诗词外，也可直接写明茶席设计的命题或茶艺流派的名称。

（七）相关工艺品

不同的相关工艺品与主器具巧妙配合，往往会从人们的心理上引发一个个不同的心情、故事，使不同的人产生共鸣。

相关工艺品选择、摆放得当，常常会获得意想不到的效果。

（八）茶点茶果

茶点茶果是对在饮茶过程中佐茶的茶点、茶果和茶食的统称。其主要特征是分量较少、体积较小、制作精细、样式清雅。

（九）背景

茶席的背景是指为获得某种视觉效果，设定在茶席之后的艺术表现形式。

背景还起着视觉上的阻隔作用，使人在心理上获得某种程度的安全感。

（十）动态演示

动态演示包括动作、音乐、服饰、语言的设计。

二、茶席实用及茶品组合

（一）茶具的组合

1. 备水器具

煮水器、随手泡、开水壶——为泡茶而储水、烧水的器具。

2. 泡茶器具

茶壶、茶杯、盖碗、泡茶器——泡茶容器。

茶则用来量取干茶。

茶叶罐用来储放泡茶需用的茶叶。

茶匙用来协助茶则将茶叶拨至壶中。

3. 品茶器具

茶海、公道杯、茶盅用来储放茶汤。

品茗杯是指因茶类不同而选定的品尝茶汤的杯子。

闻香杯用来闻茶汤的香气。

4. 辅助器具

茶荷、茶碟用来放置已量定的备泡茶叶，兼可放置观赏用样茶。

茶针用来清理茶壶嘴而备。

茶漏用来将茶叶放入小壶。

茶盘用来放置茶具。

壶盘用来放置冲茶的开水壶，以防开水壶烫坏桌面。

茶巾用来清洁茶具，擦拭积水。

水盂用来盛放弃水用。

滤网用来过滤茶汤。

茶道组合用来将茶则、茶匙、茶针、茶夹、滤网等装在一个特制的竹或木罐中，组合起来便于收放和使用。

（二）不同茶类适宜选配的茶具

1. 名优绿茶

冲泡名优绿茶可以选用无盖透明玻璃杯或白瓷、青瓷、青花瓷无盖杯。最好选用透明的玻璃杯，这样在冲泡过程中能欣赏到细嫩的茶芽在水中慢慢舒展，徐徐浮沉游动的姿态，领略"茶之舞"的情趣。

2. 大宗绿茶

大宗绿茶可以选用瓷杯、瓷壶加盖冲饮。以闻香、品味为主，观形次之。

3. 红茶

1）条形红茶

条形红茶可以选用紫砂（杯内壁上有白釉）、白瓷、白底红花瓷、各种红釉瓷的壶杯具、盖杯、盖碗。

2）红碎茶

红碎茶可以选用紫砂（杯内壁上有白釉），以及白黄底色描橙、红花和各种暖色瓷的茶具。

4. 黄茶

黄茶可以选用奶白瓷、黄釉颜色瓷和以黄、橙为主色的五彩壶杯具、盖碗和盖杯。

5. 白茶

白茶可以选用白瓷，或用反差极大且内壁有色的黑瓷，以衬托出白毫。

6. 青茶

青茶可以选用紫砂壶杯具，或白瓷壶杯具、盖碗、盖杯。

7. 普洱茶

普洱茶可以选用紫砂壶杯具或白瓷壶杯具、盖碗、盖杯，也可以用民间土陶工艺制作杯具。

8. 花茶

花茶可以选用青瓷、青花瓷、斗彩、五彩等品种的盖碗、盖杯、壶杯套具。

三、茶席的结构与背景设计

（一）茶席结构设计

1. 中心结构式

中心结构式是指在茶席有限的铺垫或表现空间内，以空间中心为结构核心点，其他各因素均围绕结构核心来表现相互关系的结构方式，中心结构属传统结构方式，结构的核心往往以主器物来体现，非常注重器物的大小、高低、多少、远近、前后、左右的关照。

2. 多元结构式（非中心结构式）

1）流线式

流线式以地面结构为多见，一般常为地面铺垫的自由倾斜状态。在器物摆置上无结构中心，而是不分大小、不分高低、不分前后左右，仅是从头到尾，信手摆来，整体铺垫呈流线型。

2）散落式

散落式一般表现为铺垫平整，器物规则，其他装饰品自由散落于铺垫之上。如将花瓣或富有个性的树叶、卵石等不经意地撒落在器物之间。散落式表面看似落叶缤纷，实则表现人在草木中的闲适心情。

3）桌、地面组合式

桌、地面组合式属现代改良的传统结构式。其结构核心在地面，地面承托桌面，地面又以器物为结构核心点。一般置于地面的器物，其体积要求比桌面的器物稍大。如偏小，则成饰物，会表现出强烈的失重感。

4）器物反传统式

器物反传统式多用于表演性茶道的茶席。此类茶席在茶具的结构上、器物的摆置上一反传统的结构样式，具有一定的艺术独创性，又以深厚的茶文化传统作基础，使结构全新化而又不离一般的结构规律，常给人耳目一新的感觉。

5）主体淹没式

主体淹没式常见于一些茶艺馆、茶道馆或日式茶室的茶室布置。为适合不同茶客的需求，在茶席主器物上，以不同的形状重复摆放，但摆放仍有规律。如在长短比例、高低位置、远近距离等方面仍十分讲究，使复杂美的结构方式得以充分体现。

（二）背景设计

1. 室外背景形式

- 以树木为背景；
- 以竹子为背景；
- 以假山为背景；
- 以盆栽植物为背景；
- 以自然景物为背景；
- 以建筑物为背景。

2. 室内背景形式

1）以窗为背景

以室内现成的窗为背景，窗框可贴可挂，窗台可摆可布，窗帘可收可垂。若要追求茶席的背景效果，茶席便可背窗而设；若要追求茶席器物的投光效果，茶席便可依窗而设。如果窗位较低，或者是落地窗，采用地铺的形式进行茶席的设计则效果更佳。

2）以廊口为背景

廊口是入门后紧接室内走廊的入口处。茶席可倚廊壁而设，以半边走廊作背景，既可显出远近距离线条结构，又是一个空间的自然隔断，另半边走廊拐角墙体呈上升直线，且方便挂饰，是室内一个很有个性的背景形式，利用好，会为茶席增色不少。

3）以房柱为背景

利用房柱作背景，应将茶席设于房柱的任一侧位。而不要将茶席设于房柱中位，否则构图会显得呆板。房柱上还可拉挂些绳索，以便吊、挂饰物。如雕龙凤的圆柱，很适合表现传统题材的茶席。

4）以装饰墙面为背景

以装饰墙面为背景，可事先根据墙面饰物及装饰图案的风格确定茶席的题材和风格，然后再进行具体茶席的设计与摆设，并可将茶席的某种艺术特质与装饰墙面的艺术特质结合起来，以获得相互融合的效果。

5）以玄关为背景

许多大厅在门口处设有玄关。玄关的造型以方形、长方形多见，往往都连有底座。用玄关作为茶席背景，无须再补以其他饰物。但要注意茶席的题材是否与玄关的风格相吻合，如一个传统，一个现代，这样就要再作调整，或用某种装饰物将玄关与茶席风格不相符的部分加以遮掩与修饰。

6）以博古架为背景

在一些比较讲究的大厅中，常在某个墙面设有博古架，摆放各种古玩和工艺品。博古架古色古香，透着书卷气，如茶席使用瓷质、紫砂类器物，仿佛这些器物就是从博古架中而来，给人以博古架就是专门为茶席而设的感觉。

《雄安欢迎您》茶席设计如图9-1所示。

图9-1　《雄安欢迎您》茶席设计（茗朴茶文化培训学校）

（三）相关工艺品设计

1. 相关工艺品选择和陈设原则

茶席中的主器物与相关工艺品在质地、造型、色彩等方面应属于同一个基本类系。在色彩上，同类色最能相融，并且在层次上也更加自然、柔和。在茶席布局中，相关工艺品数量不需多，而且要处于茶席的旁、边、侧、下及背景的位置，服务于主器物，做到多而不掩器，小而看得清。这样不仅能有效地陪衬、烘托茶席的主题，还能在一定的条件下对茶席的主题起到深化的作用。

2. 工艺品类别

● 自然物类：石头、植物盆景、花草、干枝干叶等。

- 生活用品类：穿戴、首饰、化妆品、厨用、文具、玩具等。
- 艺术品类：乐器、民间艺术、演艺用品等。
- 宗教用品类：佛教法器、道教法器、西方教具等。
- 传统劳动用具类：农业用具、木工用具、纺织用具、铁匠用具、鞋匠用具、泥匠用具等。
- 历史文物类：古代兵器、文物古董等。

四、茶席设计文案的编写

茶席设计文案的格式要求如下。

1. 标题

在中间位置书写标题，字号可稍大，或用另一种字体书写，以便醒目。

2. 主题阐述

正文开始时可用简短文字将茶席设计的主题思想表达清楚。主题阐述务必鲜明，具有概括性和准确性。

3. 结构说明

这部分须将所设计的茶席由哪些器物组成，怎样摆置，欲达到怎样的效果等说明清楚。

4. 结构中各因素的用意

将结构中各器物选择、制作的用意表达清楚。不要求面面俱到，对具有特别用意之物可作特别说明。

5. 结构图示

以线条画勾勒出铺垫上各器物的摆放位置。如条件允许，可画透视图，也可使用实景照片。

6. 动态演示程序介绍

将用什么茶，为什么用这种茶，冲泡过程各阶段（部分）的称谓、内容、用意说明清楚。

7. 奉茶礼仪语

奉茶给客人时所使用的礼仪语言。

8. 结束语

全文总结性的文字，内容可包含个人的愿望。

9. 作者署名

在正文结束后的尾行右部署上设计者的姓名及文案表述的日期。

10. 统计文案字数

即将全文的字数（图示以所占篇幅换算为文字字数）作一统计。然后记录在尾页尾行左下方处。茶席设计文案表述（含图示所占篇幅），一般控制在 1 000～1 200 字。字数可显示，也可不显示，根据要求决定。

茶席设计案例如图 9-2 所示。

华茶聚香韵　岁月静好

茶品：2016 年福鼎大白茶，被誉为华茶 1 号。华茶 1 号为福鼎白茶的发源品种，由于产量低，人工成本高，香气浓，滋味醇厚，极其珍贵，更具有收藏价值。

茶具：定瓷五常套组（五个茶杯分别刻有仁、义、礼、智、信），以装饰见长，定瓷胎质坚密、细腻、釉色透明，柔润媲玉。其奔逸、潇洒的刻花，刀行似流云，花成如满月，造就一种华贵雅典气韵。

茶席：湖蓝色平铺铺垫，具有蓝天的颜色，用颜色反差衬托定瓷的秀美娟丽。红枣、枯荷（或搭配兰花）烘托华茶聚香韵的意境之美，岁月静好。

主题：尘世遥远，一杯白茶，

从未说出自己的清香。

观流云，饮山泉，

语言从身体剥离，

唇舌有泉音，体内会有光，

倾心的人，会遇见一面镜。

天空的蓝，山野的绿，

舒展在一杯白茶里，

一颗草木之心获得了成全。

高冲低洒中，浮沉的茶叶，弥漫着儒释道文化。

图 9-2　茶席设计《华茶聚香韵　岁月静好》

世上多有精行俭德之士，勤修苦行之徒，

身在市廛，心往高山。

茶池盏畔，幽若山林。

心中常怀善美，自如白茶韵香天成。

茶之品、茶之性、茶之韵，尽在汪洋恣肆又精深绝伦的礼仪中。

于是，眼前一片淡泊，心中无限宁静。

第十章

饮茶风俗与传承 ●●●●

第一节　中国饮茶风俗

中国是一个多民族的大家庭，由于各民族所处地理环境不同，历史文化有别，生活习俗各异，因此，饮茶习俗各有千秋，泡茶和品茶技艺千姿百态。

在长期社会生活中逐渐形成以茶为主题或以茶为媒介的风俗、习惯即茶俗。茶俗是关于茶的历史文化传承，是人们在农耕劳动、生产活动、文化活动、休闲交往的礼俗中所创造、享用和传承的生活文化。茶俗具有地域性、社会性、传承性和自发性，涉及社会的经济、政治、信仰、文化等各个层面。

一、汉族的饮茶习俗

三千多年前，汉族人已开始饮茶。茶俗在历史发展演变中不断传承下来。客来敬茶，以茶为媒，以茶祭祀，以茶传情等古老的茶俗在汉族人民的饮茶习俗中变得丰富多彩。

汉族是原称为"华夏"的中原居民，主要聚居在中国的松辽平原以及黄河、长江、珠江等大河巨川中下游流域，在边疆地区则多与少数民族交错杂居。

汉族历来把客至敬茶看作是首要的待客之道。"泛花邀座客，代饮引情言"（唐·陆士修），"寒夜客来茶当酒，竹炉汤沸火初红"（宋·杜耒）。以茶会友，以茶示礼始于唐，盛于宋，历经明清，绵延至今。

汉族特色饮茶习俗主要有休闲坐茶馆、潮汕工夫茶、北京大碗茶、随身大茶杯、早市茶等。

（一）休闲坐茶馆

中国茶馆是一个产业，也是一种文化。在中国无论地域、职业、性别，人们都有"坐茶馆"的习惯。大家把茶馆作为接受信息、了解社会、人际交往、亲友团聚、商贸往来、休闲娱乐的主要场所。

我国巴蜀、京津、江浙、上海、广东地区都是传统茶馆的大本营。有厚重的历史文化积淀。如四川成都市附近城镇，无论大街小巷，随处都有茶馆。大小茶馆不下 3 000 余家。在杭州、西安、广州等地也有很多形式与服务内容大致相同的茶馆。茶馆消费的价格大多数并不昂贵。人们到茶馆不纯粹是清闲，也不见得都有明确的目的，去茶馆的也并不完全是中、青年人。茶馆是人们身心调养及解渴之处，是民间知识交流和放松身心的场所。

（二）潮汕工夫茶

潮汕工夫茶是广东省潮汕地区特有的传统饮茶习俗。在闽南及广东的潮州、汕头一带，老百姓泡工夫茶，用的是小如柑橘的陶制茶具。工夫茶"四宝"：玉书碨（即烧开水的水壶），潮汕烘炉（即烧火用的小泥风炉），紫砂小茶壶（名孟臣罐），小茶杯（叫若琛瓯）。

人们将乌龙茶放入壶内，填满壶的十之六七，注入开水后加盖。为使壶内保持较高温度，以开水浇壶，茶水入杯，这时就可以啜茶了。先闻其香后品其味，浓香透鼻后便可按住杯沿，托住杯底，举杯倾茶而入，含汤在口舌之间回旋，顿觉味甘喉润，两腋生风，回味无穷。三杯过喉，茶香犹存。

喝乌龙茶，不仅是满足口腹之欲，更重要的是在于鉴赏茶的香气和滋味，悠然自得地慢慢鉴水、烹茶、闻香，重在物质和精神的享受。故啜乌龙又被称为饮工夫茶。

（三）大碗茶

汉族茶俗中，最常见的饮茶风尚就是喝大碗茶，方便简单的饮茶方式使大碗茶随处可见，尤其在我国北方最为流行，驰名中外的便是北京的大碗茶。大碗茶多为"忙人解渴"，故大号碗装茶最为方便，"大碗茶"也因此得名。

大碗茶多用大壶冲泡，或大桶装茶，大碗畅饮，热气腾腾，提神解渴，好生自然。这种清茶一碗，随便饮喝，无须做作的喝茶方式，虽然比较粗犷，颇有"野味"，但它随意，不用楼、堂、馆、所，摆设也很简便，一张桌子，几张条木凳，若干只粗瓷大碗便可，因此，它常以茶摊或茶亭的形式出现，主要为过往客人解渴小憩。大碗茶由于贴近社会、贴近生活、贴近百姓，自然受到人们的称道。即便是生活条件不断得到改善和提高的今天，大碗茶仍然不失为一种重要的饮茶方式。

（四）随身大茶杯

饮茶在中国已蔚为风气，国饮在人民生活中已十分普及。当今，在中国城乡，随处可见人们出行时带着一个盛满各式茶水的透明茶杯，容量在500~1 000毫升。现在人们开会出行都习惯随身带上一杯茶水，随身大茶杯的使用，使世界饮茶大国的形象重塑人间，有力地推动了茶业经济的发展和茶叶品质提高。

（五）早市茶

早市茶，又称早茶，多见于中国大中城市，其中历史最久，影响最深的是羊城广州，他们无论在早晨上工前，还是在工余后，抑或是朋友聚议，总爱去茶楼，泡上一壶茶，要上两件点心，美其名曰"一盅两件"，如此品茶尝点，润喉充饥，风味横生。广州人品茶大都一日早、中、晚三次，但早茶最为讲究，饮早茶的风气也最盛，由于饮早茶是喝茶佐点，因此当地称饮早茶谓吃早茶。

吃早茶是汉族名茶加美点的另一种清饮艺术，人们可以根据自己的需要，当场点茶，品味传统香茗；又可按自己的口味，要上几款精美清淡小点，如此吃来，更加津津有味。

如今在华南一带，除了吃早茶，还有吃午茶、吃晚茶的，把这种吃茶方式看作是充实生活和社交联谊的一种手段。

在广东城市或乡村小镇，吃茶常在茶楼进行。如在假日，全家老幼登上茶楼，围桌而坐，饮茶品点，畅谈国事、家事、身边事，更是其乐融融。亲朋之间，上得茶楼，谈心叙谊，沟通心灵，倍感亲近。所以许多人即便交换意见，或者洽谈业务、协调工作，甚至青年男女谈情说爱，也是喜欢用吃（早）茶的方式去进行，这就是汉族吃早茶的风尚之所以能长盛不衰，甚至更加延伸扩展的缘由。

二、维吾尔族的奶茶与香茶

居住在新疆维吾尔自治区的维吾尔族以及其他兄弟民族，平生酷爱喝茶，茶已成了当地人民生活中的必需品，与吃饭一样重要。长期以来，当地流行着一句俗语，叫作"宁可一日无米，不可一日无茶"。

新疆北疆地区以畜牧业为主，人们多以放牧为生，饮品以加牛奶的奶茶为主。虽然塔克拉玛干沙漠位于南疆地区，但沙漠外围的冲积平原是水草丰茂、农产富饶的绿洲，南疆地区人们多以农业为生，饮品以加香料的奶茶为主。

北疆的奶茶，其做法为：先将茯砖茶敲成小块，抓一把放入盛水八分满的茶壶内，在煤炉上烹煮，至沸腾4~5分钟后，加一碗牛奶或几个奶疙瘩及适量盐巴，再让其沸腾5分钟左右，一壶热、香、咸的奶茶就制好了。如果一时喝不完，还可再加上若干水、茶叶、牛奶和盐巴，让其慢慢烹煮，以便随时有奶茶可以喝。

北疆牧民喝奶茶，早、中、晚三次是不可少的，中老年牧民上午和下午还要各增加一次。有的甚至一天要喝七八次。有客从远方来，主人就会迎客入帐，席地围坐，好客的女主人当即在地上铺上一块洁净的白布，献上烤羊肉、馕、奶油、蜂蜜、苹果等，再奉上一碗奶茶。在宾主谈事叙谊，喝茶进食的同时，女主人始终在旁为客人敬茶劝吃。若客人已经吃饱喝足，按当地的习惯，需在女主人献茶时，用分开五指的右手，轻轻在茶碗上一盖，表示："谢谢！请不用再加了。"这时，女主人也就心领神会，不会再加茶了。

奶茶，对初饮者来说，会感到滋味浓涩不大习惯，但只要在高寒、少蔬菜、多食奶肉的北疆住上十天半个月，就会感到奶茶实在是一种补充维生素、帮助去腻消食的不可缺少的饮料。对当地牧民"不可一日无茶"之说，也就不解自通了。

南疆的香茶，其做法与煮奶茶相同，只是最后加入的佐料，并不是牛奶与盐巴，而是胡椒、桂皮等香料碾碎而成的细末。煮香茶用的通常是一把铜质长颈茶壶或搪瓷茶壶，为防止倒茶时茶渣、香料混入茶汤，在壶嘴上往往套有一个网状的过滤器。

南疆老乡喝香茶，一日三次，与三餐同时进行，常常是一边吃馕，一边喝香茶。香茶与其说是一种饮料，不如说是一种汤料，实是以茶代汤，用茶做菜。现代医药学研究表明：胡椒能开胃，桂皮可益气，茶叶能提神，三者相互调补，相得益彰，使茶的药理作用有所加强。

三、藏族的酥油茶

西藏有"世界屋脊"之称，"其腥肉之食，非茶不消，青稞之热，非茶不解"。茶叶是当地人民营养补充的主要来源，是不可缺少的生活必需品。目前西藏的年人均茶叶消费量达15千克左右，为全国各省、区之冠。

藏族人饮茶，有喝清茶的，有喝奶茶的，但以喝酥油茶为多。所谓酥油，就是把牛奶或羊奶煮沸，用勺搅拌，倒入竹筒内，冷却后凝结在表面的一层脂肪。茶叶一般选用的是紧压茶类中的普洱茶、金尖等。酥油茶的加工比较讲究，先烧水，待水煮沸后，用刀把紧压茶捣碎，放入沸水中煮。半小时左右，浸出茶汁，滤去茶叶，把茶汁装进长圆柱形的打茶筒内。同时用另一口锅煮牛奶或羊奶，煮到奶的表面凝结一层酥油时，把它倒入盛有茶汤的打茶筒内，再放上适量的盐和糖。盖住打茶筒，用手把住直立茶桶之中、能上下移动的长棒，不断抽打。根据藏民的经验，直到筒内声音由"伊啊，伊啊"变成"嚓咿，嚓咿"时，茶、酥油、盐、糖等即混为一体，酥油茶就打好了。

打酥油茶用的茶筒，多为铜质，也有用银制的。盛酥油茶用的茶具，多为银质，也有用黄金加工而成的。茶碗以木碗为多，常常镶嵌以金、银或铜。更有甚者，有用翡翠制成的。这种华丽而又昂贵的茶具，常被看作是传家之宝。而这些不同等级的茶具，是人们财产拥有程度的标志。

喝酥油茶是很讲究礼节的，宾客入座后，主妇会立即奉上糌粑，随后，主妇按辈分大小，先长后幼，分别递上一只茶碗，向众宾客一一倒上酥油茶。主客边喝酥油茶，边吃糌粑，这种饮茶风俗，别开生面。

按当地习惯，客人喝酥油茶时，不能端碗一喝而光，否则被认为不礼貌、不文明。一般每喝一碗茶，都要留下少许，这被看作是对主妇打茶手艺不凡的一种赞许，这时，主妇又来斟满。如此二三巡后，客人觉得不想再喝了，就把剩下的少许茶汤有礼貌地泼在地上，表示客人已喝饱，主妇也就不再劝喝。

酥油茶始于何时，已无法考证。传说，最早出现与文成公主有关，唐代文成公主进藏时带去茶叶，经过多次反复调制，逐渐形成如今的酥油茶。时到今日，只要有客自远方来，藏族同胞都会谈起这段佳话，缅怀文成公主。

当地有一种风俗，当喇嘛祭祀时，虔诚的教徒要敬茶，富庶之人要施茶。在西藏一些大的喇嘛寺里，往往备有一个特大的茶锅，锅口直径达 1.5 米以上，可容茶水数担，在朝拜时煮水熬茶，供贵客饮用，算是佛门的一种施舍。在男婚女嫁时，藏族视茶为珍贵礼品，是婚姻美满和幸福的象征。

四、蒙古族的咸奶茶

与新疆、西藏的牧民一样，蒙古族人民喜欢喝与牛奶、盐巴一道煮沸而成的咸奶茶。

蒙古族喝的咸奶茶，多为青砖茶和黑砖茶，用铁锅烹煮而成，这一点与藏族打酥油茶和维吾尔族煮奶茶时使用茶壶的方法不同。由于高原气压低，水的沸点在 100 度以内，而砖茶又不同于散茶，质地紧实，若直接用开水冲泡，很难将茶汁浸出来，故蒙、藏等民族喝茶多用烹煮。烹煮时，要加入牛奶，这一点是相同的。

煮咸奶茶时，应先把砖茶打碎，将洗净的铁锅置于火上，盛水 2~3 千克。至水沸腾时，放上捣碎的砖茶约 25 克。沸腾 3~5 分钟后，掺入牛奶，用量为水的五分之一左右；少顷，按需加入适量盐巴。等整锅奶茶开始沸腾时，咸奶茶就煮好了。

煮咸奶茶看似简单，其实滋味的好坏，营养成分的多少，与煮茶时用的锅，以及放茶、加水、掺奶、烧煮时间和先后次序都有关系。如茶叶放迟了，或者将加入茶与奶的次序颠倒了，茶味就会出不来。而烧煮时间过长，又会使咸奶茶的香味逸尽。蒙古族人认为，只有器、茶、奶、盐、温五者相互协调，才能煮出咸甜相宜、美味可口的咸奶茶来。为此，蒙古族妇女都练就了一手煮咸奶茶的工夫，个个都是煮茶能手。大凡姑娘从懂事开始，母亲就会悉心传授煮茶技艺。姑娘出嫁时，一旦举行婚礼完毕，新娘就得当着亲朋好友的面，显露一下煮茶的本领。并将亲手煮好的咸奶茶，敬献给各位宾客品尝，以示身手不凡，家教有方。

蒙古族人酷爱喝茶。蒙古族往往是"一日三次茶"，却只习惯于"一日一顿饭"。每日清晨起来，主妇们先煮上一锅咸奶茶，供全家人整天喝用。蒙古族人喜欢喝热茶，早上一边喝茶，一边吃炒米。早茶后，将剩余的咸奶茶放在微火上暖着供随时取用。通常一家人只在晚上放牧回家后才正式用一次餐，早、中、晚三次喝咸奶茶一般是不能少的。如果晚餐吃了牛羊肉，睡觉前全家还会喝一次茶。至于中、老年男子，喝茶的次数就更多了。所以，蒙古族人民平均茶年消费量高达 8 千克左右，多的在 15 千克以上。

蒙古族人民如此重饮（茶）轻吃（食），却又身强力壮，固然与当地牧区气候、劳动条件有关，主要还是由于咸奶茶的营养丰富，加之喝茶时常吃些炒米、炸油果之类，可有效地补充营养及能量。

五、傣族、拉祜族的竹筒香茶

竹筒香茶的傣语叫"腊踪"，拉祜语叫"瓦结那"，是傣族和拉祜族人民别具风味的一种饮料。

傣族，是一个能歌善舞的民族。主要聚居在云南西双版纳、德宏两个自治州和耿马、孟连两个自治县，汉代史载的"滇越""掸"就是傣族的先民。唐代史称为"金齿""银齿""黑齿""白衣"，宋代沿称"金齿""白衣"，元、明称作"白夷"，清代以来称为"摆夷"。

拉祜族是分布在云南澜沧、孟连、耿马、沧源、勐海、西盟等边境县的山区民族之一。"拉祜"是用一种特殊方法烤吃虎肉的意思。拉祜语称虎为"拉"，称在火边把肉烤到发香的程度为"祜"。因此，拉祜族被称为"猎虎的民族"。

竹筒香茶的制法有两种：一是采摘细嫩的一芽二三叶茶，经铁锅杀青、揉捻，装入生长一年的嫩甜竹（又叫香竹、金竹）筒内。制成的竹筒香茶既有茶叶的醇厚茶香，又有浓郁的甜竹清香；另一制法是将一级晒青春尖毛茶 0.25 千克，放入小饭甑里：糯米以水泡透，在甑子底层堆放 6~7 厘米，垫一块纱布，上放毛茶，约蒸 15 分钟，待茶叶软化充分吸收糯米香气后倒出，立即装入准备好的竹筒内。这种方法制成的竹筒香茶，三香齐备，既有茶香，又有甜竹的清香和糯米香。竹筒的筒口直径为 5~6 厘米，长 22~25 厘米，边装边用小棍杆紧，然后用甜竹叶或草纸堵住筒口，放在离炭火高约 40 厘米的烘茶架上，以文火慢慢烘烤，约 5 分钟翻动竹筒一次，待竹筒由青绿色变为焦黄色，筒内茶叶全部烤干时，剖开竹筒，即成竹筒香茶。

竹筒香茶外形为竹筒状的深褐色圆柱，具有芽叶肥嫩，白毫彰显，汤色黄绿，清澈明亮，香气馥郁，滋味鲜爽回甘的特点。只要取少许茶叶用开水冲泡 5 分钟，即可饮用。

傣族和拉祜族人在田间劳动或进原始森林打猎时，常常带上制好的竹筒香茶。在休息时，他们砍上一节甜竹，灌上泉水在火上烧开，然后放入竹筒香茶再烧 5 分钟，待竹筒香茶稍变凉后慢慢品饮。

竹筒香茶耐贮藏。将制好的竹筒香茶用纸包好，摆在干燥处贮藏，品质常年不变。

六、纳西族的盐巴茶与"龙虎斗"

纳西族主要聚居在滇西北的丽江纳西族自治县以及宁蒗、永胜、维西、中甸、德钦等地。四川省盐源、木里等县也有少量分布居住。纳西族主要生活在云南省的高山峡谷地区，海拔多在两千米以上。由于海拔高，气候干燥，主食杂粮，缺少蔬菜，茶叶早已成为纳西族人民必不可少的生活饮品。人们一天不喝茶就感觉头昏脑涨，四肢乏力，严重的甚至卧床不起，害"茶病"。

冲盐巴茶是纳西族较为普遍的饮茶方法。居住在这里的傈僳族、汉族、普米族、苗族、怒族等民族也常饮盐巴茶。其制法是将特制的、容量为 200~400 毫升的小瓦罐洗净后放在火塘上烤烫，抓一把青毛茶（约 5 克）或掰一块饼茶放入罐内烤香，再将开水冲入瓦罐，罐内茶水即沸腾起来，冲出泡沫。有的地方将第一道茶汁倒掉，因为不太干净。第二次再向瓦罐中冲入开水至满，待水沸腾后停止，将一块盐巴放在罐内茶水中，用筷子搅拌，将茶汁倒入茶盅至一半，加入开水冲淡，即可饮用。边饮边煨，一直到瓦罐中的茶味消失为止。这种茶汤色橙黄，既有强烈的茶味，又有咸味，可解除疲劳。一般每烤茶一次可以冲饮三四道。由于地处高寒地带，缺少蔬菜，故常以喝茶代替蔬菜。纳西族人全家每人一个茶罐，"苞谷（玉米）粑粑盐巴茶，老婆孩子一火塘"，茶叶成为人们不可缺少的生活必需品。这里人们每日必饮三次茶，清早起来边喝茶，边吃苞谷粑粑或在火塘里煨熟的麦面粑粑。中午和晚上劳动回来后也要喝茶。"早茶一盅，一天威风；午茶一盅，劳动轻松；晚茶一盅，提神去痛；一日三盅，雷打不动"。到这些人家中去做客，主人会递给客人茶盅，边喝茶，边闲聊，热情无比。

"龙虎斗"的纳西语叫"阿吉勒烤"，饮用方法非常有趣，是他们用以治疗感冒的药用茶。将茶放在小陶罐中烘烤，待茶焦黄后，冲入开水，像熬中药一样，熬得浓浓的。将半杯白酒倒入茶盅，再将熬好的茶汁冲进酒里（注意不能将酒倒入茶里），这时茶盅发出悦耳的响声，响声过后，就可以饮用。喝一杯"龙虎斗"，周身醋畅，睡一觉后就感到浑身有力，病痛皆无。

七、傈僳族的雷响茶

傈僳族主要聚居于云南省怒江傈僳族自治州，喝雷响茶是傈僳族的风尚。

雷响茶是酥油茶的一种。先用一个能装 750 克水的大瓦罐将水煨开，再把饼茶放在小瓦罐里烤香，然后将大瓦罐里的开水加入小瓦罐里熬茶。熬 5 分钟后，滤出茶叶渣，将茶汁倒入酥油筒内。倒入两三罐茶汁后加入酥油，再加事先炒熟、碾碎的核桃仁、花生米、盐巴或糖、鸡蛋等。最后将一钻有小洞的烧红的鹅卵石放入酥油筒内。筒内茶汁"哧哧"作响，犹如雷响一般。响声过后马上用木杵在酥油筒使劲上下抽打，使酥油成为雾状，均匀溶于茶汁中。打好后倒出趁热饮用。这样饮用能增进茶汁的香味和浓度。

八、布朗族的酸茶

布朗族主要聚居在云南省勐海县的布朗山以及西定和巴达等山区。镇康、双江、临沧、景东、澜沧、墨江等县也有部分散居和杂居。布朗族人多居住在海拔 1 500 米以上的高山地带，他们习惯常年吃酸茶。

酸茶的制茶时间一般在五六月份。高温高湿的夏茶季节，将采下的幼嫩鲜叶煮熟，放在阴暗处 10 余日让它发霉，然后装入竹筒内再埋入土中，经月余即可取出食用。酸茶吃时是放在口中嚼细咽下，它可以帮助消化和解渴。一般可作为食物自己用，也可作为互相馈赠的礼物。

九、白族的三道茶

白族散居在我国西南地区，主要在云南省大理白族自治州，这是一个十分好客的民族。白族人家，不论在逢年过节，生辰寿诞，男婚女嫁等喜庆日子里，还是在亲朋好友登门造访之际，主人都会以"一苦二甜三回味"的三道茶款待宾客。

三道茶，白语叫"绍道兆"，是白族待客的一种风尚。宾客上门，主人一边与客人促膝谈心，一边吩咐家人架火烧水。待水沸开，由家中或族中有威望的长辈亲自司茶，将小砂罐，置于文火上烘烤。待罐烤热后，取一撮茶叶放入罐内，并不停地转动罐子，使茶叶受热均匀。等罐中茶叶"啪啪"作响，色泽由绿转黄，且发出焦香味时，向罐中注入已经烧沸的开水。少顷，主人就将罐中翻腾的茶水倾注到一种叫"牛眼睛盅"的小茶杯中。杯中茶汤容量不多，白族人认为，"酒满敬人，茶满欺人"，所以，茶汤仅半杯而已，可以一口即干。由于此茶是经烘烤、煮沸而成的浓汁，因此，看上去色如琥珀，闻起来焦香扑鼻，喝进去滋味苦涩。冲好头道茶后，主人就用双手举茶敬献给客人，客人双手接茶后，通常一饮而尽。此茶虽香，却也够苦，因此谓之"苦茶"。白族称这第一道茶为"清苦之茶"。它寓意做人的道理："要立业，就要先吃苦。"

喝完第一道茶后，主人会在小砂罐中重新烤茶置水（也有用留在砂罐内的第一道茶重新加水煮沸的）。与此同时，将盛器"牛眼睛盅"换成小碗或普通杯子，其内放上红糖和核桃肉，冲茶至八分满，敬客人。此茶甜中带香，别有一番风味。如果说第一道茶是苦的，那么，苦尽甜来，第二道茶就叫甜茶，白族人称它为糖茶或甜茶。它寓意"人生在世，做什么事，只有吃得了苦，才会有甜香来"。

第三道茶更有意思，主人先将一满匙蜂蜜及3~5粒花椒放入杯（碗）中，再冲上沸腾的茶水，容量多以半杯（碗）为度。客人接过茶杯时，一边晃动茶杯，使茶汤和佐料均匀混合；一边口中"呼呼"作响，趁热饮下。此茶喝起来回味无穷，可谓甜、苦、麻、辣，各味俱全。因此，白族人称它为"回味茶"。有的主人更是别出心裁，取来一张用牛奶熬制而成的乳扇，将它置于文火上烘烤，当乳扇受热起泡呈黄色时，随即用手揉碎将它加入第三道茶中。这种茶喝起来，既能领略茶香茶味，又能尝到白族传统食品的风味，回味无穷。它寓意人们要常常"回味"，牢牢记住"先苦后甜"的哲理。

但凡主人款待三道茶时，一般每道茶之间间隔3~5分钟。另外，还得在桌上放些瓜子、松子、糖果之类，增加品茶情趣。

知识拓展

白族的三道茶

传说在很久以前，在大理苍山脚下，住着一位手艺高超的老木匠。他带有一个徒弟，学艺多年还不让出师。一天，他对徒弟说："你作为一个木匠，会雕会刻，还只是学到了一半工夫。跟我上山，如果你能把大树锯倒，锯成板子，扛回家，才算出师。"徒弟不服气，就跟着师父上山，找到一棵大麻栗树，立即锯起来。但还未等徒弟将树锯成板子，就已觉口干舌燥，只好恳求师父让他下山喝水解渴，但师父不依。到傍晚时分，还未锯完板子，徒弟再也忍受不住了，只好随手抓了一把树叶，放进口里咀嚼，想用来解渴。师父看了徒弟又皱眉头，又咂舌的样子，笑着问徒弟："味道如何？"徒弟只好实说："好苦啊！"师父这时才语重心长地说："你要学好手艺，不先吃点苦头怎么可以啊？"这样一直到日落西山，板子虽然锯好，但徒弟已筋疲力尽，累倒了。这时，师父从怀里取出一块红糖递给徒弟，郑重地说："这叫先苦后甜！"徒弟吃了这块糖后，觉得口不渴了，精神也振作了。于是赶快起身，把板子扛回家。经此一遭，师傅就让徒弟出师了。分别时，师父舀了一碗茶，放上些蜂蜜和花椒叶，让徒弟喝下去后，接着问道："此茶是苦是甜？"徒弟答曰："甜、苦、麻、辣，什么味都有。"师父听了，哈哈大笑，说道："这茶中情由，跟学手艺、做人的道理差不多，要先苦后甜，还得好好回味。"

自此开始，白族的三道茶就成了晚辈学艺、求学时的一套礼俗。以后，应用范围日益扩大，成了白族人民喜庆迎客，特别是在新女婿上门、子女成家立业时，长辈谆谆告诫晚辈的一种形式。

此外，在白族居住地区，还盛行喝雷响茶，白族语叫它为"扣兆"。这是一种十分富有情趣的饮茶方式。饮茶时，大家团团围坐，主人将刚从茶树上采回来的芽叶，或经初制而成的毛茶，放入一只小砂罐内，用钳夹住在火上烘烤。片刻，罐内茶叶作响，并发出焦香味，这时即向罐内冲入沸腾的开水，罐内立即传出似雷响的声音。客人们惊讶声四起，笑声满堂。由于这种煮茶方法能发出似雷响的声音，雷响茶也就因此得名。据说，这还是一种吉祥的象征。当雷响茶煮好后，主人就提起砂罐，将茶汤一一倾入茶盅，再由小辈女子用双手捧盅，奉献给各位客人，在赞美声中，主客双方一边喝茶，一边叙谊，共同祝愿未来生活幸福美满，吉祥如意。

十、土家族的擂茶

土家族主要居住在川、黔、湘、鄂四省交界的武陵山区一带，那里到处古木参天，绿树成荫，有"芳草鲜美，落英缤纷"之誉，是我国的旅游胜地之一。当地生态环境适宜种茶，历史上一直盛产优质茶。山美、茶美，引人入胜，土家族同胞喝擂茶的习俗，更令人叫绝不已。

擂茶，又名三生汤。此名的由来，说法有二。一是因为该茶用生叶（指茶树上新鲜的幼嫩芽叶）、生姜和生米等三种原料加水烹煮而成，故而得名。二是传说三国时，张飞曾带兵进攻武陵壶头山（今湖南省常德市境内），路过乌头村时，正值炎夏酷暑，军士个个精疲力竭；当时这一带正好瘟疫蔓延，张飞部下数百将士病倒，连张飞本人也未能幸免。危难之际，村上一位老草医有感于张飞部属的纪律严明，对村民秋毫无犯，特献祖传除瘟秘方——擂茶，将擂茶分予将士。茶（药）到病除，为此，张飞感激不已，称老汉为"神医下凡"，说："真是三生有幸！"从此以后，人们也就称擂茶为三生汤了。

制作擂茶时，一般先将生叶、生姜、生米按个人口味，用一定比例倒入山楂木制成的擂钵中，用力来回研捣，直至三种原料混合研成糊状时，再起钵入锅，加水煮沸，便成了擂茶。由于茶叶能提神祛邪，清火明目；生姜能理脾解表，去湿发汗；生米能健脾润肺，和胃止火。所以，擂茶有清热解毒，通经理肺的功效。由于喝擂茶有诸多的好处，对高寒多湿的山区人民更是如此，因此喝擂茶自然成了当地的一种习俗，世代相传，当地居住的其他民族也都养成了喝擂茶的习惯。一般人们中午回家，在吃饭之前，总以先喝几碗擂茶为快。有的老年人甚至一日三饮，一顿几碗，不喝擂茶就会感到全身乏力，精神不爽。良宵吉日，擂茶更是不可缺少的佳品。土家族人民把它当作招待亲友的一道"点心"。可根据每个人不同爱好，在擂茶中加入白糖或盐巴，以及花生米、芝麻、爆米花之类的，一旦呷茶入口，甜、苦、辣、涩、咸都有，可谓五味俱全。一碗落肚，真能舒身提神，才算领略了擂茶"既是饮料能解渴，又是良药可治病"的妙处。如今，随着人们生活水平的提高，擂茶的制作和选料更为讲究，在许多场合，喝擂茶还配上许多美味可口的小吃，既有"以茶代酒"之意，又有"以茶作点"之美，如此喝擂茶，乐趣无穷。擂茶的制作现有所改进，通常将炸的金黄色的芝麻，炒的油亮的花生，拌进茉莉花茶，再加上白砂糖，拌匀擂碎，冲入沸水调制成擂茶，喝起来清凉可口，滋味甘醇，可防病健身、延年抗衰。

十一、苗族和侗族的油茶

在桂北、湘南交界地区和贵州遵义地区，聚居着侗、苗、瑶兄弟民族，他们与汉、壮、回、水等民族世代和睦相处。住在这里的人们，虽然衣、食、住、行等风俗习惯有别，但家家都喜欢打油茶，人人喝油茶。喜庆节日，或亲朋贵宾登门时，他们更是以打法讲究、佐料精选的油茶款待客人。平日，一家人每天都要喝几碗油茶汤，祛邪祛湿，抖擞精神，预防疾病。

当地盛行着一句赞美喝油茶的顺口溜："香油芝麻加葱花，美酒蜜糖不如它。一天油茶喝三碗，养精蓄力有劲头。"居住在那里的人们，已经把喝油茶看作如同吃饭一样重要。

打油茶形式多种多样，内容丰富多彩。"打"实际上是"做"的意思，一般经过四道程序。首先是点茶。打油茶用的茶通常有两种：一是专门烘炒的末茶，二是选用茶树上的幼嫩芽叶，具体要根据茶树生长季节和个人的口味爱好而定。其次是佐料。打油茶用的作料，除茶叶和米花外，还备有鱼、肉、芝麻、花生、葱、姜和食油（通常用茶油）。再次煮茶。先生火，待锅底烧热时，放油入锅，等油冒青烟，立即向锅内倒入茶叶，并不断翻炒。当茶叶发出清香时，加上芝麻、花生米、生姜之类。少顷，放水加盖，煮沸 3~5 分钟，茶汤起锅前，撒一把葱姜。这时，又鲜、又香、又爽、又不失茶味的油茶就打好了。若油茶是用来待客的，还得进行第四道工序，就是配茶。一般在已经打好的油茶中，分别放上各种菜肴或食品。因加入佐料的不同，故有鱼子油茶、糯米油茶、米花油茶、艾叶粑油茶之分。油茶已成为当地人生活的必需品和待客的高尚礼仪。倘若款待高朋至亲，按当地的习惯，请村里打油茶的"高手"出场，专门炒制美味香脆的食物，诸如炸鸡块、炒猪肝、爆虾子等，分别装入碗内。然后，把刚打好的油茶趁热注入盛有食品的茶碗中。接着便是奉茶。奉（油）茶十分讲礼节，通常当主人将要打好油茶时，就招呼客人围桌入座。主人彬彬有礼地将筷子放在客人前面的方桌上。少顷，主人双手向宾客奉上油茶，宾客随即用双手接茶，并欠身含笑点头致谢。主人和蔼可亲地连声道"记协，记协"（意即请用茶）；客人开始喝油茶。为了表示对主人热忱好客的回敬，为了赞美油茶生香可口的美味，客人喝油茶时，总是边吃边啜，赞不绝口。一碗吃光，主人马上添加食物，再喝两碗。按照当地风俗，客人喝油茶，一般不少于三碗，这叫"三碗不见外"。

十二、回族的罐罐茶

回族主要居住在我国的大西北，特别在甘肃、宁夏、青海三省（区）最为集中。由于这里地处高原，气候寒冷，蔬菜供应困难，奶制品是当地的主要食品之一。茶叶中存在的大量维生素，可以补充蔬菜的不足。同时去除油腻，帮助消化，利于对奶制品的吸收。从古至今，茶叶一直是当地人不可缺少的生活资料。一般成年人每月用茶量达 1 千克左右，老年人用茶量更多。饮茶方式，更是多种多样。在城市习惯于清茶泡饮；在牧区习惯于奶茶煮饮。而在众多的饮茶方式中，最称奇特的是喝罐罐茶。

罐罐茶通常以中下等炒青绿茶为原料，加水熬煮而成，煮罐罐茶，又称熬罐罐茶。熬煮罐罐茶的茶具，是用土陶烧制而成的。犹如缩小了的粗陶坛钵。当地人认为：用土陶罐煮茶，不走茶味；用金属罐煮茶，会变茶性。

与此相配喝茶用的茶杯，是一只形如酒盅的粗瓷杯。当地人认为："用小粗瓷杯泡茶，能保色保香。"这种说法有一定道理。宋代审安老人撰写的《茶具图赞》中，称赞小茶罐能起"养浩然之气，发沸腾之声，以执中之能，辅成汤之德"的作用。明代冯可宾的《岕茶笺》中曾谈道："茶壶以小为贵，每位壶一把，任其自酌自饮为得趣。""壶小，香不涣散，味不耽搁。"用金属类罐（杯）子煮茶泡茶，在加热冲泡过程中，金属物质会与茶叶多酚类发生氧化作用，改变茶汤滋味。而土陶却不然，由于土陶通透性好，散热快，不易使茶汤产生异味。因此，用土陶茶具煮茶泡茶，有利于保香、保色和保味。

熬煮罐罐茶的方法比较简单，与煎中药大致相仿。煮茶时，先在罐子中盛上半罐水，然后将罐子放在小火炉上，罐内水沸腾，放入茶叶 5~8 克，边煮边拌，使茶、水相融，茶汁充分浸出。经 2~3 分钟后，向罐内加水至八成满，至茶水再次沸腾时，罐罐茶就熬煮好了。由于罐罐茶的用茶量大，又是经熬煮而成的，所以，茶汁甚浓，一般不惯于喝罐罐茶的人，会感到又苦又涩。对长期生活在那里的人们来说，早已习惯。那里的回族人一般在上午上班前和下午下班后，都得喝上几杯罐罐茶。他们认为："只有喝罐罐茶才过瘾。""喝罐罐茶有四大好处：提精神、助消化、去病魔、保健康。"

第二节　茶与非物质文化

中华饮茶风俗及茶文化是中华传统优秀文化的组成部分，是中国呈现给世界的优秀的非物质文化遗产。其内容涉及科技、教育、文化艺术、医学保健、历史考古、经济贸易、餐饮旅游和新闻出版等学科与行业，包括茶叶专著、茶叶期刊、茶与诗词、茶与歌舞、茶与小说、茶与美术、茶与婚礼、茶与祭祀、茶与禅教、茶与楹联、茶与谚语、茶事掌故、茶与故事、饮茶习俗、茶艺表演、陶瓷茶具、茶馆茶楼、冲泡技艺、茶食茶疗、茶事博览和茶事旅游等 21 个方面。

一、茶与诗歌

中国是诗的国度，又是茶的故乡。在中国诗歌史上，咏茶诗层出不穷。中国茶诗萌芽于晋，兴盛于唐宋，元明清余音缭绕，延续至今。据统计，中国以茶为题材和内容涉及茶的茶诗有数千首，盛唐以后的中国著名诗人几乎全都留下了咏茶诗篇。

两晋南北朝是中国茶文学的发轫期。

西晋文学家左思的《娇女诗》是中国最早提到饮茶的诗歌。这是一首五言叙事长诗，诗中描写两个小女孩天真可爱，她们在园中追逐奔跑，嬉笑玩耍，攀花摘果，娇憨可掬。玩得渴了，急于饮茶解渴，便用嘴对着炉灶吹火，以求将茶早点煮好。诗人诗句简洁、清新，不落俗套，为茶诗开了一个好头。陆羽《茶经》选摘了其中十二句：

　　吾家有娇女，皎皎颇白皙。小字为纨素，口齿自清历。
　　其姊字惠芳，面目粲如画。驰骛翔园林，果下皆生摘。
　　贪华风雨中，眒忽数百适。止为茶荈据，吹嘘对鼎立。

　　唐朝是中国诗歌的鼎盛时期，诗家辈出。同时，中国的茶业在唐代有了突飞猛进的发展，饮茶风尚在全社会普及开来，品茶成为诗人生活中不可或缺的内容，诗人品茶咏茶，因而茶诗大量涌现。

（一）李白

　　李白（701—762），字太白，号青莲居士，被誉为"诗仙"。其作《答族侄僧中孚赠玉泉仙人掌茶》：

　　常闻玉泉山，山洞多乳窟。仙鼠如白鸦，倒悬清溪月。
　　茗生此中石，玉泉流不歇。根柯洒芳津，采服润肌骨。
　　丛老卷绿叶，枝枝相接连。曝成仙人掌，似拍洪崖肩。

　　　　　　　　　　……

　　这是中国历史上第一首以茶为主题的茶诗，也是名茶入诗第一首。在这首诗中，李白对仙人掌茶的生长环境、晒青加工方法、形状、功效、名称来历等都作了生动的描述。特别是"采服润肌骨"，后来卢仝的"五碗肌骨清"与之如出一辙。李白在其诗序中更写道："玉泉真公常采而饮之，年八十余岁，颜色如桃花。而此茗清香滑熟，异于他者，所以能还童振枯，扶人寿也。"道教徒李白认为饮茶能使人返老还童、延年益寿，反映了道教的饮茶观念。

（二）释皎然

　　皎然（生卒年不详），俗姓谢，字清昼，是南朝宋时山水诗人谢灵运十世玄孙，诗人和诗歌理论家。皎然曾撰《茶诀》，作茶诗二十多首。他的《饮茶歌·诮崔石使君》一诗首咏"茶道"：

　　　　越人遗我剡溪茗，采得金芽爨金鼎。
　　　　素瓷雪色缥沫香，何似诸仙琼蕊浆。
　　　　一饮涤昏寐，情思朗爽满天地。
　　　　再饮清我神，忽如飞雨洒轻尘。
　　　　三饮便得道，何须苦心破烦恼。
　　　　此物清高世莫知，世人饮酒多自欺。
　　　　愁看毕卓瓮间夜，笑向陶潜篱下时。
　　　　崔侯啜之意不已，狂歌一曲惊人耳。
　　　　孰知茶道全尔真，唯有丹丘得如此。

　　茶，可比仙家琼蕊浆；茶，三饮便可得道。谁人知晓修习茶道可以全真葆性，仙人丹丘子就是通过茶道而得道羽化的。皎然此诗认为通过饮茶可以涤昏寐、清心神、得道、全真，揭示了茶道的修行宗旨。

　　皎然是中华茶道的倡导者、开拓者之一，是茶圣陆羽的忘年至交，两人情谊深厚，《寻陆鸿渐不遇》是他们之间的诚挚友情的写真：

　　　　移家虽带郭，野径入桑麻。近种篱边菊，秋来未著花。
　　　　叩门无犬吠，欲去问西家。报道山中去，归来每日斜。

　　诗中写到，陆羽的新家虽然接近城郭，但要沿着野径经过一片桑田麻地。近屋的篱笆边种上了菊花，虽然秋天到了但还没有开花。敲门却没听到狗的叫声，因而去西边邻居家打听。邻居回答说陆羽去了山中，归来时每每是太阳西斜。这首诗是陆羽迁居后，皎然造访不遇所作。全诗纯朴自然，清新流畅，充满诗情画意。

（三）卢仝

卢仝（约795—835），自号玉川子，唐代诗人，年轻时隐居少室山，刻苦读书，不愿仕进。"甘露之变"时，因留宿宰相王涯家，与王涯同时遇害，死时才40岁左右。

茶诗中，最脍炙人口的，首推卢仝的《走笔谢孟谏议寄新茶》。该诗是他品尝友人谏议大夫孟简所赠新茶之后的即兴作品，直抒胸臆，一气呵成。

> 日高丈五睡正浓，军将打门惊周公。
> 口云谏议送书信，白绢斜封三道印。
> 开缄宛见谏议面，手阅月团三百片。
> 闻道新年入山里，蛰虫惊动春风起。
> 天子须尝阳美茶，百草不敢先开花。
> 仁风暗结珠琲瓃，先春抽出黄金芽。
> 摘鲜焙芳旋封裹，至精至好且不奢。
> 至尊之馀合王公，何事便到山人家？
> 柴门反关无俗客，纱帽笼头自煎吃。
> 碧云引风吹不断，白花浮光凝碗面。
> 一碗喉吻润。两碗破孤闷。
> 三碗搜枯肠，唯有文字五千卷。
> 四碗发轻汗，平生不平事，尽向毛孔散。
> 五碗肌骨清，六碗通仙灵。
> 七碗吃不得也，唯觉两腋习习清风生。
> 蓬莱山，在何处？玉川子，乘此清风欲归去。
> 山上群仙司下土，地位清高隔风雨。
> 安得知百万亿苍生命，堕在颠崖受辛苦？
> 便为谏议问苍生，到头还得苏息否？

这首诗由三部分构成。开头写孟谏议派人送来至精至好的新茶，本该是天子、王公才有的享受，如何竟到了山野人家，大有受宠若惊之感。中间叙述诗人反关柴门、自煎自饮的情景和饮茶的感受。一连吃了七碗，吃到第七碗时，觉得两腋生清风，飘飘欲仙。最后，忽然笔锋一转，为苍生请命，希望养尊处优的居上位者，在享受这至精至好的茶叶时，要知道它是茶农冒着生命危险，攀悬山崖峭壁采摘而来。可知卢仝写这首诗的本意，并不仅仅在夸说茶的神功奇效，其背后蕴含了诗人对茶农们的深刻同情。

这首诗细致地描写了饮茶的身心感受和心灵境界，特别是五碗茶肌骨俱清，六碗茶通仙灵，七碗茶得道成仙、羽化飞升，提高了饮茶的精神境界。所以此诗对饮茶风气的普及，茶文化的传播，起到推波助澜的作用。

（四）元稹

元稹（779—831），字微之，与白居易同为早期新乐府运动倡导者，诗亦与白居易齐名，世称"元白"，号为"元和体"。其有一首独特的宝塔体诗——《茶》：

茶，

香叶，嫩芽。

慕诗客，爱僧家。

碾雕白玉，罗织红纱。

铫煎黄蕊色，碗转麹尘花。

夜后邀陪明月，晨前命对朝霞。

洗尽古今人不倦，将至醉后岂堪夸。

全诗一开头，就点出了主题是茶。接着写了茶的本性，即味香和形美。第三句，显然是倒装句，说茶深受"诗客"和"僧家"的爱慕，茶与诗，总是相得益彰的。第四句写的是烹茶，因为古代饮的是饼茶，所以先要用白玉雕成的碾把茶叶碾碎，再用红纱制成的茶罗把茶筛分。第五句写烹茶先要在铫中煎成"黄蕊色"，尔后盛在碗中浮饽沫。第六句谈到饮茶，不但夜晚要喝，而且早上也要饮。结尾时，指出茶的妙用，不论古人或今人，饮茶都会感到精神饱满，特别是酒后喝茶有助醒酒。所以，元稹的这首宝塔茶诗，先后表达了三层意思：一是从茶的本性说到了人们对茶的喜爱；二是从茶的煎煮说到了人们的饮茶习俗；三是就茶的功用说到了茶能提神醒酒。

唐朝是中国封建社会历史上一个鼎盛的时代，无论是经济还是文化都相当繁荣。茶文化在这一时期有了很大的发展，诗歌也进入了一个历史发展的黄金时代。茶能引发诗人的才思，因而备受诗人青睐。茶、诗相互促进，珠联璧合，相得益彰。茶诗的大量创作，对茶文化的传播和发展，有明显的促进作用。

宋代茶诗题材丰富，形式多样，堪与唐代争雄。宋辽金元茶诗对当时流行的点茶、斗茶、分茶做了全面的反映，但在表现茶的境界方面，除苏轼等少数人外，其他人很难达到唐人的高度。

（五）苏轼

苏轼（1037—1101），字子瞻，号东坡居士。苏轼对茶叶生产和茶事活动非常熟悉，精通茶道，具有广博的茶叶历史文化知识。他的茶诗不仅数量多，佳作名篇也多。如《试院煎茶》：

蟹眼已过鱼眼生，飕飕欲作松风鸣。

蒙茸出磨细珠落，眩转绕瓯飞雪轻。

银瓶泻汤夸第二，未识古人煎水意。

君不见，昔时李生好客手自煎，贵从活火发新泉。

又不见，今时潞公煎茶学西蜀，定州花瓷琢红玉。

我今贫病长苦饥，分无玉碗捧蛾眉。

且学公家作茗饮，砖炉石铫行相随。

不用撑肠拄腹文字五千卷，

但愿一瓯常及睡足日高时。

这首诗是描写在考试院煎茶（点茶）的情景。先写汤瓶里发出像松风一样的飕飕声，应是瓶里的水煮得气泡过了蟹眼成了鱼眼一般大小。宋代点茶用茶粉，所以茶不仅要碾，还要磨。因此，磨出来的蒙茸茶粉像细珠一样飞落。宋代点茶，将茶粉置茶盏，用茶筅击拂搅拌，使盏面形成一层白色乳沫。因此，茶粉在茶筅的击拂下在盏中旋转，形成的乳沫像飞雪般轻盈。不知古人为何崇尚用金瓶煮水而视银瓶为第二。昔时唐代李约非常好客，亲自煎

194

茶，强调要用有火焰的炭火来煮新鲜的泉水。今朝潞国公（文彦博）煎茶却学习西蜀的方法，取用河北定窑产的色如红玉且绘有花纹的瓷瓯。我如今是贫病交加，也没有侍女来为我端茶。姑且用砖炉石铫来煮水煎茶。不想有卢仝"三碗搜枯肠，唯有文字五千卷"那样的灵感，但愿每日有一瓯茶，能安稳地睡到日头高升才醒来。

再如他的《次韵曹辅寄壑源试焙新茶》：

> 仙山灵草湿行云，洗遍香肌粉未匀，
>
> 明月来投玉川子，清风吹破武林春。
>
> 要知玉雪心肠好，不是膏油首面新；
>
> 戏作小诗君勿笑，从来佳茗似佳人。

作为仙山灵草的壑源茶树，为云雾所滋润。壑源在北苑旁，北苑产贡茶归皇室，壑源茶堪与北苑茶媲美，因非作贡，士大夫可享用。其制法与北苑茶一样，茶芽采下后要用清水淋洗，然后蒸，蒸过再用冷水淋洗，然后入榨去汁，再研磨成末，入型模拍压成团、成饼，饰以花纹，涂以膏油饰面，烘干装箱。因加工中有淋洗和研末，所以称"洗遍香肌粉未匀"。"明月"是团饼茶的借代，"玉川子（卢仝）"是作者的自称，喻指曹辅寄来壑源试焙的像明月一样的圆形团饼新茶给作者。因杭州有武林山，武林也就成为杭州的别称，而此时苏轼正在杭州太守任上。作者饮了此茶后不觉清风生两腋，从而感到杭州的春意。研末的茶芽如玉似雪，心肠则指茶叶的内在品质，颔联是说壑源茶内在品质很好，不是靠涂膏油而使茶表面上新鲜。香肌、粉匀、玉雪、心肠、膏油、首面，似写佳人。最后，作者画龙点睛，将佳茗比作佳人。两者共同之处在于都是天生丽质，不是表面装饰，内质优异。这句诗与诗人另一首诗中"欲把西湖比西子，淡妆浓抹总相宜"之句有异曲同工之妙。

（六）陆游

陆游（1125—1210），字务观，号放翁，有茶诗近 300 首，是咏茶诗写得最多的人。其《效蜀人煎茶戏作长句》：

> 午枕初回梦蝶床，红丝小硙破旗枪。
>
> 正须山石龙头鼎，一试风炉蟹眼汤。
>
> 岩电已能开倦眼，春雷不许殷枯肠。
>
> 饭囊酒瓮纷纷是，谁赏蒙山紫笋香？

该诗的前半部分，直书煎茶之事，即用红丝小硙（石磨）碾茶，用石鼎煎茶，煎至出现"蟹眼"大小气泡为度。诗的后半部分，"岩电"二句赞扬茶的功效；感叹像蒙山茶和顾渚紫笋那样品质优异的茶却无人欣赏。后两句是借茶抒怀，抨击南宋朝廷，只重用众多"饭囊酒瓮"的蠢材，而像"蒙山紫笋"那样的上品人才却得不到赏识。

其《北岩采新茶用"忘怀录"中法煎饮，欣然忘病之未去也》诗：

> 槐火初钻燧，松风自候汤。携篮苔径远，落爪雪芽长。
>
> 细啜襟灵爽，微吟齿颊香。归时更清绝，竹影踏斜阳。

作者在野外自采茶，钻石取火，松风候汤，煎煮茶叶。方法虽然比较原始、简单，但仍然感到"襟灵爽""齿颊香""更清绝"，直到夕阳西下踏着竹影归家，连有病在身也忘掉了，可谓深得《忘怀录》之法。

（七）徐渭

徐渭（1521—1593），字文长，号天池山人、青藤居士，明代文学家、书画家，曾著

《茶经》（已佚）。其作《某伯子惠虎丘茗谢之》。

> 虎丘春茗妙烘蒸，七碗何愁不上升。
> 青箬旧封题谷雨，紫砂新罐买宜兴。
> 却从梅月横三弄，细搅松风炝一灯。
> 合向吴侬形管说，好将书上玉壶冰。

虎丘茶是产自苏州的明代名茶，与长兴的罗岕茶、休宁的松萝茶齐名。从"妙烘蒸"来看，似为蒸青绿散茶。为适应散茶冲泡的需要，明代宜兴的紫砂壶异军突起，风靡天下，"紫砂新罐买宜兴"正是说明了这种情况。

现当代文人涉茶诗文很多，代表性的文人有郭沫若、赵朴初等。

（八）赵朴初

赵朴初（1907—2000），佛教居士、诗人、书法家，他有一首《吃茶去》诗，化用唐代诗人卢仝的"七碗茶"诗意，引用唐代高僧从谂禅师"吃茶去"的禅林法语，诗写得空灵洒脱，饱含禅机，为世人所传诵，是体现茶禅一味的佳作。

> 七碗受至味，一壶得真趣。空持百千偈，不如吃茶去。

1990年8月，当中华茶人联谊会在北京成立时，他本来答应要参加会议，后因有一项重要外事活动不能参加，特向大会送来诗幅《题赠中华茶人联谊会》。

> 不羡荆卿夸酒人，饮中何物比茶清。
> 相酬七碗风生腋，共汲千江月照心。
> 梦断赵州禅杖举，诗留坡老乳花新。
> 茶经广涉天人学，端赖群贤仔细论。

他的《咏天华谷尖茶》，表达了对家乡的深情。

> 深情细味故乡茶，莫道云踪不忆家。
> 品遍锡兰和宇治，清芬独赏我天华。

这首诗赵朴初还有个自注："友人赠我故乡安徽太湖茶，叶的形状像谷芽，产于天华峰一带，所以名叫'天华谷尖'。试饮一杯，色碧、香清而味永。今天，斯里兰卡的锡兰红茶、日本的宇治绿茶，都有盛名。我国是世界茶叶的发源地，名种甚多，'天华谷尖'也是其中之一，比起驰誉远近的茶叶来，是有它的特色的。"

二、茶联

在我国，各地的茶馆、茶楼、茶室、茶叶店、茶座的门庭或石柱上，茶道、茶艺、茶礼表演的厅堂墙壁上，甚至在茶人的起居室内，常可见到悬挂以茶事为内容的茶联。茶联常给人古朴高雅之美，也常给人以正气睿智之感，还可以给人带来联想，增加品茗情趣。茶联可使茶增香，茶也可使茶联生辉。

杭州的"茶人之家"在正门门柱上，悬有一副茶联：

> 一杯春露暂留客，两腋清风几欲仙。

联中既道明了以茶留客，又说出了用茶清心和飘飘欲仙之感。进得前厅入院，在会客室的门前木柱上，又挂有一联：

> 得与天下同其乐，不可一日无此君。

这副茶联，并无"茶"字。但一看便知，它道出了人们对茶叶的共同爱好，以及主人

"以茶会友"的热切心情。使人读来，大有"此地无茶胜有茶"之感。在陈列室的门庭上，又有另一联道：

> 龙团雀舌香自幽谷，鼎彝玉盏灿若烟霞。

联中措辞含蓄，点出了名茶，名具，使人未曾观赏，已有如入宝山之感。

杭州西湖龙井景区处有一名叫"秀翠堂"的茶堂，门前挂有一副茶联：

> 泉从石出情宜冽，茶自峰生味更圆。

该联把龙井所特有的茶、泉、情、味点化其中，其妙无比。

北京某茶社有一副对联：

> 茶亦醉人何必酒，书能香我无须花。

上海一茶楼的对联则是：

> 最宜茶梦同圆，海上壶天容小隐；
> 休得酒家借问，座中春色亦常留。

清代乾隆年间，广东梅县叶新莲曾为茶酒店写过这样一副对联：

> 为人忙，为己忙，忙里偷闲，吃杯茶去；
> 谋食苦，谋衣苦，苦中取乐，拿壶酒来。

此联对追名逐利者不但未加褒贬，反而劝人要呵护身体，潇洒人生，让人颇多感悟，既奇特又贴切，雅俗共赏，人们交口相传。

清郑燮题焦山自然庵的茶联：

> 汲来江水烹新茗，买尽青山当画屏。

仅仅十四个字，就勾勒出焦山的自然风光，使人生吟一联而览焦山风光之感。

三、茶与绘画

茶画是中华茶文化重要的表现形式，它反映了在一定时期社会上人们饮茶的风尚，在中华民族瑰丽多姿的艺术宝库中占有一席之地。从历代茶画再现了历朝的茶饮风尚，记录了我国茶文化的历史变迁。

著名茶画有《萧翼赚兰亭图》，作者阎立本（约601—673），唐代画家。此画描绘的是唐太宗派遣监察御史萧翼到会稽骗取辩才和尚宝藏之王羲之书《兰亭序》真迹的故事。东晋大书法家王羲之于穆帝永和九年（353年）三月三日同当时名士谢安等41人会于会稽山阴（今浙江绍兴）之兰亭，修祓褉之礼（在水边举行的祭祀）。当时王羲之用绢纸、鼠须笔作兰亭序，计28行，324字，世称兰亭帖。王羲之死后，兰亭序由其子孙收藏，后传至其七世孙僧智永，智永圆寂后，又传与弟子辩才，辩才得序后在梁上凿暗槛藏之。唐贞观年间，太宗喜欢书法，酷爱王羲之的字，唯得不到兰亭序而遗憾。后听说辩才和尚藏有兰亭序，便召见辩才，可是辩才却说见过此序，但不知下落。太宗苦思冥想，不知如何才能得到。一天尚书右仆射房玄龄奏荐：监察御史萧翼，此人有才有谋，由他出面定能取回兰亭序。太宗立即召见萧翼，萧翼建议自己装扮成普通人，带上王羲之杂帖几幅，慢慢接近辩才，可望成功。太宗同意后萧翼便照此计划行事，骗得辩才好感和信任后，在谈论王羲之书法的过程中，辩才拿出了兰亭序。萧翼故意说此字不一定是真货，辩才不再将兰亭序藏在梁上，随便放在几上。一天，趁辩才离家，萧翼借故到辩才家取得兰亭序。后萧翼以御史身份召见辩才，辩才恍然大悟，知道受骗，但已晚矣。萧翼得兰亭序后回到长安，太宗予以重赏。

画面有五位人物，中间坐着一位和尚，即辩才，对面为萧翼，左下有二人煮茶。画面上，机智而狡猾的萧翼和疑虑为难的辩才和尚，其神态惟妙惟肖。画面左下有一老仆人蹲在风炉旁，炉上置一锅，锅中水已煮沸，茶末刚刚放入，老仆人手持"茶夹子"欲搅动"茶汤"。另一旁，有一童子弯腰，手持茶托盘，小心翼翼地准备"分茶"。矮几上，放置其他茶碗、茶罐等用具。这幅画不仅记载了古代僧人以茶待客的史实，而且再现了唐代烹茶、饮茶所用的茶器茶具，以及烹茶方法和过程，是茶文化史上不可多得的瑰宝。此画纵26.5厘米，横76.9厘米，绢本，工笔着色，无款印，辽宁省博物馆藏。辽宁省博物馆藏的是北宋摹本，台北故宫的是南宋摹本。

斗茶图是茶画中的传神之作，作者赵孟頫（1254—1322），元代画家。画面上四茶贩在树荫下作"茗战"（斗茶）。人人身边备有茶炉、茶壶、茶碗和茶盏等饮茶用具，轻便的挑担有圆有方，随时随地可烹茶比试。左前一人手持茶杯、一手提茶桶，意态自若；其身后一人手持一杯，一手提壶，作将壶中茶水倾入杯中之态，另两人站立在一旁注视。斗茶者把自制的茶叶拿出来比试，展现了宋代民间茶叶买卖和斗茶的情景。此图台北故宫博物院收藏。

四、茶与书法

中国书法艺术，讲究的是在简单的线条中求得丰富的思想内涵，就像茶与水那样在简明的色调对比中求得五彩缤纷的效果。它不求外表的俏丽，而注重内在的生命感，从朴实中表现出韵味。对书家来说，要以静寂的心态进入创作，去除一切杂念，意守胸中之气。书法对人的品格要求极为重要，如柳公权就以"心正则笔正"来进谏皇上。宋代苏东坡最爱茶与书法，司马光便问他："茶欲白墨欲黑，茶欲重墨欲轻，茶欲新墨从陈，君何同爱此二物？"东坡妙答曰："上茶妙墨俱香，是其德也；皆坚，是其操也。譬如贤人君子黔皙美恶之不同，其德操一也。"这里，苏东坡是将茶与书法两者上升到一种相同的哲理和道德高度来加以认识的。此外，如陆游的"矮纸斜行闲作草，晴窗细乳戏分茶"。这些词句，都是对茶与书法关系的一种认识，也体现了茶与书法的共同美。

唐代是书法艺术盛行时期，也是茶叶生产的发展时期。书法中有关茶的记载也逐渐增多，其中比较有代表性的是唐代著名的狂草书家怀素和尚的《苦笋帖》。

宋代，在中国茶业和书法史上，都是一个极为重要的时期，可谓茶人迭出，书家群起。茶叶饮用由实用走向艺术化，书法从重法走向尚意。不少茶叶专家同时也是书法名家，比较有代表性的是"宋四家"。

唐宋以后，茶与书法的关系更为密切，有茶叶内容的作品也日益增多。流传至今的佳品有苏东坡的《一夜帖》、米芾的《道林诗帖》、郑燮的《溢江江口是奴家》、汪巢林的《幼孚斋中试泾县茶》等。其中有的作品是在品茶之际创作出来的。至于近代的佳品则更多了。

（一）蔡襄

蔡襄（1012—1067），字君谟，福建兴化仙游（今福建仙游）人，官至端明殿学士。擅长正楷、行书和草书，北宋著名书法家，为"宋四家"之一。蔡襄以督造小龙团茶和撰写《茶录》一书而闻名于世。而《茶录》本身就是一件书法杰作。

《茶录》问世后，抄本，拓本很多。见诸记载的有：

"宋蔡襄书《茶录》帖并序……小楷。在沪见孙伯渊藏本，后有吴荣光跋，宋拓本，摹勒甚精，拓墨稍淡。此拓本现或藏上海博物馆。"（《善本碑帖录》）如图10-1所示。

"宋蔡襄《茶录》一卷。素笺乌丝栏本，楷书，今上下篇，前后俱有自序，款识云：治平元年三司使给事中臣蔡襄谨记。引首有李东阳篆书'君谟茶录'四大字，……后附文征明隶书《龙茶录考》，有文彭、久震孟二跋。"

（二）郑板桥

郑板桥（1693—1765），名燮，字克柔，板桥是他的号。在"扬州八怪"中，郑板桥的影响很大，他与茶有关的诗书画及传闻轶事也多为人们所喜闻乐见。

板桥之画，以水墨兰竹居多，其书法，初学黄山谷，并合以隶书，自创一格，后又不时将篆隶行楷熔为一炉，自称"六分半书"，后人又以"乱石铺街"来形容他书法作品的章法特征。人评"郑板桥有三绝，曰画、曰诗、曰书。三绝中又有三真，曰真气、曰真意、曰真趣"。（马宗霍《书林藻鉴》引《松轩随笔》）

郑板桥喜将"茶饮"与书画并论，他在《题靳秋田索画》中如是说："三间茅屋，十里春风，窗里幽兰，窗外修竹。此是何等雅趣而安享之人不知也。懵懵懂懂，没没墨墨，绝不知乐在何处。惟劳苦贫病之人，忽得十日五日之暇，闭柴扉，扣竹径，对芳兰，啜苦茗。时有微风细雨，润泽于疏篱仄径之间，俗客不来，良朋辄至，亦适适然自惊为此日之难得也。凡吾画兰、画竹、画石，用以慰天下之劳人，非以供天下之安享人也。"

郑板桥书作中有关茶的内容甚多，如图 10-2 所示。

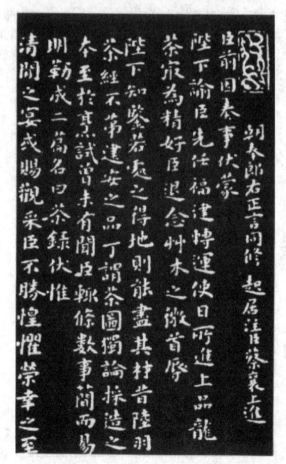

图 10-1 《茶录》[北宋] 蔡襄

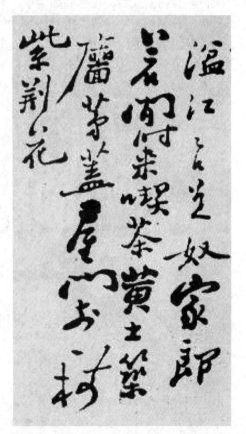

图 10-2 《溢江江口是奴家》[清] 郑板桥

其一（行书横批）

溢江江口是奴家，郎若闲时来吃茶。黄土筑墙茅盖屋，门前一树紫荆花。

其二（行书对联）

墨兰数枝宣德纸，苦茗一杯成化窑。

其三（行书条幅）

乞郡三章字半斜，庙堂传笑眼昏花，道人问我迟留意，待赐头纲八饼茶。

（三）吴昌硕

吴昌硕（1844—1927），浙江人，晚清著名画家、书法家、篆刻家，与虚谷、蒲华、任伯年齐名为"清末海派四杰"，他的作品备受追捧。

"角茶轩"，篆书横批，1905年书，大概是应友人之请所书的。这三字，是典型的吴氏风格，其笔法、气势源自石鼓文。其落款很长，以行草书之，其中对"角茶"的典故、"茶"字的字形作了记述："礼堂孝谦藏金石甚富，用宋赵德父夫妇角茶趣事以名山居。茶字不见许书，唐人于頔茶山诗刻石，茶字五见皆作茶……"（如图10-3所示）

所谓"角茶趣事"，是指宋代金石学家赵明诚（字德父、德甫）和他的妻子、婉约派词人李清照以茶作酬，切磋学问，在艰苦的生活环境下，依然相濡以沫，精研学术的故事。

余建中辛巳，始归赵氏……赵、李族寒素贫俭。后屏居乡里十年，仰取俯拾，衣食有余。连守两郡，竭其俸入，以事铅椠。每获一书，即同共校勘，整集签题，得书画、彝鼎，亦摩玩舒卷，指摘疵病，夜尽一烛为率。故能纸礼精致，字画完整，冠诸收书家。余性偶强记，每饭罢，坐归来堂烹茶，指堆积书史，言某事在某书某卷第几页第几行，以中否角胜负，为饮茶先后。中即举杯大笑，至茶倾覆怀中，反不得饮而起。甘心老是乡矣，故虽处忧患困穷而志不屈。（李清照《金石录后序》）

后来，"角茶"典故，便成为夫妇有相同志趣，相互激励，促进学术进步的佳话。

图10-3 《角茶轩》［清］吴昌硕

第三节 茶的对外传播及影响

一、中国茶的外传方式

中国茶叶作为饮料向海外传播历史久远。早在西汉时期，我国曾与南洋诸国通商，汉武帝也派出使者，携带黄金、缯帛（红色的帛）和土特产，包括茶叶，由广东出海至印度支那半岛和印度南部等地，从此茶叶在这一带首先传播开来。据传，汉武帝派兵渡过渤海，征服辽东，攻占朝鲜的东浪、真番、昭屯等地时，当地居民已有饮茶嗜好。中国茶传入日本的时期，有始于汉代一说，目前尚有待新资料的发掘，但起码在唐代就已经有明确的记载。

唐代，我国已开辟了一条茶叶输往中亚、欧洲的主通道。宋元期间，我国对外贸易港口增加到八九处，陶瓷和茶叶成为主要出口商品。曾在中国游历十多年，并作了元朝官员的意大利人马可·波罗，在他回国后所写的《马可·波罗游记》中就记载了从中国带回了瓷器和茶。明清以后，茶叶外销更为扩大，清顺治、康熙年间，中国茶叶作为大宗货物出口。英国商人从广州购买大量茶叶，除国内消费，还转运到美洲殖民地。后来，瑞典、荷兰、丹麦、法国、西班牙等国商船，每年都从中国运走大批茶叶。美国在独立战争胜利后，希望直接与中国通商购买茶叶。

中国茶叶外传还有一条兴旺发达的陆上商路。南方茶由产茶地直接传入相邻的南亚地区；东边进入一衣带水的朝鲜半岛；北方以山西、河北为枢纽，经过长城，穿越蒙古，通向俄国。最漫长的陆路，是由西南、东南的产茶地将茶叶向西北集中，然后以新疆地区为中继地，经过天山南北通向中亚、西非和地中海地区及欧洲各国。

中国茶叶传往世界各国的方式多种多样。第一，通过来华的僧侣和使臣，或是民间的交往，将茶叶带往周边国家和地区，并使茶叶生产技术和饮用方法得以流传；第二，通过派出的使节以馈赠形式，将茶叶作为礼品与各国上层人士交换，再以上层人士的嗜好影响其国民；第三，通过贸易往来，将茶叶作为商品向各国输出，并与当地的风土人情、饮食习惯结合起来，使中国饮茶之风成为全球性的风尚。所谓"茶叶传播"应该包括茶叶作为生活资料的传播、茶树茶种的传播、制茶工艺的传播和饮茶习俗的传播。任何一种传播方式，都能把中国的茶和茶文化传播出去。中国茶向日本、韩国的传播，是植茶、制茶、饮茶技艺和茶道精神等全方面、综合性的传播。

二、中国茶道精神外传形式

中国茶文化具有很大的开放性。当早期中国茶饮传向西亚、东北亚和南亚诸国时，便逐步形成了一个以中国为中心的，以茶的亲和、礼敬、平朴为特征的亚洲茶文化圈。在这个放射的东方茶文化圈内，茶的礼俗具有相似、相近的特点，中国的茶道精神以各种形式隐现其中。而中国茶道作为东方茶文化的源头，对周边国家有较大的渗透性。

（一）日本是对中国茶道精神借鉴运用最多的国家

追本溯源，日本的茶道来自中国宋代的抹茶法。到了日本南北朝时期，唐式茶会在日本流行起来，其大致是按照如下次序进行的：第一，点心；第二，点茶；第三，斗茶；第四，宴会。虽然唐式茶会所用的点心、点茶方法，器具，字画等都是典型的中国式，每一内容陈设也都是模仿中国式样，但日本把中国饮茶的习惯、风味食品、禅宗风趣、园林亭阁融于唐式茶会之中，进而把茶会改进成类似中国的茶馆等，这是中国文化在日本的创新。不难看出，唐式茶会是日本茶道的雏形。

正式创立日本茶道的是 15 世纪奈良称名寺的和尚村田珠光（1423—1502），后由其门徒千利休（1522—1591）集其大成，把日本茶道真正提高到艺术水平上。千利休把深奥的禅宗思想渗入茶道之中，强调茶道的基本精神是"和、敬、清、寂"，并解释说："和"指和平安全的环境；"敬"指尊敬长者，敬爱朋友；"清"指清静；"寂"指达到悠闲的境界。他认为奢侈有害，提倡朴素廉洁，生活恪守清寂的原则，把茶道作为陶冶性情的修身方法。为贯彻这一精神，千利休对茶道过程进行了一系列改革，即"四规七则"。

日本茶道在江户时代进一步发展，形成了师徒秘传的嫡系相承的组织形式。到了 18 世纪茶道的限制就更严了，继承人只能是长子，代代相传，称为"家元制度"。现代的茶道由数十个流派组成，各派都推举了自己流派的家元。最大的流派是以千利休为祖先的不审庵（表千家流）、今日庵（里千家流）和官休庵（武者小路千家流）的三千家，其中以"里千家"影响最大。据统计，在日本学习茶道礼仪的 1 000 万人中，就有 600 万人属"里千家"。茶道靠这种方式代代相传，经久不衰。日本茶道由 4 个要素组成，即宾主、茶室、茶具和茶，其礼仪规范也非常讲究。

中国茶道和日本茶道的关系，正如日本神户大学名誉教授仓泽行洋所说："中国的茶道是日本茶道的母亲，日本茶道是以中国茶道为母的孩子。她在大海的彼岸长大成人。孩子学着父母的样子长大，做父母的又会从孩子的成长过程中汲取智慧与力量，与孩子共同进步。这是自然之理，造化之功。"

（二）韩国茶礼同样源于中国的饮茶习俗

韩国茶礼又称茶仪，是大众共同遵守的传统的美风良俗，是世界茶苑中别具风采的典雅花朵。早在 1 000 多年前的新罗时期，朝廷的宗庙，祭礼和佛教仪式中就运用了茶礼。在高丽时期，最初盛行点茶法，高丽末期则开始用泡茶法。进入朝鲜时代，因崇儒抑佛殃及茶叶，茶事一度衰落。后经重农学派的著名学者丁若镛及其弟子草衣禅师，还有金石学家金正喜等人的大力提倡，聚徒授课，种茶、著书，广为宣传，使得濒临废绝的茶礼再度兴盛起来。

在日俄战争之后，朝鲜沦为日本的殖民地，日本独占了朝鲜的茶业，并在朝鲜推行日本式的茶道教育，韩国茶礼的传统一度中断，但并没有被消灭。20 世纪 80 年代，韩国经济高速发展，茶文化开始复兴，茶礼再度复兴。近些年来，"复兴茶文化"运动在韩国积极开展，许多学者、僧人研究茶礼的历史，同时，也出现了众多的茶文化组织和茶礼流派。韩国釜山女子专门大学等还开设了茶文化课程，培养了一批高级茶文化人才与茶礼的骨干。

韩国提倡的茶礼以"和"和"静"为根本精神，其含义泛指"和、敬、俭、真"，韩国茶礼侧重于礼仪，强调茶的亲和、礼敬、欢快。20 世纪 80 年代以来，每年的 5 月 25 日被定为全国茶日，年年举行茶文化盛典。活动内容主要有：韩国茶道协会的传统茶礼表演，韩国茶人联合会的成人茶礼、高丽五行茶礼、新罗茶礼、陆羽品茶法等。其中，高丽五行茶礼气势庄严，规模宏大，是向神农氏神位献茶仪式。韩国把中国上古时代的部落首领炎帝神农氏称作茶圣。高丽五行茶礼就是韩国为纪念神农氏而编排出来的一种献茶仪式。

（三）在亚洲茶文化圈中，还有许多国家和地区的茶俗浸润着中国茶文化精神

印度兴起饮茶之风与中国关系密切，同样有用茶待客的习俗和茶规。印度北方家庭有客人来访，主人先请客人坐到铺在地板上的席子上，然后，献上一杯加了糖的茶水，并摆上水果和甜食作为茶点。献茶时，客人不要马上伸手接，须先客气地推辞、道谢。当主人再一次献茶时，客人才能双手恭敬地接住。充满着礼敬、和谐的气氛。又如在阿富汗，家庭煮茶多用铜制圆形的类似中国火锅的"器具"，底部烧火，围炉而饮。无论城市农村，凡是宾客来到，主人总是热情地奉茶，并且也有敬三杯茶的习俗。

（四）中国茶文化在欧美国家和地区的茶礼风俗中也有所反映

虽然欧美国家同中国的文化传统不同，但他们的饮茶风俗还是受到了东方文明包括茶道精神的影响。如在 17 世纪最早风行茶俗的荷兰，许多富裕家庭，布置专门茶室，茶饮有早茶、午茶、晚茶之分，待客有迎宾、敬茶、品茶之礼。英国流行"午后茶"。当时，饮茶引发了诗人埃德蒙·沃尔特的灵感和创作激情，他在凯瑟琳王后的诞辰上特意写了一首热情洋溢的茶饮赞美诗："月桂与秋色，美难与茶比……物阜称东土，携来感勇士；助我清明思，湛然祛烦累。"类似的茶诗在苏格兰、法国等国家都有不少，可见其中有中国茶道精神的浸润和影响。

三、现代国际茶文化的交流

在中国茶外传的相当长的时间里，基本上是中国向外国的一脉流向。但随着时间的推移，单向流动变成双向流动，共同促进了中外茶文化的发展。自中国改革开放以来，中国茶文化与外国的交流出现历史上前所未有的新局面。其中，最频繁交流的时期是近 10 年。具体表现在：茶艺表演日益增多，各种风格流派不断出现；各地茶艺馆之类的饮茶场所繁荣发达，越来越多的人享受到茶艺的乐趣；茶文化已不是陌生的字眼，引起社会各界的共鸣。如日本茶道界频频与中国、韩国和其他国家交流，里千家、表千家等许多流派都曾到中国参加国际茶文化研讨会或是其他相关学术活动，里千家还在中国建了两处茶室，并常有学员来中国学习茶文化，给中国吹来了一股新风，也促进了日本茶道的发展。

与中国茶文化界的交流使韩国茶道界受益匪浅。韩国陆羽茶经研究会受中国文化的熏陶，潜心于茶文化研究已有半个多世纪，该会崔会长已编著出版《锦堂茶话》《现代人与茶》《中国茶文化纪行》等书，还翻译了明代许次纾的《茶疏》以及我国当代茶学专家庄晚芳等著的《饮茶漫话》等书。精于茶道、潜心研究茶文化、成就卓著的韩国茶道协会在很多地方设有分会，会员及准会员达 3 000 多人，其宗旨是：修炼、发扬茶道精神，发扬东洋传统文化，改造人间生活。近几年，他们常常举行"韩国茶道表演"，介绍现代仪式的"韩国茶礼"和"家常茶礼"，以促进社会的和谐与世界和平。

正是在国际大交流的氛围中，新加坡茶文化也得到了发展。喝茶早已是新加坡华人生活的一部分。由于国际茶文化交流打开了眼界，在短短几年间，新加坡也出现了十余家茶馆。这些茶馆各具特色，别致巧妙，典雅有致，总体而言，都是以弘扬茶文化为主旨，除了卖茶、泡茶、品茶之外，还开班授课，教导茶艺，有的甚至兼开插花班、壶艺班等。还成立了"新加坡茶艺联谊会"，经常聚会煮茶交流，切磋茶艺。

四、茶文化外传地区

溯本求源，世界的茶名、读音和饮茶方法都始自中国。全球性文化交流使茶文化传播世界，同各国人民的生活方式、风土人情，乃至宗教意识相融合，呈现出五彩缤纷的世界各民族饮茶习俗以及相应的茶艺。比较有代表性的有亚洲地区、非洲地区和欧美地区等。

（一）亚洲地区

1. 日本的茶道

从唐代开始，中国的饮茶习俗就传入日本，但一直到明代，才真正形成独具特色的日本茶道。日本茶道的宗教（特别是禅宗）色彩很浓，并形成严密的组织形式，茶道的表演也非常严格，甚至烦琐，对日本民众日常饮茶的普及没有产生直接影响。

18 世纪以后，日本茶道遵循的是我国宋元时期混用的末茶点服和叶茶泡饮法，日本民众则流行煎茶法，即采叶后放进热锅煮，杀青后晒干备用，饮用时再投入锅里煮饮。19世纪后半叶以后开始采用茶壶冲泡法。现在，在日本又形成饮用中国乌龙茶、龙井茶、普洱茶、花茶的高潮，重在品饮的中国茶艺已渐渐被日本茶界认可。

2. 韩国的茶礼

韩国是最早从我国引进饮茶技艺的国家之一。茶礼与日本茶道有些雷同，饮茶技艺上有抹茶法、饼茶法、钱茶法和叶茶法四种，每种类型的煮泡方法都和我国茶艺有相似之处。如叶茶法，归纳起来共有迎客、茶室指南、茶具排列、温茶具、投茶、注茶、吃茶、茶果、二巡茶、整理茶室10个步骤，其中温茶具、投茶、注茶、吃茶等就与我国茶艺中的叶茶冲泡程序相近。

3. 东南亚国家流行的饮茶方法

马来西亚、新加坡等国受汉文化影响较深，习惯清饮乌龙、普洱、花茶，茶艺与我国南方相仿或相近。泰国、缅甸和我国云南一些少数民族相似，习惯吃"腌茶"，这是中国古代"茶菜"文化的古风遗俗，南亚的印度、巴基斯坦、孟加拉国、斯里兰卡等国大都仿效英式饮茶法，饮甜味红茶或甜味红奶茶。

4. 西亚地区国家流行的饮茶法

土耳其、伊朗、伊拉克等国喜饮浓味红茶，基本饮茶法为：沸水冲泡，再在茶汤中添加糖、奶或柠檬共饮。这也是海外较普遍的饮法。中西亚的阿富汗，习惯煮饮糖茶，红绿茶兼饮，以绿茶居多。

（二）非洲地区

非洲地区以西北非的薄荷糖茶为代表。薄荷糖茶是摩洛哥、毛里塔尼亚、阿尔及利亚、马里、塞内加尔、冈比亚、布基拉法索、尼日尔、利比里亚、贝宁、塞拉利昂及撒哈拉等国（地区）民族的饮茶方式。教饮薄荷糖茶有一套程序和专用茶具，所用茶叶主要是我国珍眉、珠茶等高档绿茶，煮饮过程中的一些技艺和礼节源自中国古代饮茶法。

（三）欧美地区

欧美地区以英国的英式饮茶法为代表。1517年，葡萄牙从中国带回茶叶，几十年后饮茶风气已很流行。17世纪中叶，英国经皇室倡导，贵族群起效仿，饮茶逐渐成为风靡全社会的"国饮"。英国人饮茶多用壶泡，五分钟后倒汤入杯，加方糖和鲜牛奶，用匙子调饮。英国还将中国茶叶转运美洲殖民地，以后又运销德国、法国、瑞典、丹麦、西班牙、匈牙利等国，英式饮茶法随之也在这些国家流行。一些国家根据民族习惯口味还对英氏饮茶法加以改进，形成自己的泡茶技艺。

横跨欧亚两洲的原苏联各国绝大部分饮用红茶，小镇和农村沿用传统俄式茶炊"萨姆瓦特"之遗风，茶炊颇像中国冬季餐桌上的火锅，中空通烟，拧开茶炊的水龙头泡茶入杯，加糖或蜂蜜、果酱、柠檬，有时加点甜酒调饮。近年来，俄罗斯等国也开始盛行我国乌龙工夫茶和绿茶。

我国古代有一条辐射至东南西北的"茶叶之路"，它通过陆路和水路将我国的植茶技术和饮茶技艺传往世界五大洲。现在全世界有饮茶习惯的国家和地区已达160多个，多与中国的茶叶输出和饮茶之风的影响有关。中国不但是茶叶的故乡，也是茶艺的发源地。世界有饮茶习惯的国家、地区，无论称为饮茶法还是茶艺，都与中国的茶艺有直接或间接的关系。

第四节　世界各地饮茶特色

一、亚洲各国饮茶习俗

（一）日本饮茶习俗

日本茶道和煎茶道最大的不同，在于日本茶道所使用的茶是"抹茶"，而日本煎茶道使用"煎茶"。因为使用的茶不同，所以使用的茶具就有相当程度的差异，吃茶的方法也不一样。

抹茶是把茶的生叶蒸青之后干燥、弄碎、挑掉筋脉，把经过筛选的叶肉片，放在石磨上碾成极细的茶粉，就是抹茶。抹茶可分为浓茶和薄茶。使用芽的部分多的原料所作成的茶，称为"浓茶"，甘味很强，苦味少，尤其是老木的嫩芽所作的抹茶，颇受茶道界欢迎。其他的抹茶就称为"薄茶"。

煎茶和抹茶的饮用方法是不一样的，抹茶是将末茶（粉末状茶）放入碗中，注入熟汤，以茶筅搅拌至茶水交融，即末茶很均匀地调和在水中，然后一起喝下。而煎茶则是将茶叶放入茶壶等容器中，在茶叶上注入熟汤，或者把茶叶投入熟汤之中饮用，一般称之为"煎茶"。抹茶以外的茶，也常被统称为"煎茶"。在这种煎茶的煎法之下所规定的手法、做法就是"煎茶道"。

日本茶道的主要礼仪与饮法。

（1）宾客进入"茶室"之后，依序面对主人就座，宾主对拜称"见过礼"，主人致谢称"恩敬辞"。

（2）室内从此肃穆，宾主跪坐，静看茶娘进退起跪调理茶具，并用小玉杵，将碗里的茶饼研碎。

（3）茶声沸响，主人则须恭接茶壶，将沸水注入碗中，使茶末散开，浮起乳白色饽花，香气溢出。

（4）将第一碗茶用文漆茶案托着，慢慢走向第一位宾客，跪在面前，以齐眉架式呈献。

（5）宾客叩头谢茶、接茶，主人亦须叩头答拜、回礼。

（6）如上一碗一碗注，一碗一碗献；待主人最后亦自注一碗，始得各捧起茶碗，轻嗅、浅啜、闲谈。

茶道源于中国却发展于日本，形成日本茶道"美的宗教"。日本茶道对日本社会生活的各个方面影响很大。首先是学习引进中国唐朝茶文化阶段，风靡日本；而后借鉴中国茶道，融入禅宗思想和日本的艺术哲学，独创日本茶道。

茶原本不是日本所固有的产物，茶传到日本的契机，是因为遣唐使与留学生从中国将茶带回日本而开始，在那时茶还是以药用为主，或是以宗教仪式为主。

日本的茶道源于中国，却具有日本民族味。它有自己的形成、发展过程和特有的内涵。日本茶道是在"日常茶饭事"的基础上发展起来的，它将日常生活行为与宗教、哲学、伦理和美学熔为一炉，成为一门综合性的文化艺术活动。它不仅仅是物质享受，而且通过茶会，学习茶礼，陶冶性情，培养人的审美观和道德观念。正如桑田中亲说的："茶道已从单纯的趣味、娱乐，前进成为表现日本人日常生活文化的规范和理想。"16世纪末，千利休继承、汲取了历代茶道精神，创立了日本正宗茶道。他是茶道的集大成者。剖析千利休茶道精神，可以了解日本茶道之一斑。

村田珠光曾提出过"谨、敬、清、寂"为茶道精神，千利休只改动了一个字，以"和、敬、清、寂"四字为宗旨，简洁而内涵丰富。"清寂"也写作"静寂"。它是指审美观。这种美的意识具体表现在"侘"字上。"侘"日语音为"wabi"，原有"寂寞""贫穷""寒碜""苦闷"的意思。平安时期"侘人"一词，是指失意、落魄、郁闷、孤独的人。到平安末期，"侘"字的含义逐渐演变为"静寂""悠闲"的意思，成为很受当时一些人欣赏的美的意识。这种美意识的产生，有社会历史原因和思想根源：平安末期至镰仓时代，是日本社会动荡、改组时期，原来占统治地位的贵族失势，新兴的武士阶层走上了政治舞台。失去天堂的贵族感到世事无常而悲观厌世，因此佛教净土宗应运而生。失意的僧人把当时社会看成秽土，号召人们"厌离秽土，欣求净土"。在这种思想影响下，很多贵族文人离家出走，或隐居山林，或流浪荒野，在深山野外建造草庵，过着隐逸的生活，创作所谓"草庵文学"，以抒发他们思古之幽情，排遣胸中积愤。这种文学色调阴郁，文风"幽玄"。

室町时代，随着商业经济的发展，竞争激烈，商务活动繁忙，城市奢华喧嚣。不少人厌弃这种生活，追求"侘"的审美意识，在郊外或城市中找块僻静的处所，过起隐居的生活，享受古朴的田园生活乐趣，寻求心神上的安逸，以冷峻、恬淡、闲寂为美。茶人村田珠光等人把这种美的意识引进"茶汤"中来，使"清寂"之美得到广泛的传播。

茶道之茶称为"侘茶"，"侘"有"幽寂""闲寂"的含义。邀来几个朋友，坐在幽寂的茶室里，边品茶边闲谈，不问世事，无牵无挂，无忧无虑，修身养性，心灵净化，别有一番美的意境。千利休的"茶禅一味""茶即禅"的观点，可以视为茶道的真谛所在。而"和、敬"这一伦理观念，是唐物热时期衍生的道德观念。自镰仓以来，大量唐物宋品运销日本。特别是茶具、艺术品，为日本茶会增辉。但也因此出现了豪奢之风，人们一味崇尚唐物。热心于茶道艺术的村田珠光、武野绍鸥等人，反对奢侈华丽之风，提倡清贫简朴，认为本国产的黑色陶器，幽暗的色彩，自有它朴素、清寂之美。用这种质朴的茶具，真心实意地待客，既有审美情趣，也利于道德情操的修养。

日本的茶道有烦琐的规程，如茶叶要碾得精细，茶具要擦得干净，插花要根据季节和来宾的名望、地位、辈分、年龄和文化教养等来选择。主持人的动作要规范，既要有舞蹈般的节奏感和飘逸感，又要准确到位。凡此种种都表示对来宾的尊重，体现"和、敬"的精神。日本茶道，以"和、敬、清、寂"四字，成为融宗教、哲学、伦理、美学为一体的文化艺术活动。

（二）韩国饮茶习俗

1. 韩国的茶道

韩国茶道活动频繁，表现形态丰富多彩，大致可归纳如下。

1）实用茶法

日常生活中的饮茶法，可以随意地使用煮水器或热水瓶，加上一套茶具、茶叶就可以作日常自用及待客之用。

2）生活茶礼

生活茶礼使用煎茶、抹茶、完备的茶道具，在正式的场所进行正式的茶道礼法，制定行茶仪式。例如新年茶礼、冠、婚、丧、祭都可用茶礼举行。

3）献茶礼

献茶礼向神、佛、祖先献茶。制定或考据古来既有的献茶仪式进行献茶礼。例如寺刹献茶、四神茶礼等。

4）茶道表演

茶道表演属于表演性质，表演者再现古代的行茶礼法是韩国茶人很喜爱并引以为荣的表现形式。

2. 韩国的茶礼

韩国的茶礼种类繁多、各具特色。如按名茶类型区分，即有"末茶法""饼茶法""钱茶法""叶茶法"四种。下面介绍韩国茶礼叶茶法。

1）迎宾

宾客光临，主人必先至大门口恭迎，并以"欢迎光临""请进""谢谢"等语句迎宾引路。而宾客必以年龄高低、顺序随行。进茶室后，主人必立于东南，向来宾再次表示欢迎后，坐东面西，而客人则坐西面东。

2）温茶具

沏茶前，先收拾、折叠茶巾，将茶巾置茶具左边，然后将烧水壶中的开水倒入茶壶，温壶预热，再将茶壶中的水分别平均注入茶杯，温杯后即弃之于退水器中。

3）沏茶

主人打开壶盖，右手持茶匙，左手持分茶罐，用茶匙捞出茶叶置壶中。并根据不同的季节，采用不同的投茶法。一般春秋季用中投法，夏季用上投法，冬季则用下投法。投茶量为一杯茶投一匙茶叶。将茶壶中冲泡好的茶汤，按自右至左的顺序，分三次缓缓注入杯中，茶汤量以斟至杯中的六七分满为宜。

4）品茗

茶沏好后，主人以右手举杯托，左手把住手袖，恭敬地将茶捧至来宾面前的茶桌上，再回到自己的茶桌前捧起自己的茶杯，对宾客行"注目礼"，口中说"请喝茶"，而来宾答"谢谢"后，宾主即可一起举杯品饮。在品茗的同时，可品尝各式糕饼、水果等清淡茶食用以佐茶。

韩国饮茶也有数千年的历史。公元 7 世纪时，饮茶之风已遍及全国，并流行于民间。

在历史上，韩国的茶文化也曾兴盛一时，源远流长。在我国的宋元时期，全面学习中国茶文化的韩国茶文化，以韩国"茶礼"为中心，普遍流传中国宋元时期的"点茶"。约在我国元代中叶后，中华茶文化进一步为韩国理解并接受，而众多"茶房""茶店"、茶食、茶席也更为时兴、普及。

20 世纪 80 年代，韩国的茶文化又再度复兴、发展，并为此还专门成立了"韩国茶道大学院"，教授茶文化。

源于中国的韩国茶道，其宗旨是"和、敬、俭、真"。"和"，即善良之心地；"敬"，即彼此间敬重、礼遇；"俭"，即生活俭朴、清廉；"真"，即心意、心地真诚，人与人之间以诚相待。我国的近邻——韩国，历来通过"茶礼"的形成，向人们宣传、传播茶文化，并引导社会大众消费茶叶。

（三）巴基斯坦饮茶习俗

巴基斯坦基本上属于亚热带草原和沙漠气候，天气干燥炎热，多食牛羊肉和乳品，饮茶可以除腻消食，消暑解渴；巴基斯坦人绝大多数信奉伊斯兰教，教规严格戒酒，但可饮茶。基于以上两个原因，饮茶成为巴基斯坦人普遍的爱好。

巴基斯坦的家庭起床第一件事就是点火煮茶，然后全家人一起喝茶。上班后第一件事，也是先喝一杯红茶。在农村中劳动的人们，休息时也要喝上几杯茶，以驱除疲劳，恢复精神，茶已是巴基斯坦人日常生活中不可或缺的饮料。

巴基斯坦人喝红茶，大多采用烹煮法。先将红茶放入开水壶中熬上几分钟，然后用过滤器除去茶渣，将茶汤倒入茶杯，加入牛奶、糖，搅拌均匀后，即可饮用。而巴基斯坦西北高地和一些游牧民族喜欢喝绿茶，通常加糖，但不加薄荷。有的地区用沸水冲泡，有的地区用烹煮法。

（四）马来西亚饮茶习俗

马来西亚传统喝的是"拉茶"。拉茶是传自印度的饮品，用料与奶茶差不多。调制拉茶的师傅在配制好料以后，即用两个杯子，像玩魔术一般，将奶茶倒来倒去。由于两个杯子的距离较远，看上去好像白色的奶茶被拉长了似的，成了一条白色的粗线，十分有趣，因此被称之为拉茶。

拉好的奶茶像啤酒一样充满了泡沫，喝下去十分舒服。据说拉茶有消滞的功能，所以，马来西亚人在闲时都喜欢喝上一杯。

（五）印度饮茶习俗

印度是世界红茶的主要产地。印度人喝奶茶的习惯是从西藏学到的。在西藏饮茶与佛教相结合，喇嘛诵经用喝奶茶来提神醒脑，所以信佛教的印度人也纷纷仿效。

印度奶茶中放羊奶，与红茶汤的比例是1∶1。有些人在红茶煮好后，放进一些生姜片、茴香、丁香、肉桂、槟榔和豆蔻等。放这些佐料不仅能提高茶的香味，而且有利于人体健康，因此这些奶茶又叫"调味茶"。

在印度北方的家庭里，也有"客来敬茶"的习俗。客人来访时，主人先请客人坐到铺有席子的地板上面，然后给客人献上一杯加了糖的茶水，并摆出水果和甜食作为茶点。客人接茶时，不要马上伸手接过，而要先客气地推辞，连声道"谢谢"，当主人再一次向客人献茶时，客人才可双手接过，然后一面慢慢品饮，一面吃茶点，表现得彬彬有礼，营造出和谐的气氛。

二、欧洲各国饮茶习俗

（一）英国的饮茶习俗

英国全民性地饮用红茶是在18世纪60年代至19世纪30年代的产业革命之后。英国掌握印度、锡兰（今称斯里兰卡）两大产茶区，不仅自给自足，且向全世界推销红茶，第一次世界大战后是英国红茶再输出的全盛时期，伦敦甚至被称为世界红茶的首都。

英国人在17世纪50年代至17世纪60年代，所喝的茶都是向荷兰人购买的。之后，英国东印度公司开始在厦门收购茶叶，并且以中国的茶具或瓷器作为中国茶叶的压舱物，传到欧洲。当时英国喝的是绿茶和武夷山茶，茶具是小壶小杯，饮茶的方式也模仿中国。后来渐渐地改成喝红茶，并且发展成自己独特的红茶文化。在饮茶的方式及时间规划上，自成一个文化模式。

谈英国茶道，不能以东方中、日、韩三国的茶道定位来看英国。英国的茶道就是英国人的生活，英国人的生活就是茶道。从清晨醒来到夜晚就寝之前，英国人总要喝上七八杯红茶，一杯茶为180~200毫升。即使是上班时间也要找个时间泡茶喝。

1. 寝觉茶（early morning tea），也称为床茶（bed tea）

清晨用一杯红茶迎接早晨的阳光，也就是早上醒来的第一杯茶，坐在床上喝，也有一边看报纸一边喝的。

2. 早餐茶（breakfast tea）

英国人重视早餐是有名的，质好量多，在这样的英国式早餐之中，最先上场的就是典型的英国红茶。

3. 早休茶（morning tea break），也称为午前茶点（elevenses）

中文的意思是"上午十一点左右的点心"。英国人上班比较早，午餐又大约一点钟开始，因此会在早上的工作或家事告一段落的十一点钟左右，喝一杯红茶，吃一些点心，稍微休息，转换心情。

4. 午餐茶（lunch tea）

英国人的午餐，大都很简便，三明治、鱼、炸马铃薯片等，但是一杯红茶还是不可少的。

5. 午休茶（midday tea），也称为茶休（tea break）

午餐吃的简单，午休茶就成了必要。午后三时左右喝一杯红茶，吃一些饼干或小面包等简单的食物。上班族的休息时间为15~20分钟。而家庭则可招待邻居，聊天、喝茶、吃点心，享受家居生活的乐趣。

6. 下午茶（afternoon tea）

起源于19世纪中叶，据说始于英国第七代贝佛德公爵夫人安娜·玛利亚。在午、晚餐之间，因为饥饿，于午后五时左右进用红茶和简单的食物。在英国著名的旅馆里，会以下午茶作为招揽观光客的方式，以银器和上等的茶具组，特别的点心，布置成气氛优雅的旅馆茶休厅。

通常茶会和下午茶会被认为是一样的。到了19世纪，下午茶已经成为维多利亚时代社会生活的重要组成部分。如网球聚会、野餐、家居、待客等家庭茶会，和其他社交场合的茶会，相关的礼仪也围绕着这些活动建立起来。

红茶成为全国性的饮料之后，下午茶这个在18世纪就存在的饮茶习惯，就成为英国红茶文化最具代表性的常态活动。这时候人们会把家中珍藏的茶具拿出来，铺上美丽的桌巾，放上三明治、蛋糕，因此从左邻右舍主妇们联谊的下午茶，到招待亲朋好友的茶会，也都会选择这个时段，尤其是在周末。下午茶或茶会是英国人结交朋友的重要途径之一。

从以上英国人的饮食习惯，可以知道茶和餐紧密地结合在一起，生活中如果没有了红茶，英国人可能会不知道要如何过日子。

 **知识拓展**

茶和餐的搭配

早餐茶：在一般家庭中，早餐时一壶香浓的奶茶是必备的，麦片粥、培根或火腿蛋，各式蛋料理、蔬菜沙拉、烤成焦黄色的吐司面包涂上厚厚的奶油和果酱、水果等，可以说是非常的丰富。

下午茶：三明治、饼干、司康（Scones 奶油松饼）、各种三明治是英国既重要又简便的餐点。家庭或营业场所可依照个人的喜好或营业的需要，选择花色繁多、口味不同的三明治，例如，番茄荷兰芹、黄瓜、火腿芥末、牛肉蔬菜、乳酪起司、蛋起司、鸡肉、熏鲑鱼、沙丁鱼荷兰芹、番茄起司、虾肉、牛肉等。

英国式泡红茶的黄金律。

（1）使用茶壶：温热茶壶，放入茶叶，注入沸汤，茶叶会上下来回跃动。

（2）茶量正确：使用茶匙，一匙为 2.5~3 克。原则上一杯一匙茶，可酌情加减。

（3）新鲜的水：新鲜的水中含有很多的空气，煮沸后使用，红茶的味道才能冲泡出来。

（4）浸泡时间：注汤之后，盖上盖子浸泡，让茶叶沉到壶底，4~5 分钟。

遵守这四条黄金律，就可泡出一杯色泽艳丽、香气馥郁、滋味浓厚而好喝的红茶。

知识拓展

第一位饮茶的皇后

葡萄牙公主凯萨琳在 1662 年嫁给英国国王查理二世，将饮茶的风气带入宫廷，是英国第一位饮茶的皇后。

这位皇后是位虔诚的天主教徒，在女修道院接受教育，很难以适应英国宫廷的生活。不久，她开始建立起自己的生活方式，以优越的风范与智慧，成为某些时尚的制定者。虽然她也采用英国流行的生活方式，但她更喜欢祖国葡萄牙的风味，尤其是茶。她的嫁妆里面就有一大箱子茶，那是葡萄牙宫廷里最好的饮料。

皇后举行茶会，以茶代替酒，伦敦的贵族妇女迅速地被饮茶的仪式、精致半透明的小茶碗、小小的中国茶壶等所迷倒，饮茶就此在贵族圈子与富豪阶级中流行起来。

（二）荷兰饮茶习俗

英国是茶叶消费王国，但最初将茶叶传到欧洲的是荷兰人。

17 世纪初期，荷兰商人就凭借航海的优势，从澳门装运中国的绿茶到爪哇，再转运到欧洲。刚开始，茶价非常昂贵，一般人喝不起，茶只是贵族和豪门、世家作为养生和社交礼仪的奢侈品。那时的人们以喝茶来炫耀风雅，争奇斗富。一些富裕的家庭主妇，都以家中备有别致的茶室、珍贵的茶叶和精美的茶具而自豪。在富有的家庭，如果客人来，主人会将其迎至茶室，用至重的礼节接待。客人落座后，女主人马上会打开漂亮精致的茶叶盒，取出各种茶叶拿到每一位客人面前，任凭他们挑选自己喜爱的茶叶，放进瓷制的小茶壶中冲泡，每人一壶。早期的荷兰人饮茶时不用杯子，而用碟子，当茶沏好以后，客人自己将茶汤倒入碟子里，喝茶时必须发出"啧啧"的声音，喝茶的声音越大，主人越高兴，因为这"啧啧"的声音表示了对女主人和茶叶的赞美。

（三）法国饮茶习俗

法国人开始接触茶时，是把茶当成"万灵丹"和"长生妙药"看待。17 世纪中，法国神父 Aiexander de khodes 所著的《传教士旅行记》，叙述了"中国人之健康与长寿应该归功于茶，此乃东方所常用的饮品"。接着教育家 C. Seguier、医学家 Dthis Jonguet 等人也极力推荐茶叶，赞美茶是能与圣酒仙药相媲美的仙草，因而激发了人们对"可爱的中国茶"的向往和追求。

法国人饮茶最早盛行于皇室贵族及有权阶层，以后茶迷群起，渐渐普及于人民大众，时髦的茶室应运而生。茶叶成为人们日常生活和社交活动中不可或缺的必需品。

法国最早进口的茶叶是中国的绿茶，以后乌龙茶、红茶、花茶及沱茶等相继输入。到19世纪以后，斯里兰卡、印度、印度尼西亚、越南等国的茶叶也相继进入法国市场。

法国人饮用的茶叶及采用的品饮方式，因人而异。但是以饮用红茶的人最多，饮法与英国人类似。取茶一小撮或一小包，冲入沸水后，配以糖或牛乳。

以沸水冲泡清饮。对那些去中国餐馆品尝中国菜肴的人来说，餐前、餐后喝杯带花香的茶，可去除油腻、齿颊留香、神清气爽。沱茶因有特殊的药理功能而受到法国一些注重养生人士的青睐，每年也有几十吨的进口量。

（四）俄罗斯饮茶习俗

在俄罗斯，泡红茶时都习惯用俄式茶炊"沙玛瓦特"煮沸热水，那是一种以黄铜做的热水煮沸器。这种独特的茶炊，可谓典型的俄罗斯风格。

俄国茶炊的内下部安装有小炭炉，炉上为一中空的筒状容器，加水后可加盖密闭，炭火在加热水的同时，热空气顺着容器中央自然形成的烟道上升，可同时烤热安置在筒顶端中央的小茶壶。小茶壶中已事先放入茶叶，这样一来小茶壶中的红茶汁就会精髓尽出。茶炊的外下方安有小水龙头，沸水取用极为方便。将小壶中红茶倒入杯中，再用小水龙头注热水入杯，来调节茶汤的浓淡。俄式茶炊"沙玛瓦特"的主要功能在于能将水缓缓加热，使水温控制得恰到好处。

俄罗斯幅员辽阔，民族众多，饮茶的习惯自然也有所不同，主要代表性的饮茶方式如下。

1. 蒙古式

其饮茶方法流行于西南伏尔加河、顿河流域，东到与蒙古接壤地区，与中国藏族同胞颇为类似。先将紧压绿茶碾碎，在每升冷水中加一至三大匙茶叶，加热至水滚，再加入四分之一升牛奶、羊奶或骆驼奶，动物油一汤匙，油炒面粉50~100克，最后加入半杯谷物（大米或优质小麦），根据口味加适量盐，共煮约15分钟，即可取用。

2. 卡尔梅克族饮法

这种饮茶法不用茶砖而用散茶。先把水煮开，然后投入茶叶，每升水用茶约50克，然后分两次倒入大量动物奶共同烧煮，搅拌均匀，煮好滤去茶渣，即可饮用。

三、非洲各国饮茶习俗

（一）摩洛哥饮茶习俗

茶从中国通过丝绸之路，又穿越阿拉伯世界，来到了北非的摩洛哥。摩洛哥人均信奉回教，不喝酒，其他的饮料也少，于是这里饮茶之风更浓于茶叶故乡——中国，而且比中国更加讲究，可以说是摩洛哥文化的一部分。摩洛哥人上至国王，下至市井百姓，每个人都喜喝茶。

每逢过年过节，摩洛哥政府必以甜茶招待国外客人。在日常的社交鸡尾酒会上，必须在饭后饮三道茶。所谓三道茶，是敬三杯用茶叶加白糖熬煮的甜茶，一般比例是1千克茶叶加10千克白糖和清水一起熬煮。主人以敬完三道茶才算礼数周备。在酒宴后饮三道茶，口齿甘醇，提神解酒，十分舒服。而喝茶用的茶具，更是珍贵著名的艺术品。

摩洛哥一般人家，也有客来敬茶的礼俗。

摩洛哥不产茶，茶叶全靠进口，有95%来自中国，中国的绿茶和每个摩洛哥人是息息相关的。

（二）埃及饮茶习俗

埃及是重要的茶叶进口国。埃及人喜欢喝浓厚醇洌的红茶。但他们不喜欢在茶汤中加牛奶，而喜欢加蔗糖。埃及糖茶的制作比较简单，将茶叶放入茶杯用沸水冲沏后，杯子里再加上白糖，其比例是一杯茶要加入三分之一容积的白糖，让它充分溶化后，便可以喝了。茶水入嘴后，有黏黏糊糊的感觉，一般人喝上二三杯后，甜腻得连饭也不想吃了。

埃及人泡茶的器具很讲究，一般用玻璃器皿。红浓的茶水盛在透明的玻璃杯中，像玛瑙一样，非常好看。埃及人从早到晚都喝茶，无论朋友谈心，还是社交集会，都要沏茶。糖茶是埃及人招待客人的最佳饮料。

（三）肯尼亚饮茶习俗

肯尼亚位于东非洲高原的东北部，是一个横跨赤道的国家，濒临印度洋，属于热带草原性气候，气候温和，雨量充足，土壤呈红色，并属酸性土壤，很适合茶叶生长。据统计，肯尼亚是非洲最大的产茶国，世界第四大产茶国和输出国。

肯尼亚人民喝茶受英国统治时期的影响，主要是饮红碎茶，冲泡红茶加糖的习惯很普遍。过去只有上层社会才饮茶，目前一般平民也普遍喝茶。

四、美洲各国饮茶习俗

（一）美国饮茶习俗

17世纪末，茶叶随同欧洲移民一起来到了美洲新大陆，不久，茶叶就成为那里的流行饮料。1773年，为了抗议英国征收严苛的红茶税，愤怒的美国民众将停泊在波士顿港的英籍船上所有的茶叶箱全部投入港湾内，这个事件便成了美国独立战争的导火索。可见喝茶对美国有多么大的影响。

1784年，美国派遣一艘名为"中国皇后号"的商船，远渡重洋首航到中国来，运回茶叶等物资，进一步推动了饮茶风尚的兴起与茶叶贸易、文化的发展。

美国的茶叶市场，18世纪以武夷茶为主；19世纪以绿茶为主；20世纪以后红茶数量剧增，占据了绝大部分市场。

美国人喜欢喝加了柠檬的冰红茶。因为美国是一个嗜"冷"的消费型社会，人们喝酒或果汁，都爱加一些冰块；美国是一个快节奏的社会，人们难耐用沸水泡茶后等它变冷。而饮用冰茶省时方便，冰茶又是一种低卡路里的饮料，不含酒精，咖啡碱含量又比咖啡少，有益于身体健康。消费者还可结合自己的口味，添加糖、柠檬或其他果汁等，风味甚佳。因此，冰茶在美国成为非常受欢迎的饮料，并成为阻止汽水、果汁等冷饮冲击茶叶市场的武器。

冰茶作为运动饮料也备受推崇。它既可解渴，又有益于运动员的精力恢复与保持体形健美。人们在紧张、劳累的体力活动之后，喝上一杯冰凉的茶，顿觉疲劳尽消，精神为之一振。

知识拓展

波士顿茶叶事件

美国早在17世纪中叶就经由荷兰人传入茶叶，开始喝茶，后来渐渐普及。1773年英国向殖民地征收茶税，激起全国性的抗税运动，引发波士顿茶叶事件，且迅速影响美国各地，拒绝饮茶，改喝咖啡，直到近二十几年来饮茶风气渐盛，现在美国已经是茶叶消费大国，为排名第四的茶叶进口国。

波士顿茶叶事件从立于波士顿港的纪念碑可知梗概。大意为1773年12月16日为反抗每磅茶叶3便士的苛税，有90余波士顿市民（一部分扮作印第安人）登上装有茶叶的英船3艘，将342箱茶丢入海中。接着其他港口也发生同样事件，为了争取自治权，演变成独立战争，英国为了茶叶失去了美国。

（二）阿根廷饮茶习俗

1812年，南美就开始从中国引进茶种与技术，当时是在巴西首都附近试种。1850年，茶园初具规模。1920年，引进阿萨姆等茶种，在秘鲁、巴拉圭、阿根廷等地试种并开垦茶园。居住在南美的日本移民对茶园的开辟发挥了积极作用。蒸青绿茶的制造是日本移民的主要贡献。

南美的茶叶品类主要是红茶和少量的蒸青绿茶。南美洲产茶国家是阿根廷、巴西、秘鲁、厄瓜多尔及智利。南美人的饮茶习俗，与北美、欧洲人大同小异。除了餐厅或专卖店贩售红茶外，也有些绿茶、袋泡茶、速溶茶等。一般家庭盛行饮用当地所出产的马黛茶（Yerba Mate），这种非茶之茶，主要产地是位于阿根廷和乌拉圭交界的拉普拉塔河流域的潮湿炎热地带。最早，这种茶是印第安人发现和饮用的，今天已是南美洲许多人民日常生活中不可缺少的饮料。

饮用马黛茶用造型质朴、图案典雅的茶具；用热水冲泡，有的还佐以糖、橘汁。传统的饮法是众人合饮，饮茶时，大家围聚一堂，顺序传递，边饮边聊天，洋溢着浓厚的生活气息。

五、大洋洲各国饮茶习俗

大洋洲，地处南半球。茶是大洋洲人民喜爱的饮料，主要的饮茶国家和地区有澳大利亚、新西兰、巴布亚新几内亚、斐济、所罗门群岛、西萨摩亚等。

大洋洲饮茶，大约始于19世纪初，随着各国经济、文化交流的加强，一些传教士、商船，将茶带到新西兰等地，日久，茶的消费在大洋洲逐渐兴旺起来。在澳大利亚、斐济等国还进行了种茶的尝试，在斐济种茶成功。

大洋洲的澳大利亚、新西兰等国，多为欧洲移民的后裔，还保留着英式的饮茶习惯：在红茶中加牛奶、糖，或加柠檬、糖来饮用。他们尤其喜欢颗粒整洁、茶香馥郁、茶味浓厚、汤色鲜艳的红碎茶。他们同英国人一样，也有早茶、下午茶的名目。茶座遍布社会各个角落。

新西兰人喜欢喝茶，把喝茶当作人生最大的享受之一。人均茶叶消费量名列世界第三。在新西兰人心目中，晚餐是一天的主餐，比早餐和中餐更重要，而他们则称晚餐为"茶餐"，足见茶在饮食中的地位。新西兰人就餐一般选在茶室里进行，因此，当地茶室到处都有，供应的品种除牛奶红茶、柠檬红茶外，还有甜红茶等。此外，在政府机关、大公司等，还在上午和下午安排有喝茶休息时间。

参考文献

［1］赵艳红．宋伯轩．茶器与艺［M］．北京：化学工业出版社，2018.

［2］赵艳红．茶文化简明教程［M］．北京：北京交通大学出版社，2013.

［3］贾红文，赵艳红．茶文化概论与茶艺实训［M］．北京：清华大学出版社，2010.

［4］屠幼英，胡振长．茶与养生［M］．杭州：浙江大学出版社，2017.

［5］罗军．中国茶品鉴图典［M］．北京：中国纺织出版社，2013.

［6］刘枫．新茶经［M］．北京：中央文献出版社，2015.

［7］杨东甫．中国古代茶学全书．桂林：广西师范大学出版社，2011.

［8］宛晓春．茶叶生物化学．北京：中国农业出版社，2017.

［9］陈宗懋，俞永明，梁国彪，等．品茶图鉴．北京：中国友谊出版公司，2006.

［10］宛晓春．中国茶谱．北京：中国林业出版社，2007.

［11］丁以寿．中华茶文化．北京：中华书局，2012.

［12］刘勤晋．茶文化学．北京：中国农业出版社，2010.

［13］林瑞瑄．中日韩英四国茶道．北京：中华书局，2008.

［14］吴云．宜兴问壶．北京：化学工业出版社，2009.